U0200989

安徽 生态建设驱动
科技支撑的理论及实践

Theories and Practices of Ecological Construction Driven
by Science and Technology in Anhui Province

彭镇华　黄成林 等　编著

中国林业出版社

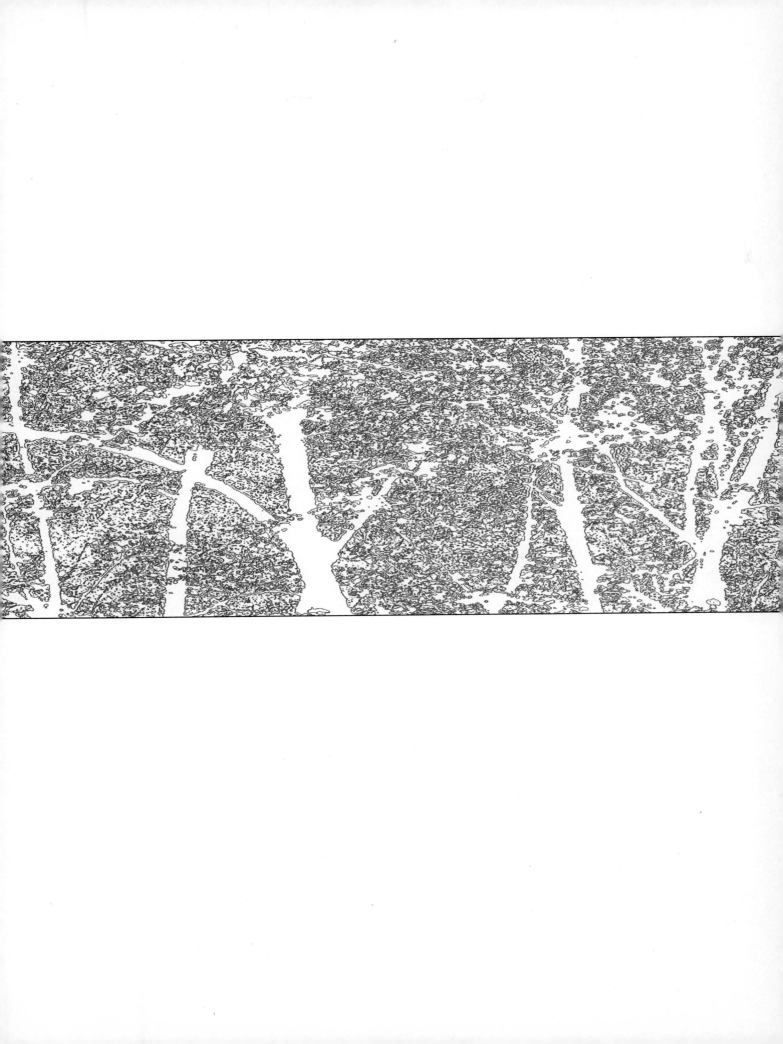

图书在版编目(CIP)数据

安徽生态建设驱动科技支撑的理论及实践 / 彭镇华等编著. --
北京：中国林业出版社, 2014.5

ISBN 978-7-5038-7484-0

Ⅰ.①安… Ⅱ.①彭… Ⅲ.①林业－生态环境建设－研究－安
徽省 Ⅳ.①S718.5

中国版本图书馆CIP数据核字(2014)第090681号

责任编辑：贾麦娥

出版发行　中国林业出版社
　　　　　(100009 北京西城区德内大街刘海胡同 7 号)
网　　址　www.lycb.forestry.gov.cn
电　　话　(010) 83227226
印　　刷　北京卡乐富印刷有限公司
版　　次　2014 年 6 月第 1 版
印　　次　2014 年 6 月第 1 次
开　　本　889mm×1194mm　1/16
印　　张　10
字　　数　248 千字
定　　价　98.00 元

前 言 PROFACE

　　安徽地处长江、淮河中下游，长江三角洲腹地，世称江淮大地。土地面积 13.96 万 km²，占全国的 1.45%。长江流经安徽境内约 400km，淮河流经省内约 430km。长江、淮河横贯东西，将全省分为淮北平原、江淮丘陵、皖南山区三大自然区域。安徽资源条件优越，旅游资源丰富，是中国旅游资源最丰富的省份之一。

　　安徽省自 2002 年起被列为全国退耕还林工程建设省份。根据国家发改委、国务院西部开发办公室、财政部、国家林业局、国家粮食局统一安排，全省 2002～2007 年退耕还林工程建设任务 810 万亩*，其中退耕地造林 330 万亩，荒山荒地造林 420 万亩，封山育林 60 万亩。在推动林业科学发展、加快转变林业经济发展方式以及围绕"生态产业、绿色富民"的发展目标的引导下，以实施重点林业生态工程为抓手、以林业科技进步为支撑、以推进林权制度改革创新为动力，提早科学谋划，强化政策支持，加大服务力度，为建设生态强省奠定了坚实的生态基础。

　　《安徽生态建设驱动科技支撑的理论及实践》是在林业公益性行业科研专项项目"生态建设驱动模式与监测评价研究（201004016）"的资助下完成的。本书是以安徽省退耕还

---

*1 亩≈667m²，下同。

林和封山育林等生态工程建设项目为研究对象，在收集资料和实地调查的基础上，较为系统地研究了安徽省5大典型区域——皖南山区、大别山区、沿江丘陵区、江淮丘陵区、淮北平原区生态建设驱动体系、驱动因子筛选、生态驱动模式构建及其技术支撑体系，确立生态建设的优先领域。

本书是安徽农业大学和国际竹藤中心、中国林业科学研究院合作项目研究的成果，是多位作者共同努力和集体劳动的结晶。

本专著的完成得到了有关领导和同仁的大力支持和帮助，在此衷心感谢江泽慧研究员的指导，感谢高健和王雁研究员对本项目研究工作的支持和帮助。我们也特别感谢国家林业局科学技术司、国际竹藤中心、中国林业科学研究院、安徽省林业厅等林业系统的有关领导和同行多年来对我们科研工作的支持和帮助。

本书成书时间很紧，书中肯定存在不少缺点和错误，敬请各位同仁批评指正！

作者

2014 年 3 月

目录 CONTENTS

第一节　概述

安徽省位于中国东南部，地跨长江、淮河和新安江三大流域，并以长江、淮河为界，形成了淮北、江淮、皖南三大地域，境内山河秀丽、人文荟萃、稻香鱼肥、江河密布，五大淡水湖中的巢湖、洪泽湖横卧江淮，素为长江下游、淮河两岸的"鱼米之乡"。全省总面积 13.96 万 km²，省内地形呈现多样性，平原、山地、丘陵相间排列，而且中国重要的秦岭—淮河地理分界线也横贯全省。生态要素具有明显的过渡特征。其中，气候属暖温带向亚热带的过渡型；土壤由北向南依次为棕壤、黄棕壤、红壤、黄壤、紫色土、水稻土等；降水格局由北至南呈增加的趋势。自然生态系统属于亚热带至暖温带湿润森林生态系统，自然植被类型属落叶阔叶林，落叶阔叶、常绿阔叶混交林，常绿阔叶林。根据土壤、气候、地形地貌等条件，安徽省区可划为淮北平原区、江淮丘陵区、沿江丘陵区、皖南山区和皖西大别山区等 5 大区域（程鹏，2008）。全省年平均气温 14~17℃，年日照时数为 1800~2500 小时，降水量为 800~1800mm。

在林业发展战略方面，2002 年国家制定了中国可持续发展林业战略，明确提出了生态建设、生态安全和生态文明的理念。为了实现可持续发展战略，安徽省目前正在建设生态省。安徽生态省建设由起步建设第一阶段（2003 ~2007 年）转入全面建设第二阶段（2008~2015 年）。经过 5 年的建设，截止到 2007 年，生态省建设总体实现第一阶段目标的程度为 87.5%。其中，资源与环境保护子系统实现目标的程度为 99.2%，经济发展子系统为 85.0%，社会进步子系统为 77.8%。2008 年，生态省建设总体实现第二阶段目标的程度为 72.0%，比上年提高 9.3 个百分点；实现第三阶段（2016~2020 年）目标的程度为 56.9%，比上年提高 7.3 个百分点。2008 年，生态省建设总体和谐度为 82.8%，比上年提高 3.9 个百分点，比生态省建设第二阶段目标值（84.8 %）低 2 个百分点。经济发展、资源与环境保护和社会进步三大子系统和谐度分别比上年提高 5.2 个、3.2 个和 2.6 个百分点。2008 年，生态省建设总体和谐度实现第二、三阶段目标的程度分别为 92.9% 和 60.8%，比上年提高 13.5 个和 8.8 个百分点（生态安徽，2008）。2008 年，在第一阶段目标任务完成较好的基础上，生态省建设稳步推进，积极应对全球金融危机，保持国民经济平稳较快发展，扎实推进生态保护和环境治理等生态省建设各项工作，实现了生态省建设第二阶段的良好开局。

生态省建设离不开林业的可持续发展和良好的生态环境，只有认识这种关系才能保证生态省建设目标的全面实现。安徽是我国南方集体林区的重点省份之一。全省林地面积 440.35 万 hm²，占全省土地总面积的 31.87 %；森林面积 360.07 万 hm²，占林地面积的 81.77%，活立木蓄积量 1.15 亿 m³，森林覆盖率 26.06 %。全省乔木林基本都是单层林，平均郁闭度 0.57；平均森林生态功能指数为 0.4639，属中等偏低水平，中等水平的森林面积为 263.59 万 hm²，低等水平的森林面积为 92.46 万 hm²。长期以来，林业生产受到了林业基础薄弱、林业投资缺乏等因素的制约，严重影响了它的快速发展，生态环境较为脆弱，森林生态系统遭到破坏，再加上群众大面积毁林开垦和频繁的自然灾害，造成植被破坏和严重的水土流失，对人民生活和农业生产体系造成严重的灾害隐患（宋金春，2002）。1997 年底，全省如期完成"五年消灭荒山，八年绿化安徽"的任务和绿化规划目标（安徽省志，1986～2005）。从 1989 年、1994 年和 1999 年安徽省开展的 3 次森林资源清查结果中可知，虽然森林面积和蓄积量等都不断增长，但在资源的消长中，有一些问题依然存在，如林分生长率小于采伐量，林分单位面积生长量一直停滞不前，各地区发展失衡等（陶亮，2004）。为了引领安徽林业建设持续不断快速前进，安徽省被列为全国退耕还林工程建设省份之一，省委、省政府高度重视，要求全省各地紧急行动，统一思想，明确目标，扎实有效地做好退耕还林工作。

退耕还林工程是我国六大林业重点工程之一，也是世界十大重点林业生态工程之一。长期以来，人们在科技水平低下的情况下，盲目开荒造田，造成水土流失，生态恶化，自然灾害频发，成为中华民族的心头之患。生态环境边治理边破坏的现象一直十分严重，并呈不断恶化的趋势，加剧了自然灾害，加大了受灾地区的贫困程度，给国民经济和社会发展造成了极大的危害。严峻的生态形势，引起了党和国家的高度关注。1949 年晋西北行政公署发布的有关文件中就规定实施林中小块农田应停耕还林的政策。1952～1958 年期间，周恩来总理也多次提出退耕还林的思想。1997 年，江泽民总书记作出"再造秀美山川"的重要批示，2002 年 1 月 10 日召开

的退耕还林电视电话会正式宣布退耕还林工程全面启动，使其成为继天然林保护工程之后，中国生态建设又迈出了历史性的一步，实现了由毁林开荒到退耕还林的历史性转变（李世东，2003）。退耕还林是一项重大的"德政工程"、"惠民工程"，是治理水土流失的生物措施，并通过改变区域土地利用方式达到恢复区域生态系统功能的效果（高凤杰等，2011），在建设和保护生态环境中具有战略性的意义，同时也构筑了生物生存的生态安全体系。是迄今为止我国投资量最大、政策性最强、涉及面最广、群众参与程度最高的一项生态建设工程。《退耕还林条例》规定 2001～2010 年为退耕还林工程实施年限，在此期间，全国退耕还林工程总造林面积达 2600 多万公顷，其中退耕地造林 900 多万公顷，工程区森林覆盖率提高两个多百分点 [《全国林地保护刚要》（2010-2020）]。但退耕还林工程区大多是生态脆弱、经济落后的地区，也是当前我国推进新农村建设的难点地区。农民通过退耕还林在得到粮食、苗木补贴的同时，也调整了劳务结构，实现劳动力的转移，从事多种经营和外出务工以增加家庭收入（赵玉涛，2008；李志修等，2010）。

在推进安徽省生态省建设的过程中，由于受发展基础和条件等多种因素影响，仍存在重大的环境压力、社会生态文化体系不健全、经济发展速度过慢等主要问题：

① 从生态的可持续发展的角度来看，安徽省生态建设发展所需的资源严重短缺，被称为资源大省的安徽，全省人均耕地仅 1.01 亩，人均水资源 1100m³，人均森林面积 0.81 亩，人均活立木蓄积量 1.8m³，与全国的平均水平相差甚远。生物多样性下降，目前有 344 种生物物种处于濒危状态，野生生物物种数量下降，使得安徽省许多优良品种资源损失严重。

② 水生态环境问题突出，水承载污染负荷居高不下。淮河水环境仍旧存在污染问题。经治理后的淮河干流安徽段主要支流总体水质轻度污染。巢湖湖区水质以及 9 条主要环湖支流整体水质中度污染。巢湖水体呈富营养化状态，湖泊水体治理与恢复难度大、周期长。淮河流域水体污

染治理还受上流来水水质的制约。部分地区生态需水匮乏，地下水超采用引起潜水面下移和地面沉降，天然湿地面积减少，湖泊水面萎缩，调蓄洪能力丧失，生态功能降低。水资源时空分布不均，水旱灾害交替发生，抗御自然灾害的能力与灾害恢复能力较弱，水资源的供求矛盾加剧。

③"石油农业"问题突出。以高产和高生产率见长的"石油农业"的代价是昂贵的（张云云，2010）。高投入、高消耗和土地肥力下降，农产品质量降低以及环境污染等。过量使用化学农药，污染环境，人畜受害；无节制投放化肥，污染农田和水源；农用地膜随处可见，白色污染加剧。农民不吃自己地里农产品的事情屡屡成为新闻报道的热点。

④ 城市化问题同样不容忽视。2012 年安徽全省 5988 万常住人口中，城镇人口 2784 万人，占 46.5%（安徽省统计局，2013）。城镇环境基础设施建设发展区域不均，城镇生活污水、生活垃圾处理率低，而城镇化水平低又确定了今后一段时期内，我省还要加快提高城镇化水平，将会加大城镇生态环境的压力。

在林业生产中，也存在与建设生态强省的目标不相适应的问题（秦国伟，2012），主要表现为：

① 森林质量低。安徽全省乔木林单位面积蓄积量仅 3.38m³/hm²，低于全国平均水平约 2.3 个百分点；低产低效残次林比重较大，用材林单位面积蓄积量、年均生长量远低于全国平均水平，且径级结构失衡。此外，森林林分效益、林下产品附加值和资源增值率也存在质量不高、效益较低的情况。

② 产业结构不合理、经营水平低。一产中林业种植业结构欠合理，集约经营水平不高；二产中林产品加工科技含量较低，仍以初级产品加工为主，木材等原料消耗量大，产品附加值较低；以森林旅游为主的第三产业基础设施落后，管理服务水平较低；企业自主研发能力较差，科技成果转化率低；产业发展的组织化程度低，林业专业经济合作组织发展不快。

③ 林权制度改革亟需深化。在完成明晰产权、承包到户的改革主体任务的基础上，真正建立起现代林业产权制度是一项长期而艰巨的任务，林业融资体系、林业公共财政制度、林业要素市场、林业管理制度、林业社会化服务体系等亟需建立和完善。

④ 可持续发展的动力不足。安徽省林业生产资金占中央林业投资总额的比例过低。一般营造林投资中央补助较低（人工造林 200 元 /hm²，封山育林 70 元 /hm²），而经济增长造成劳动力价值大幅度提升，营造林实际成本逐年加大，一定程度上影响了社会造林的积极性；地方公共财政对林业的投入与现实林业发展需要存在较大差距，扶持林业发展的政策难以落实到位；金融部门对林业的政策性投入规模较小，社会投资林业的潜力尚未得到充分挖掘，林业建设任务和资金矛盾依然十分突出。

因此，林业生态建设中，应深刻分析安徽林业发展的现状和特点，充分把握当代林业发展的新趋势和新要求，加快实现林业经济发展方式的转变，充分运用现代化的信息手段加强森林资源的建设和保护，积极引导全省动员、全民动手、全社会大力植树造林，扩大森林面积，构筑较为完备的安徽国土安全四大区域生态屏障，使森林资源成为全省生态资源的主体，服从和服务于"三大强省"建设。同时，通过生态技术创新、绿色制度创新以及生态观念的改变，以可再生资源替代不可再生资源，提高生态系统的运转资本。使生态与技术、制度一样成为现代经济运行与发展过程的内生变量，从而改善人类生存的生态环境，实现生态、经济、社会共同的可持续发展。

第二节　生态建设驱动类型及方式

生态建设主要是对受人为活动干扰和破坏的　生态系统进行生态恢复和重建，是根据生态学原理进行的人工设计，充分利用现代科学技术，充分利用生态系统的自然规律，是自然和人工的结合，达到高效和谐，实现环境、经济、社会效益的统一。生态建设属于一种积极的人类活动，是人类能动恢复和重建受损生态系统的重要措施，是实现生态系统的稳定、高效和良性循环，更好地满足经济社会可持续发展的需要，其内涵丰富，意义重大。在生态省建设中，生态发展是基础，经济发展是条件，社会发展是目的。中共十八大报告提出，建设美丽中国必须树立尊重自然、顺应自然、保护自然的生态文明理念，要坚持节约优先、保护优先、自然恢复为主的方针。

良好的生态环境是人类生存和发展的重要物质基础，而生态系统是否能持续、稳定地发展，则要受到系统中能量流动、物质循环状况和信息传递效率三大主要功能流的制约，在此过程中价值转换效益（或市场）对其起着导向作用。林业的发展与生态建设、经济发展以及社会进步密切相关。从宏观上来看，林业系统本身是一个复杂的社会巨系统，林业系统与生态系统、经济系统、社会系统之间的关系错综复杂。目前，林业生态建设已经成为国家林业建设的主导方向，国家林业建设也已经进入以林业生态环境建设为主体的

阶段，得到社会和人民的支持、认可。国家林业生态建设采取的方式和途径属于政府主导型林业生态建设，即通过国家实施生态工程、国家财政大量投资、借助法律行政手段等来推行。这种政府主导的林业生态建设方式优点是见效快，但缺点也很多，首先是财政支出大、成本高。其次是政府主导缺乏效率，在工程实施过程难以控制，资源内部耗损大。最后，国家主导型林业生态环境建设的作用机制不够牢固，需要政府长期和不间断的支持。如何探索一条成本低、效率高的林业生态建设道路是林业发展战略制定的另外一个值得关注的问题（邵权熙，2008）。综合国内外生态建设的研究动态，按照主导驱动因子将生态建设分为四种类型：自然主导驱动型，经济主导驱动型，社会主导驱动型和文化主导驱动型（图1）。

一、自然主导驱动型生态建设

生态自然观是以环境伦理学的形式展开的对人和自然关系的思考，提倡自然权利论和内在价值论。强调生态系统是一个由相互依赖的各部分组成的共同体，各部分之间的联系是有机的、内在的、动态发展的，人类和大自然其他构成者在生态上是平等的。人类不仅要尊重生命共同体中

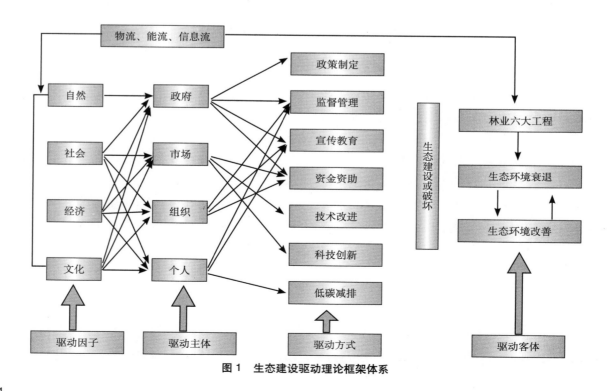

图1 生态建设驱动理论框架体系

的其他伙伴，而且要尊重共同体本身；任何一种行为，只有当他有助于保护生命共同体的和谐稳定和美丽时，才是正确的；人们不再寻求对自然的控制，而是力图与自然和谐相处，科学技术不再是征服自然的工具，而是维护人与自然和谐的助手。人和自然之间要协调发展，共同进化。

现实的生态建设不可避免地对自然环境产生影响，甚至是人类为其自身生存和发展，在利用和改造自然的过程中，对自然环境破坏和污染所产生的危害人类生存的各种负反馈效应。特别是近半个世纪以来，由于人口的迅猛增长和科学技术的飞速发展，人类既有空前强大的建设和创造能力，也有巨大的破坏和毁灭力量。一方面，人类活动增大了向自然索取资源的速度和规模，加剧了自然生态失衡，带来了一系列灾害。另一方面，人类本身也因自然规律的反馈作用，而遭到"报复"。因此，环境问题已成为举世关注的热点，无论是在发达国家，还是在发展中国家，生态环境问题都已成为制约经济和社会发展的重大问题。

自然驱动生态建设的因子归结为两类：内因驱动和外因驱动。内因驱动是源于生态系统自身的变化和自然演替规律等，具有一个形成、发展和衰退的过程，是自然界发展的一条客观规律。通过自然生态系统自身的变化和演替可提高生态系统自然度，满足人们追求自然或回归自然的一种渴望。生态系统是动态的，从地球上诞生生命至今的几十亿年里，各类生态系统一直处于不断的发展、变化和演替之中。外因驱动是源于人们为改善自身生存和发展对现有生态系统进行扩建或改造，又或者重新根据生态建设发展的要求，进行新的生态系统规划，形成新的生态系统，并由此所产生的生态环境问题。气象、生物、水文、土壤、地形地貌等区域差异及自然地理背景的差异，导致了自然主导驱动型生态建设也存在区域差异。

林业生态建设不仅包括对原有自然生态系统的完善、改进和加强，对森林植被进行自然修复，也包括对人工生态系统的重建。在此过程中要遵循对自然规律的适应，发挥森林在防风固沙、维持生态平衡、蓄水保土、保持生物多样

性、改善生产条件、净化空气、缓解温室效应以及促进经济发展等方面的作用。从全球角度看，封山育林、人工植树造林或者人工干预天然林更新等手段是林业生态发展的重要措施。林业生态建设要使所有的林业生产活动对自然规律和经济规律严格遵循，如若不然，林业生态系统不仅不会恢复，还会带来不可预测的负面危害。例如，在造林过程中不遵循适地适树的原则，会导致树木成活率降低，甚至无法成活；还有些造林活动没有进行长远的分析，只追求眼前的利益，未经科学规划和论证对原有树林进行大面积的采伐之后，重新再造，因新造树种并不适应当地山场的立地条件，导致所种树种成活率低，难以成林，森林生态效益难以得到有效发挥，对当地的生物多样性造成了难以挽回的破坏。如能在合理的林业生态系统管理的条件下进行采伐，这种行为不等于生态破坏，因为适当的采伐并及时的更新也是进行森林经营的有效方式（江有源等，2013）。因此，在当前的林业生态建设中，需要不断引入新的发展理念，促进林业生态建设的健康、快速发展，进而促进人与自然的和谐相处。

二、经济主导驱动型生态建设

从经济学角度探讨环境问题成因或环境演变驱动力已经成为国际上一大主流方向（陈劭锋，2009）。但由于对环境成因或驱动力的认识角度不同，在很大程度上直接或间接地影响到环境治理的思路以及政策工具的选择和走向，但总体上来看，环境问题产生的根本原因是环境和自然资源配置中的市场和政府失灵的结果（OECD，2006；张坤民，1997）。这为从经济角度寻求环境问题的解决方法和途径提供了理论基础。目前，建立在庇古理论基础之上的排污税（补贴）和建立在科斯理论基础之上的排污权交易作为环境政策工具已在不同程度上付诸实施。美国在1981年把排污权交易开始纳入环境政策体系，欧洲也利用排污税来作为污染控制的一项政策（聂国卿，2007）。此外，还有多种观点从其他角度揭示生态建设的驱动机理，如：经济增长（侯伟丽，2005）、贸易全球化（OECD，20066）、收

入（Dinda *et al.*，2000；Vebeke *et al.*，2006；Tsuzuki，2008；Morse，2008；Song *et al.*，2008）等均可以看作是生态危机出现的因素；其中贸易主要是通过规模效应、技术效应、结构效应、法规效应等途径影响生态环境质量，进而间接影响商品的价格和市场状况（OECD，2006）。而收入是解释环境库兹涅茨曲线（Environmental Kuznets Curve；简称 EKC）和生态退化的主要变量，个人的偏好、家庭的偏好和需求也被认为是 EKC 现象的可能解释变量（Roca，2003；Dinda，2004）。采用的技术以及经济增长（或经济本身）的结构是造成生态环境压力的决定性因素，资源和能源的价格、市场机制也会对生态环境退化产生影响（Lindamark，2002；Dinda，2004）。《21 世纪议程》（1992）一针见血地指出全球环境不断恶化的主要原因是不可持续的消费和生产模式，特别是在工业化国家中，燃煤、排污到河里、森林清理等直接因素改变部分环境，而人口增长、经济发展、技术进步、社会制度和人类价值改变等间接驱动力也可以作为预测环境破坏性人类活动趋势（Stern，1993）。

经济驱动型生态建设的因素有生态供需关系、地方性税收转移支付、国内生产总值、产业结构等国家及区域经济政策。生态经济可持续发展是一项事关地区经济社会发展全局的系统工程（舒惠国，2001），应坚持以科学发展观为指导，将生态理念融入经济发展、城市建设和人民生活之中，坚持走可持续发展道路。资源型地区经济社会发展的基础是其所在地区的自然资源，在发展的进程中往往过于注重资源的开发和利用，伴随着经济的不断发展，地区产业结构畸形、生态环境破坏严重、社会环境恶化等一系列问题不断出现（刘黎辉，2013）。环境保护和污染治理需要巨额的资金投入，需要政府加以鼓励和支持，并通过产业政策和产品目录，引导产业向有利于促进环境保护，改善生态环境的方向调整，尽快建立以生态农业、生态工业、现代服务业为核心的新型经济体系（张新营等，2005）。同时要根据区域空间的资源环境承载能力和发展潜力，合理确定不同区域的功能定位，按功能分区提出鼓励

发展（陈孝杨等，2006）。经济驱动型的城市森林建设源于人们对城市森林直接或间接经济效益的追求。例如许多城市以森林公园建设为重点，在维护生态环境的同时，追求给城市直接带来的经济收益。2008 年，全国森林公园共接待游客 2.74 亿人次，其中海外游客 693 万人次，直接收入 187.11 亿元，全国森林公园共带动社会综合旅游收入 1400 多亿元（肖建武等，2011）。我国改革开放 30 年的实践证明，城市绿化建设做得好的城市，其居民在享受了良好生态环境的同时，其间接的巨大经济效益也正在显现。一个突出的标志就是城市的形象在改变，城市的吸引力在提升，招商引资的幅度在加大。这方面城市政府有切身体会，因此政府在可行的条件下愿意投入城市森林建设，从而推动了城市森林的建设（肖艳艳等，2010）。这种模式在沿海地区经济发达城市比较突出，例如广东的中山、东莞、珠海、深圳等多个新兴城市在改革开放以来都制定了以建立城市森林体系为中心内容的城市森林规划。

三、社会主导驱动型生态建设

驱动生态建设的社会因素涉及哲学、宗教信仰、技术、消费乃至政治制度等方面。1967 年美国史学家怀特在《科学》杂志上发表环境危机的历史根源一文，认为西方基督教文化的哲学观点过分注重物质文明是造成生态危机的罪魁祸首。培笛卡儿提出的"驾驭自然，做自然的主人"的人与自然相对立的机械论思想治地位被认为是工业革命造成环境问题的深层次的根源（叶文虎，1994）。而美国等工业化程度较高的国家把环境恶化的基本原因归结于工业生产和运输技术上的巨大变革（Commoner，1971）。这些变革带来"高利润"的同时也带来了"高污染"。而"高利润"则是生产和经济增长追求的主要目标。从自然伦理的角度看，环境危机的实质是文化和价值问题，非技术和经济问题；即环境问题是人的问题，是人类长期不承认自然的价值，不承认人与自然之间的伦理道德关系所造成的（朱坦，2001）。从消费的角度（包括消费水平和消费结构等）来看，收入因素显著影响环境（Heerink *et al*.，2001；Reisch *et al*.，2003），而且收入和污染之间最强烈的联系事实上是通过诱导性的政策响应（Magnani，2001）。从社会人口的角度看，人口增长和人口密度的变化对环境因素退化是通过人口内部迁移（Gawande *et al*.，2000）、土地利用方式等的变化引起的，进而对物种多样性（Skonhoft *et al*.，2001；Mcpherson *et al*.，2005）、森林砍伐率（Cropper *et al*.，1994）、生物资源、地球化学循环等产生影响。此外，文化价值、公民的识字、政治权利和自由（Barrett，2000）、人力资本（Costantini *et al*.，2008）、民主参与（Harbaugh *et al*.，2002）、政府的腐败和寻租行为（López *et al*.，2000）、政治的不稳定（O'Connor *et al*.，2003）、法律结构和宗教信仰（Mcpherson *et al*.，2005）、制度包括产权和所有权（Culas，2007）、治理水平（Dasgupta *et al*.，2006）和社会变迁（洪大用，2001）等也会对环境的退化产生影响。

四、文化主导驱动型生态建设

驱动生态建设的文化因素有国家民族间的文化差异、公众态度、价值观及信仰、个人及家庭行为等，这些都是驱进或是驱退生态建设的重要因素。随着生态文化和生态文明教育的不断加强，使生态文化载体日益丰富，人与自然和谐共处的生态理念不断演化并形成善待自然、和谐文明的生态文化体系。国际范围内成为流行语的可持续发展、生态经济、循环经济、低碳经济、两型社会、生态文明等理念，也都是在事实上呼唤着蕴含了人与人、人与自然之间新的理念和规范的生态文化发展。生态文化是人类文化的必然走向，是可持续发展的必然选择，也将为可持续发展提供持续的动力。生态文化的驱动机制主要分为：知识供应机制、物质驱动机制、社会参与机制、社会评价机制、制度保障机制。

知识是文化的观念载体和源泉。生态文化是建立在对人与自然关系的深层认知的基础上的理性文化，是以一种全新的生态学视野对社会发展深度透视和细致分析的结果。它的一个重要特点就是用生态学的基本观点观察现实事物，处理现实问题，采用科学认识生态学的途径或科学的生态学思维，以生态取向的观念创新、制度创新和技术创新来取代现行的不可持续的生产和消费方式，形成节约能源资源和保护生态环境、适应于当代环境问题的具体的生活样式。中华民族历史悠久，崇尚生态和谐是中国传统文化的主要内涵之一，历朝历代都认为人应以平等仁爱之心善待自然，人类不能妄自尊大，以自己为中心，把大自然当成自己征服和统治的对象。如儒家主张"天人合一"，认为包括人在内的天地万物都是有价值的，人应该以仁爱之心对待自然，体现了以人为本的价值取向和人文精神。道家的思想与现代环境友好意识相通，他们主张"节用节葬非乐"遏制消费主义的观点，主张人的衣食住行等生活，满足基本需要就可以，这是一种少私寡欲的朴素生态主义的消费观。这些理论主张虽然萌生于农业文明时代，但是却充分体现了一种朴素而和谐的人与自然论。建设繁荣的生态文化是生产力发展、社会进步的重要内容，是生态文明、社会进步的重要标志。生态文明与人民群众的生产生活密切相关。积极倡导节约土地、保护环境、低碳减排的新型生态文化，符合我国人多地少、资源紧缺的基本国情，符合全面建成小康社会的基本要求，生态文化是构建和谐社会进程中社会主义物质文明和精神文明的有效载体。近年来，我们通过会议、墙报、宣传画、标语横幅，大力弘扬先进的生态文化理念，让人民群众在日常生产生活中自觉养成良好的环保习惯，树立对时代负责，对历史负责，对子孙后代负责的责任感和使命感，推广和普及生态文化，彰显了社会的文明程度，提高了国民素质，有利于推动整个社会、人类、自然的和谐共生与可持续发展。而生态文化是以生态学为基础的文化，因此，生态学研究及其发展状况直接关系到生态文化的成熟程度。没有对生态规律的完整把握和正确理解，也就不可能领悟到生态文化的精髓和内涵，生态文化也就会失去其真正的价值。事实上，人类对生态规律的探索是一个历史过程，生态规律的体现也存在一个时间跨度。这就决定了生态学基础研究工作在文化建设中的重要性。而且，生态文化所要求的生态技术、生态产品、生态工艺，也都需要生态学研究的不断深入。生态文化只有与现阶段的经济、社会状况有机结合起来，和企业生产、工业发展结合起来，并有可能创造出较高的经济、社会效益的时候，才具有较高的社会影响力，才更容易实现在文化系统中的扩张，为社会大众所接受（张保伟，2006）。

当前，技术创新生态化已经成为国际社会发展的总趋势。人们越来越深刻地认识到，在当今资源短缺、环境污染、生态危机日益严峻，自然灾害、社会风险迭出的情况下，只有将技术创新与资源节约和环境保护结合起来，树立新的生态价值导向，才能真正有益于社会发展，也才可能为社会所接受，进而有益于自己的长期发展，这也为生态文化奠定了更为宽广的理论视野和更为坚实的社会基础（陈寿朋等，2005）。生态文化在社会各领域的生成与发展，必然会引起人们生产生活领域的实质性转变，解决技术创新生态化中存在的生态观念缺失、动力不足等问题，为技术创新的生态化提供全方位的支持，凝聚起一切可能的力量，致力于环境问题的解决乃至其他社会目标的实现（张保伟，2012）。

城市是现代文明的重要标志，是人类经济、政治、社会活动的中心。绿色发展理念是现代社会发展和进步的要求，是现代城市发展的必然选择。探索建设绿色城市，已成为世界各国共同关注的重要课题。在绿色城市建设中，迫切需要树立起人与自然和谐共存基础上的价值观、发展观、道德观和政绩观。城市发展必须尊重自然，依靠自然，与自然和谐相处。对城市生态环境，要做到"不以恶小而为之，不以善小而不为"，大力推动城市发展方式从消耗资源、破坏自然、牺牲环境型向资源节约、环境友好、绿色增长型转变。注重培养和提高城市居民的生态道德意识、生态道德感情、生态道德能力和生态道德习惯。在城市经济发展中，不以单纯追求 GDP 增长论英雄、争高低、评业绩，不以"生态赤字"、"环境负债"、"资源透支"换取一时的繁荣与发展，建立和完善绿色国民经济核算体系，促进绿色增长，实现绿色发展。

我国城市森林建设起步于 20 世纪 80 年代末期，较世界各国虽然起步较晚但发展迅速。城市森林建设的实践和研究在我国北京、沈阳、上海、哈尔滨、成都、合肥、扬州、广州等许多城市已经广泛展开（章滨森等，2012）。在生态工程建设方面，彭镇华与江泽慧从整个国土安全和生态良好角度提出"中国森林生态网络系统工程"的理论，将全国的森林作为一个大森林生态网络系统，其中城市森林建设成为该生态网络系统中的"点"（彭镇华等，1999）。同时我国城市森林建设已经纳入国家部分林业重点生态工程之中（彭镇华，2002），并作为城市环境改善的重要生态工程，进入了快速发展的时期。社会文化驱动型的城市森林建设源于当地城市居民对提高城市生活品质的要求，例如参加休闲、保健、文化或人文体验等游憩活动。Rydberg 等（2000）人的研究显示，一般城市居民的城市森林游憩需求旺盛，希望城市森林游憩地的面积在 60hm² 以上。其中在第五届中国城市论坛被评为"国家森林城市"的广州是典型的社会文化驱动型城市森林建设的城市之一。广州的经济发展已经达到一定层次，城市也相应地需要从工业文明向生态文明的转变。因此广州充分发挥历史文化名城优势，积极推进森林文化体系建设，并让城市居民参与其中，充分体验城市独特的人文，从中提高居民生活品质。一方面，传承岭南历史文化，保护古典园林、历史名园，新建岭南园林景观，将清代时兴起的"迎春花市"发展成与市民生活融为一体的"树文化"和"花文化"。另一方面，弘扬生态文明。建立了一批国家级森林科普教育基地和生态科普教育基地，把普及生态公益、生态科学知识和与森林有关的各种文化活动开展得有声有色。全民义务植树活动热潮持续高涨，形成了一批义务植树主题公园、义务植树基地和纪念树、纪念林，全社会形成了"爱绿、植绿、护绿"的良好氛围。

正如尤金·哈格罗夫（2007）所讲，"人类永远也不可能发展出那种既能控制自然，又能避免不可预见的副作用的技术能力，对自然的保护不应该建立在关于生态科学的有限性这一推测上，而应该更为积极地建立在我们的环境价值观上。"

第一章

安徽省生态建设概述

第一节　安徽省生态建设历史及现状

一、生态环境建设的历史与现状

历史上的安徽曾经是一个森林密布、山清水秀的地方，经历了战火兵燹、毁林开垦、森林火灾等破坏后，森林资源由北向南，由平原、丘陵到山区逐渐减少。中华人民共和国建立之初，全省林业用地仅为土地总面积的28.6%，有林地面积仅168万hm²，森林覆盖率12.51%。当时淮北平原地区只有733hm²林木，森林覆盖率0.1%；江淮丘陵和沿江丘陵区除零星分布一些次生林外，到处都是荒芜丘岗；皖南山区和皖西大别山区是安徽重点林区，有林地较多，然而采伐迹地和荒山面积也多。由于森林植被遭到乱砍滥伐，水土流失现象日趋严重，干旱和洪涝灾害频繁，人民的生产和生活遭受严重的影响。

党的十一届三中全会以来，省委、省政府制定了一系列林业扶持政策，坚持走有安徽特色的林业发展道路，特别是20世纪80年代后期，先后实施"五年消灭荒山、八年绿化安徽"和"开展林业建设第二次创业"的可持续发展战略，形成了全党动员、全民动手、全社会办林业的氛围，安徽的林业建设和森林资源的保护、发展进入了最好的时期。截至1997年，全省实现全面绿化，被党中央、国务院授予"实现荒山造林绿化规划省"称号，荣获"全国造林绿化先进省"、"部门绿化先进省"等荣誉，并被评为全国6个生态环境质量最优的省份之一。全省森林资源大幅度增长，据2004年全省森林资源连续清查第五次复查结果，有林地面积扩增到5401万亩，活立木蓄积量上升到16258.35万m³，森林覆盖率提高到26.06%，森林资源步入良性循环。

2000年后，林业重点工程建设迅速推进。省级速生丰产林、治沙造林、抑螺防病林、工业原料林完成高标准造林242万亩，长江中游防护林工程在沿江5县实施，已完成造林303万亩。通过引进外资，实施中德合作长防林工程，扩展到6个县，完成混交造林30万亩。在长江流域防护林体系建设二期工程中，安排17个县（市、区）、治理面积3645万亩。在重点地区速生丰产用材林基地建设工程中，已规划安排89个县（市、区）。退耕还林工程安排84个县（市、区），其中重点县24个。安徽省的林业将继续坚持以重点林业建设工程为突破口，瞄准林业第二次创业跨世纪的总体目标，向更高、更快、更新、更强的阶段发展。

经过几十年的艰苦奋斗，绿化了安徽境内所有宜林荒山、丘陵、平原、城市和村庄，实现了安徽人长久以来绿水青山的愿望。

（一）"五八"绿化

1989年3月，在全省山区工作会议上，安徽省提出了"五年消灭荒山，八年绿化安徽"的奋斗目标（简称"五八"绿化规划目标）。

"五八"造林绿化的实施，使安徽省造林绿化的工作步入了崭新的轨道，迈进了发展最好的时期，并取得了瞩目的成就。首先，各项造林绿化任务全面超额完成。据统计，在实施"五八"造林绿化的八年中（1990~1997年），全省共完成造林绿化166.09万 hm²，超出总任务138.94万 hm² 19.54个百分比。于1994年底通过国家的核查验收，成为按林业部颁布的标准验收合格的全国消灭荒山第一省。并于1997年年底，实现了全面绿化的目标，如林业用地城区绿化率为96%，省辖市城区绿化率达30.7%，县（市、区）城区、镇区绿化率分别达到26.4%和18%，村庄绿化率达49.9%，道路沿线和江河渠道堤岸的绿化率均在90%以上，农田防护网建网率达85%。其次，森林资源增长显著。截至1997年年底，全省有林地面积由1989年的239.86万 hm² 增加至330.98万 hm²，森林蓄积量也由9000万 m³ 增加至1.044亿 m³，森林覆盖率由20.1%上升至28.9%，年均增长1.1%，是同期全国森林覆盖率增长幅度的5倍。其三，造林质量不断得到提高。全省造林质量和效益稳步提高，人工造林核实率和保存率均在90%以上，比实施规划前提高10%~20%。同时，中幼林抚育稳步开展，共完成中幼林抚育87.30万 hm²。其四，提高了生态环境建设质量。八年的绿化造林使得安徽的生态环境有了较大改善。地处黄河故道的萧县、砀山，在过去的沙地上形成绵延百里的果园，成为安徽水果的重要产地。皖南山区通过植树造林，改善了环境，使得黄山、九华山、牯牛降等旅游热线地区具有高水准生态环境。第五，林业结构得到调整。"五八"造林绿化规划的实施使得单一的林业结构，逐渐形成营林、木材生产、林产工业、多种经营四根支柱并重的结构体系。林种结构的合理调整，使得经济林比重逐步上升。"五八"造林绿化期间，共完成经济林造林32.61万 hm²，为人工造林面积的39.8%，比实施造林

前提升20%多。

"五八"造林绿化规划的完成，加速了平原绿化、城市绿化、长江防护林工程、淮河防护林工程、防沙治沙工程、兴林抑螺工程和平原绿化工程等一系列林业重点生态工程建设的进程。

（二）退耕还林

退耕还林就是从保护和改善生态环境出发，将水土流失严重的耕地，沙化、盐碱化、石漠化严重的耕地以及粮食产量低而不稳的耕地，有计划、有步骤地停止耕种，因地制宜地造林种草，恢复植被。坚持宜乔则乔、宜灌则灌、宜草则草，乔灌草结合的原则，因地制宜地造林种草，恢复林草植被，退耕还林是减少水土流失、减轻风沙灾害、改善生态环境的有效措施，也是增加农民收入、调整农村产业结构、促进地方经济发展的有效途径，是我国实施西部开发战略的重要政策之一。

1997年8月，江泽民同志向全国各族人民发出了加强环境保护和生态建设的伟大号召，做出了"再造一个山川秀美的西北地区"的重要批示，为开展退耕还林奠定了坚实的思想基础。1998年8月修订的《中华人民共和国土地管理法》第三十九条明确规定："禁止毁坏森林、草原开垦耕地，禁止围湖造田和侵占江河滩地。根据土地利用总体规划，对破坏生态环境开垦、围垦的土地，有计划有步骤地退耕还林、还牧、还湖。"是年10月，基于对长江和松花江特大洪涝灾害发生的反思和我国生态环境建设的迫切需要，中共中央、国务院制定出台了《关于灾后重建、整治江湖、兴修水利的若干意见》，并把"封山植树、退耕还林"置于灾后重建"三十二字"综合措施的首位，并指出："积极推行封山育林，对过度开垦的土地，有步骤地退耕还林，加快林草植被的恢复建设，是改善生态环境、防治江河水患的重大措施。"1999年，我国粮食生产总量继1996年、1998年之后第三次突破1万亿斤大关，全国粮食库存达到5500亿斤，加上农民手里存粮4000亿斤，全国总存粮量近1万亿斤，相当于我国一年的粮食生产总量，粮食出现供大于求

的状况。随着改革开放的不断深入，我国综合国力显著增强，财政收入也大幅增长。这些都为大规模开展退耕还林奠定了坚实的经济基础和物质基础。并在四川、陕西、甘肃三省率先开展退耕还林试点工作，也拉开了我国退耕还林工作的大幕。

自 2002 年起，安徽省被列为全国退耕还林工程建设的省份。根据国家发改委、国务院西部开发办公室、财政部、国家林业局、国家粮食局统一安排，安徽省 2002～2007 年退耕还林工程建设任务 810 万亩，其中退耕地造林 330 万亩，荒山荒地造林 420 万亩，封山育林 60 万亩。全省共 17 个市 84 个县（市、区）参与退耕还林工程建设的实施。主要实施年份为 2002～2005 年，配套的荒山造林实施年份为 2002～2009 年，其主要建设时期均在 2002～2003 年（图2）；其中 2002 年全省的退耕还林和荒山造林面积相当，2003 年退耕还林面积较 2002 年减少一半，是当年荒山造林面积的 60%。截止到 2009 年，共完成建设任务 903.36 万亩，其中，退耕地造林 330.86 万亩，宜林荒山荒地造林 472.5 万亩（刘华等，2013）。

安徽省在退耕还林地中营造的生态林面积为 305.6 万亩，经济林面积为 25.26 万亩。根据《退耕还林工程生态林与经济林认定标准》，生态林是指在退耕还林工程中，营造以减少水土流失和风沙危害等生态效益为主要目的的林木，主要包括水土保持林、水源涵养林、防风固沙林以及竹林等。经济林是指在退耕还林工程中，营造以生产果品、食用油料、饮料、调料、工业原料和药材等为主要目的的林木（国家林业局，2001）。根据立地条件确立适合安徽省的造林树种范围主要有 16 类，包括杨树、泡桐、板栗、毛竹、山核桃、软阔、硬阔、松、杉、国外松、元杂竹、柏类、干果类、茶桑、水果类、其他经济林树种等（图3）。

安徽省退耕地中有 80.6% 的面积为个人所有，保存率达到 97.7%，国有和集体产权地的面积占 19.4%，保存率分别达到 97.9% 和 97.7%。按照林种来分，退耕还林营造的生态林和经济林的面积保存率均达到 97.7%，其中坡度在 15°以下退耕地造林面积的保存率为 97.6%，坡度为 15°～25°之间的退耕地造林面积保存率为 97.8%，坡度在 25°以上的退耕地造林面积保存率为 98.3%。乔木的保存率达到了 97.7%，灌木的为 97.3%（刘华等，2012）。

参与安徽省退耕还林生态工程的全退户为 9984 户、35538 人，占退耕还林总户数和总人数的 0.58% 和 0.51%。

安徽省退耕还林工程在安徽省实施 6 年来，取得了显著成效，主要体现在以下五个方面：

1. 促进了生态环境的改善

实施退耕还林工程，大大加快了我省造林绿化进程，林地面积不断扩大，森林覆盖率较大提

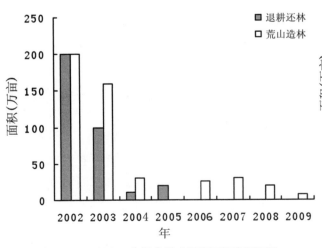

图2　2002~2009 年间安徽省退耕还林建设面积

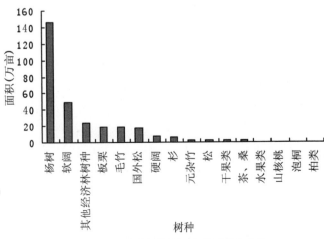

图3　安徽省退耕还林造林树种的面积

表1　安徽省退耕还林总体情况　　　　　　　　　　　　　　　　　　　　　（单位：亩）

造林类别	计划情况		完成情况		保存情况	
	面积	所占%	面积	计划完成率%	面积	保存率
合计	8050000	100.00	8137911	101.09	7198000	88.45
退耕地造林	3300000	40.99	3316511	100.50	3300000	99.50
荒山荒地造林	4150000	51.56	4221400	101.72	3298000	78.13
封山育林	600000	7.45	600000	100	600000	100.00

表2　安徽省退耕地造林情况　　　　　　　　　　　　　　　　　　　　　　（单位：亩）

统计类别	规模及%	分年度情况				
		合计	2002年	2003年	2004年	2005年
计划情况	面积	3300000	2000000	1000000	100000	200000
	所占%	100.00	60.61	30.30	3.03	6.06
完成情况	面积	3316511	2011375	1004624	100306	200206
	计划完成率%	100.50	100.57	100.46	100.31	100.10
保存情况	面积	3300000	2000000	1000000	100000	200000
	保存率%	99.50	99.43	99.54	99.69	99.90

表3　安徽省退耕还林荒山荒地造林情况　　　　　　　　　　　　　　　　　（单位：亩）

统计类别	规模及%	分年度情况				
		合计	2002年	2003年	2004年	2006年
计划情况	面积	4150000	2000000	1600000	300000	250000
	所占%	100.00	48.19	38.55	7.23	6.02
完成情况	面积	4221400	2032100	1600300	339500	249500
	计划完成率%	101.72	101.61	100.00	113.17	99.80
保存情况	面积	3298000	1704300	1070300	274900	248500
	保存率%	78.13	83.87	66.88	80.97	99.60

高；将原来坡度大、路程远、水土流失严重的低产坡耕地通过植树造林，大大减轻了因盲目开荒耕种造成的水土流失。

2. 推进了生态建设的步伐

退耕还林实行钱粮直补农户、检查验收到农户、林权落实到农户等政策，极大地调动了广大农民造林护林的积极性，同时在实施过程中通过社会宣传、相互影响，进一步增强了全民生态意识，有力地促进了生态文明建设，避免了"经济发展，生态破坏"的老路，并将继续产生长久的影响。

3. 实现了退耕农民收入的增加

根据国家规定，在退耕还林规划范围的第一个补助期内，完成1亩退耕地造林，造生态林可得到国家补助1890元，经济林可得到国家补助1200元，完成1亩宜林荒山荒地造林也可得到50元种苗费补助。安徽省及时将退耕还林政策兑现到位，钱粮补助不拖欠、不打白条。根据兑现结果，目前平均每个农户得到国家直接投资1100元左右。

4. 促进了农村产业结构的调整

退耕还林工程使安徽省的耕地有所减少，但土地利用效率得到了大幅度提高，同时使节省下来的生产要素（如灌溉用水、化肥、劳动力等）向未退耕耕地转移，带来粮食单产的增长。粮食总产量除2003年因自然灾害造成产量下降外，

表4 安徽省退耕还林全退户情况 （单位：户、人、亩）

全退户县（市区）	户数（户）	人口（人）	面积（亩）
合计	9984	35538	33713
砀山县	67	210	840
来安县	650	2250	4100
金寨县	768	2943	2580
舒城县	1760	6336	5200
金安区	526	1652	2105
裕安区	221	938	1358
宁国市	1800	6000	3000
泾县	590	2045	3513
绩溪县	153	564	1137
铜陵市郊区	806	3201	3424
桐城市	1980	6930	4080
潜山县	215	811	1211
黄山区	448	1658	1165

其余年份均比退耕前产量增加。并且由于耕地的减少，使一部分劳动力从传统种植业转移出来，有的走上了发展种苗产业道路，涌现出育苗专业户、专业村、专业乡；有的进行林下养殖，走上了农村产业的创新道路；有的则把精力集中到经济作物、中药材等的种植上，并发展成为增收的主导产业。

5. 带动了后续产业的发展

安徽省在实施退耕还林工程中坚持以农村发展、农民增收为立足点，实行"区域化布局、工程化管理、产业化带动"。在规划设计时，按区域实行一乡一品，或多乡一品，选择合适的造林树种，以形成基地，形成气候。在加强基地建设的同时，积极扶持和培植后续产业，通过挖掘传统企业潜力、兴办新兴产业，开发名、特、优产品，提升市场竞争力和经济效益，逐步形成林产品加工产业体系，实现资源的增值增效。目前全省形成了淮北以杨树为原料的加工企业1600多家，江淮丘陵和山区以松类为原料的中密度纤维板生产企业群，从业人员10万余人。

（三）封山育林

封山（沙）育林是一项投资少、见效快、能有效增加森林植被、提高森林质量的技术措施，也是培育森林资源的十分重要的途径，在加速推进以生态建设为主的林业发展战略进程中显得愈加重要。封山育林在《中国农业百科全书》（林业卷）中的定义为，以封禁为基本手段，促进森林形成的措施，即把长有疏林、灌丛或散生木的山地、滩地等封禁起来，借助林木的天然下种或萌芽逐渐培育成森林。国外封山育林起步于近代，称这种育林法是人类借助自然力的经济手段（徐舜，2009）。

新中国成立后，政府在积极鼓励进行人工造林的同时，坚持把封山育林作为造林绿化的一个重要手段。1950年2月召开的全国林业会议就把封山育林作为绿化祖国山河、扩大森林资源的重要途径。20世纪80年代经济的快速增长，木材市场的开放使得增加森林资源成为林业工作的一大主要课题，封山育林即被作为扩大森林资源的主要途径。截至1988年底，全国26个省、市、自治区中的 1430 个县全部制定了封山育林规划，1985～1990 年，全国年新增封山育林面积大约在 300 万～500 万公顷。20 世纪 90 年代以后，封山育林不仅仅是扩大森林资源的主要途径，更成为了更新贵重、稀少树种，恢复天然林，提供特殊用材，改善生态环境等的主要途径。为了科学实施封山育林工程，1995 年，国家技术监督局还适时出台了《封山（沙）育林技术规程》。原林业部为了切实落实好这一规程，同年决定在湖南辰溪县等 7 个县开展封山育林示范基地建设，对《封山（沙）育林技术规程》进行试点工作。各县（区）按要求编制了《封山育林示范基地建设总体规划》和《封山育林示范基地建设实施方案》。2004 年，国家质量监督检验检疫总局、国家标准化管理委员会进一步修订并公布了《封山（沙）育林技术规程》，这一举措标志着封山育林不仅是增加森林面积的技术措施，也是改善森林结构、提高森林质量的重要途径（宋春辉等，2009）。2005 年，国家林业局更是将封山育林列于退耕还林工程建设内容，将退耕地造林、宜林荒山荒地造林和封山育林任务同步分解、同步设计、同步落实。安徽在开展大规模人工造林的同时，积极推进封山育林，并确定淮河、长江、新安江流土流失严重的山区为封山育林重点地区，封山育林发展迅速。至 1959 年，全省封山育林面积 105.73 万 hm²。十一届三中全会以后，安徽把封山育林列为加快造林绿化一项战略措施，摆在与人工造林同等重要的位置，于 1980 年山区工作座谈会上提出采取"一封二改三造四抚五护"的办法，加快发展山区林业生产。自此安徽山区县每年都安排封山育林计划。1984 年，省林业厅提出年封山育林面积应占绿化任务的 40%，并制定了 1985～1990 年封山育林 26.53 万 hm² 的规划，分解落实到徽州、宣城、安庆、六安等 4 个地区 27 个县。1985 年 7 月，省人民政府决定于 1986～1990 年间，每年由省财政拿出 120 万元，按每亩每年补助 1 元的标准，安排年封山育林 8 万 hm²。实行项目管理，专款专用，推动了全省封山育林的开展。

1985 年，安徽省林业厅颁发了《安徽省封山育林暂行办法》，规定封山育林范畴和应具备的条件、封禁形式（全封、半封、轮封）、封育成林指标，建立和完善封山育林制度，搞好规划设计，严格检查验收，建立技术档案，管好用好封山育林补助款等，为大幅度提高封山育林成效奠定了基础。1990 年后，安徽把封山育林纳入"五八"造林绿化规划和"林业二次创业"规划，各地在继续扩大封山育林面积的同时，积极进行开封抚育，使之成为有效林分。据统计，到 1999 年底，我省累计封山育林 100 万 hm²，其中成林面积达 60 万 hm²，占全省有林地面积 323 万 hm² 的 18.6 %，新增蓄积 800 万 m³，占全省同期新增林木蓄积量的 25.4%。

在"十五"规划中，安徽省计划从 2001 年到 2005 年，建设封山育林 40 万 hm²，封山护林 67 万 hm²，共计 107 万 hm²。并连续封育 5 年，确保长江、淮河流域现有宜封山场实行封育，使其尽快成林；对长江、淮河两岸的各类防护林地及高山、陡坡，主要河流两岸，水库湖泊周围等生态防护重点地区的林分，采取必要的管护措施，努力提高林分质量。在全省逐步建设多林种、多树种搭配，生态、经济、社会效益相统一的比较完备的生态防护林体系。

2002～2010 年在全省实施封山育林的 17 个市中，宿州、蚌埠、滁州、六安、宣城、池州、安庆、黄山这 8 个市封山育林面积增长十分明显，增长率均超过 300%。退耕还林工程下封山育林建设主要集中在安徽省南部地区（高壁垒等，2012）。

（四）绿色长廊

党的十六大把生态环境建设作为全面建设小康社会的重要目标之一，《中共中央国务院关于加快林业发展的决定》中明确指出："在贯彻可持续发展战略中，要赋予林业以重要地位；在生态建设中，要赋予林业以首要地位；在西部大开发中，要赋予林业以基础地位"。然而，经过长期对生态薄弱地区综合治理途径的研究和探索后发现，交通干道沿线不仅是人流物流频繁、生态和绿化效益需求较为密集的地方，也是安徽省生态薄弱环节，造林多年来成效一直不显著。为认真贯彻落实党的十六大精神和适应安徽省经济社会发展的需求以及改善道路沿线的生态环境，安徽省委、省政府于1999年3月做出了《关于建设万里绿色长廊工程的决定》的重大战略决策，决定用4年时间，以全省总长1.2万km的铁路、国道公路和省道公路为依托，建设以防护林为主体，兼顾经济、生态、社会效益的绿色长廊，构筑安徽国土绿化的新格局（赵波，2010）。

从1999年至2004年，全省共累计完成国道、省道和铁路线路绿化带9292km，新建林带8243km，营造高标准农田林网56.3万hm²。在全面完成了一期工程建设任务以后，安徽省委、省政府根据国务院《关于进一步推进全国绿色通道建设的通知》精神，于2002年启动了万里绿色长廊二期工程，把工程建设向县乡道、江河堤坝、农田林网以及城镇绿化进行延伸。通过万里绿色长廊建设，安徽省整体绿化水平大幅提高，在国道、省道和铁路沿线两侧1km的范围内，累计新增绿化面积达到50万hm²，总体绿化覆盖率也由建设前的20.4%上升到24.3%，净增3.9个百分点。

在万里绿色长廊建设的基础上，安徽省从2010年开始进一步实施了绿色长廊高标准示范工程：即用3到5年的时间，沿新建高速和城际快速铁路两侧建设2440km高标准绿色长廊。新建高标准绿色长廊将主要分布在安徽省境内新建的11条高速公路和2条城际快速铁路两侧。绿色长廊高标准示范工程总体标准为，淮北平原地区林带宽度两侧各50m，江淮和沿江平原地区两侧各30m，丘陵山区适宜地两侧各15m。工程范围内的城市环城道路和各省辖市与12条主干线连接的出入口道路，两侧林带建设不少于50m。2010年首先启动建设了合淮阜、合六叶高速公路和合宁高速铁路共396km道路两侧长廊。

万里绿色长廊建设工程，通过充分利用田边地头、道路两旁、村庄周围的土地资源，妥善地解决了发展林业与占用宝贵土地资源之间的矛盾，拓宽了安徽省林业发展和生态建设的空间，实现了加快林业发展与绿化美化环境的有机结合，是再现江淮大地秀美山川的伟大实践（唐怀民，2000）。

（五）血防林建设

安徽省沿江地区的江滩、湖滩和洲滩（简称三滩）是我国血吸虫病流行重点省份之一。全省有9个市的50个县（市、区）的361个乡镇，2436个行政村为血吸虫病防治地区，以县（市、区）为单位的血防区人口2145.7万人，以流行村为单位直接受威胁人口676.8万人。目前，全省血防区有17个县（市、区）为血吸虫病传播阻断地区，涉及人口635.9万人；有6个县（市、区）为血吸虫病传播控制地区，涉及人口224万人；有27个县（市、区）为血吸虫病疫情控制地区，涉及人口有1285.8万人。全省现有钉螺面积2.95亿m²，易感地带面积6431万m²，现有的钉螺90%分布在江、湖、洲滩，受长江水位涨落的影响大，难以消灭；另有10%的钉螺分布在较大的河流、灌区及复杂的山区环境，治理难度都相当大。据2009年统计，全省血防区居民血吸虫平均感染率为0.54%，局部地区人群感染率还比较高，血吸虫病感染地还比较多。因此，血吸虫病预防控制和综合治理工作是我省一项长期、艰巨而繁重的任务。安徽省按照"政府领导，部门配合，社会参与"的血防工作机制要求，积极实施林业血防工程。尤其是"十一五"期间国家林业局将林业血防工程作为国家重点工程以来，通过在疫区实施抑螺防病林工程，大力开展植树造林，积极有效地开展对血吸虫病的综合防治，极大地改善了生态环境。

"十一五"期间，安徽省紧紧围绕抑螺防病这个中心，做好抑螺防病与提高营林经济效益、实施造林项目与当地经济建设、滩地综合治理与经济开发、长期效益与短期效益、生产与科研等"五个结合"，实现在造林规模、抑螺成效、经济效益和技术管理上突破，真正达到兴林抑螺、兴林致富的目标。据统计我省已完成林业血防工程造林62.8万亩，其中完成抑螺防病林工程造林49.23万亩，结合退耕还林造林11.2万亩，结合长防林完成造林1.9万亩。

安徽省林业厅经认真研究，制定了安徽省"十二五"血防林建设规划。

（1）指导思想是：认真落实党的十七大精神，深入学习实践科学发展观，贯彻国务院《关于进一步加强血吸虫病防治工作的通知》和《血吸虫病防治条例》，坚持"预防为主、标本兼治、侧重治本、综合治理、群防群控、联防联控"的工作方针，结合新农村建设，通过"兴林抑螺"恢复和扩大森林植被，建设"抑螺防病"林为重点的生态工程林体系，同时结合其他治理措施，结合血防工作在技术、管理、效益三个方面有机结合，加大血防科技支撑，使疫区生态环境实现良性循环，达到治本、预防和可持续发展的目的。

（2）基本思路是："十二五"期间，进一步巩固"十一五"抑螺防病林造林成果，努力提高林地利用率，合理配置资源，大力发展节约型林业经济。逐步建立以公共财政为主，多种融资渠道为辅的林业投入体系。大力发展血防区林业行业二、三产业，全面提高血防区农民的收入，保持血防林业的可持续发展。

（3）应遵循的原则是：遵循"因地制宜、分类指导、突出重点、综合治理、科学防治"的原则，针对不同类型疫区，采取不同防治策略，以疫情严重的洲滩地为重点，紧密结合农业开发、农业结构调整和农田水利建设等其他工程项目进行综合治理。

（4）发展的总体目标是：到2015年，在血吸虫病疫情较大幅度下降的基础上，力争实现基本控制血吸虫病，促进疫区生态良性循环、农业经济发展和农民增收，推动城乡两个文明建设，促进地区经济持续、快速、健康发展。

具体目标是：

① 缩小流行范围。在27个县（市、区）实现血吸虫病达到传播控制；已达到传播控制或传播阻断县（市、区），要进一步巩固血防成果。

② 降低发病率及病人（牛）数。通过林业血防工程与其他工程项目相结合，使居民感染率和耕牛感染率分别明显下降；并不发生或极少发生急性感染。

③ 消灭易感地带钉螺。在尚未控制血吸虫病

流行的县（市、区），尽力通过林业血防项目压缩钉螺面积；在灭螺难度很大、暂不能压缩钉螺面积的江湖洲滩及山区，要消灭易感地带钉螺，力求达到生产作业区和生活区无钉螺。

（5）建设任务是："十二五"期间规划全省"抑螺防病林"造林50万亩，其中沿江内滩20万亩，外滩30万亩。

（6）具体布局是：血防项目县包括血吸虫病未控制流行地区、传播控制地区、传播阻断地区三个区。

① 血吸虫病未控制流行地区：包括宿松县、望江县、怀宁县、枞阳县、迎江区、大观区、宜秀区、贵池区、东至县、铜陵县、南陵县、无为县、和县、当涂县、宣州区，该区即疫情分类的一、二类流行区，大多是地势低洼、地形复杂、感染性钉螺密度高、人畜活动频繁的江湖洲滩、孤岛或新围堤垸尚未开垦的地段，血吸虫病疫情相对较严重。

② 血吸虫病传播控制地区：包括泾县、芜湖县、桐城市、郎溪县、广德县、太湖县，该区为血吸虫病传播控制地区。

③ 血吸虫病传播阻断地区：主要包括黄山区和含山县，已达到血吸虫病传播阻断地区。

（六）森林质量提升工程

森林质量的提升是林业建设的生命线和永恒的主题，也是林业可持续发展的内在要求。安徽省林业经过长期的艰苦建设，特别是实施"五八"造林绿化规划、开展林业建设第二次创业、建设万里绿色长廊工程和森林生态网络体系、退耕还林等一系列林业重点工程建设以后，逐步实施了森林分类经营，推进科技兴林和依法治林取得了巨大成就，森林资源总量在持续快速稳步增长。然而，由于安徽的林业基础薄弱，建设周期长，总体上仍处于由传统林业向现代林业转型的关键时期，森林资源总量不足与不断增长的生态需求和林产品市场需求的矛盾也将长期存在，林地生产力低下、单位面积森林蓄积量和林产品产量偏低、森林生态功能脆弱、生物多样性下降、森林生态群落逆向演替等森林质量问题尤为突出。

安徽省森林资源连续清查第六次复查结果表明，全省森林资源呈现出总量稳步增长、质量逐步改善的趋势，但内部结构不完全合理、整体质量和效益低下。主要表现在三个方面：首先，受人为干扰强度大的影响，现有森林总体上处于常演替的中低阶段，生态功能较为脆弱。全省森林面积中自然度为Ⅳ级和Ⅴ级的比例高达85%，原始或接近原始的天然林面积很少；森林生态功能指数仅0.4639，生态功能等级好、中、差的森林面积比例分别为1.12%、73.2%和25.68%。其次，受社会对森林经济功能利用的主导影响，现有森林结构处于单一局面。全省用材林、薪炭林、经济林等商品林面积比例高达71%，防护林、特用林等生态公益林的比例偏低；中、幼龄林面积的比例高达84%，近、成、过熟林面积甚少；乔木林林层结构和人工林树种结构单一。最后，受林业经营集约化水平和林木采伐组织化程度不高的影响，人工林郁闭度低于天然林，林地资源利用率和产出率较为低下。全省乔木林平均每亩蓄积量仅3.38m³，与全国每亩5.649m³的平均水平相比仍存在着很大的差距；主要经济林产品的单位面积产量也比较低。

解决全省森林质量现存问题以及提升森林质量是当前转变林业发展方式的重要内容，是林业科学发展的必然要求。因此，安徽省省委、省政府决定于2009～2012年通过实施全省森林质量"1115"提升行动（即实施"10个专项提升行动计划"，包括油茶、杨树、竹林、重点公益林、杉木、松类、珍阔类、板栗、特色经济林以及绿色长廊的提升），提升67万hm²森林的质量，提升1000km绿色长廊的建设质量，使林分年生长量、单位面积蓄积量、经济林地产出率、林农收入、森林生态效益五个方面得到大幅度提升。一是商品用材林年均生长量提升60%以上；二是单位面积蓄积量提升40%以上；三是油茶、板栗亩产分别提升一倍和50%，特色经济林、竹林亩产均提高20%以上，经济林地产出率提升50%以上；四是为林农年均增收50亿元，山区林农林业收入占农民人均纯收入的比重由现在的20%增至40%；五是重点公益林的树种结构得到改善，生态功能质量明显提高；绿色长廊形成乔灌花草合理配置、立体复层、功能齐全的生态景观廊道；森林生态综合效益增加三倍以上。

通过"1115"提升行动，将直接带动全省森林质量大幅度提升，带来农民林业收入的大幅度提高，并引领全省高质量完成新造林任务，促进在全省范围内形成科学的林业发展观念、发展方式、发展机制与体制，推动全省林业整体质量持续快速提升。预计到2017年，全省用材林平均每亩蓄积量提高到4.5m³，单位面积主要经济林产品产量翻一番；全省林木总蓄积量增加到2.5亿m³以上，森林内在结构更趋合理，森林的多种功能更加稳定和增强，生态效益、经济效益和社会效益在进一步发挥的基础上更加协调。

2009年前安徽省林地总面积6605.25万亩，森林覆盖率26.06%。全省林地面积中，森林面积5401.05万亩，占81.77%；竹林面积484.2万亩，疏林地面积105.9万亩，灌木林地面积1016.4万亩，未成林地面积263.25万亩，苗圃地面积9万亩，无立木林地面积114万亩，宜林地面积186.45万亩。

全省森林面积中，天然林面积2253万亩，占41.71%；人工林面积3148.05万亩，占58.29%。乔木林面积4426.05万亩，占81.95%；竹林面积484.2万亩，占8.96%；国家特别规定的灌木林面积490.8万亩，占9.09%。竹林面积中，毛竹面积365.1万亩，占75.4%；杂竹面积119.1万亩，占24.6%。

全省活立木总蓄积16258.35万m³，其中：森林蓄积13755.41万m³，占84.6%；疏林蓄积86.47万m³，散生木蓄积661.31万m³，四旁树蓄积1755.16万m³。在全省森林蓄积量中，天然林蓄积6732.19万m³，人工乔木林蓄积7023.22万m³，占分别占48.94%和51.06%。全省毛竹总株数66988万株；杂竹株数163881万株。

安徽省的森林生长状况是：

（1）单位面积蓄积量和株数。全省乔木林单位面积蓄积量为3.386m³/亩；每亩蓄积量低于3.33m³的乔木林面积所占比例最高，达63.77%，每亩蓄积量在3.33～6.6m³的乔木林面积占 25.46%，每亩蓄积量在 6.67m³ 及其以上的乔木林面积累计仅占 10.77%。全省乔木林单位面积株数为 70 株/亩。其中：天然林为 71 株/亩，人工林为 68 株/亩。

（2）平均胸径和郁闭度。全省乔木林平均胸径为 11.3cm。其中：天然林平均胸径为 11.2cm，人工林平均胸径为 11.4cm；乔木林平均胸径只有全国平均水平的 80%。全省乔木林平均郁闭度为 0.57。其中：郁闭度 0.40～0.69 面积比重最大，占乔木林面积的 42.12%；郁闭度 0.7-1 的乔木林面积占 36.02%，郁闭度 0.2～0.39 的乔木林面积占 21.86%。

（3）单位面积年生长量。全省乔木林平均每亩年生长量 0.34m³；其中：天然林 0.28m³，人工林 0.4m³。由于人工中幼林比重大，我省乔木林平均每亩年生长量高于全国平均水平，且人工林的单位面积年生长量高于天然林。

森林结构状况是：

（1）林种结构状况。全省防护林面积 1286.4 万亩，占森林面积的 23.82%；防护林蓄积 3562.66 万 m³，占森林蓄积的 25.9%。用材林面积 3099.6 万亩，占森林面积的 57.39%；用材林蓄积 9518.93 万 m³，占森林蓄积的 69.20%。经济林面积 852.75 万亩，占森林面积的 15.79%。薪炭林和特种用途林面积分别只占森林面积的 0.96% 和 2.04%。

（2）树种结构状况。全省乔木林以针叶纯林和阔叶纯林为主，针叶纯林面积比重为 31.57%，阔叶纯林面积比重为 23.23%，针叶纯林和阔叶纯林面积合计占乔木林面积的 54.8%；针叶混交林、阔叶混交林、针阔混交林面积合计占乔木林面积的 29.02%。针叶林、阔叶林、针阔混交林的面积比为 47∶47∶6。

（3）林龄结构状况。在全省乔木林面积中，幼龄林面积 1766.85 万亩，蓄积 2129.11 万 m³，分别占 39.92% 和 15.48%；中龄林面积 1940.4 万亩，蓄积 7378.98 万 m³，分别占 43.84% 和 53.64%；近熟林面积 446.55 万亩，蓄积 2467.56 万 m³，分别占 10.09% 和 17.94%；成熟林面积 218.7 万亩，蓄积 1412.35 万 m³，分别占 4.94%

和 10.27%；过熟林面积 53.55 万亩，蓄积 367.41 万 m³，分别占 1.21% 和 2.67%。乔木林面积以中幼龄林为主，占 83.76%；其中：用材林的中幼龄林面积占 83.09%，近成过熟林面积只占 16.91%。

（4）群落结构状况。全省乔木林中，群落结构完整的面积为 1534.35 万亩，较完整的面积为 2219.4 万亩，简单结构的面积为 672.3 万亩，分别占乔木林面积的 34.67%、50.14% 和 15.19%；天然乔木林中完整结构所占比例大于人工乔木林。

森林生态状况是：

（1）森林自然度状况。全省森林面积中，自然度为Ⅰ级（原始或受人为影响很小，处于基本原始状态的森林类型）的面积 7.2 万亩，自然度为Ⅱ级（有明显人为干扰的天然森林类型或处于演替后期的次生森林类型，以地带性顶极适应值较高的树种为主，顶极树种明显可见）的面积 156.45 万亩，自然度为Ⅲ级（人为干扰很大的次生森林类型，处于次生演替的后期阶段，除先锋树种外，也可见顶极树种出现）的面积 625.8 万亩，自然度为Ⅳ级（人为干扰很大，演替逆行，处于极为残次的次生林阶段）的面积 1463.55 万亩，自然度为Ⅴ级（人为干扰强度极大且持续，地带性森林类型几乎破坏殆尽，处于难以恢复的逆行演替后期，包括各种人工森林类型）的面积 3148.05 万亩，分别占森林面积的 0.13%、2.9%、11.59%、27.1% 和 58.28%。

（2）森林破碎度状况。森林破碎度是反映森林景观特点的主要指标。连片面积按小于 15 亩、15～74 亩、75～149 亩、150～299 亩、300～749 亩、750～1499 亩、大于或等于 1500 亩的面积分别为 937.35 万亩、1095.15 万亩、818.25 万亩、833.25 万亩、582.3 万亩、280.65 万亩和 854.1 万亩，分别占 17.35%、20.28%、15.15%、15.43%、10.78%、5.2% 和 15.81%，连片面积低于 75 亩以下所占比重达 37.63%。

森林健康状况是：根据林木生长发育、外观表象特征及受灾情况综合评定。全省森林中的健康面积 3736.2 万亩，占 69.18%；亚健康面积

1352.4 万亩，占 25.04%；中健康面积 244.8 万亩，占 4.53%；不健康面积 67.65 万亩，占 1.25%。

全省森林中无灾害面积 4939.05 万亩，灾害等级轻的面积 321.75 万亩，灾害等级中的面积 113.4 万亩，灾害等级重的面积 26.85 万亩，分别占森林面积的 91.44%、5.96%、2.1% 和 0.5%。在森林灾害面积中，病虫害面积 364.05 万亩，森林火灾面积 37.35 万亩，干旱、风折（倒）、雪压、滑坡泥石流等气候灾害面积 33.6 万亩，其他灾害面积 27 万亩，分别占森林灾害面积的 78.8%、8.09%、7.27% 和 5.84%。

全省的生物多样性状况是：

按植被类型分，全省自然植被包括针叶林、阔叶林、灌丛和灌草丛、草甸、沼泽和水生植被 5 个植被型组，面积为 3140.7 万亩，占植被类型的 22.59%；栽培植被主要包括草本类型、木本类型和草本木本间作类型 3 个植被型组，面积 10762.65 万亩，占植被类型的 77.41%。

按多样性指数分，全省有 8 个植被型组，占全国的 2/3，均匀度中等偏低；有 27 个植被型，占全国的 64%，分布较均匀。森林类型比较丰富，在全国自然植被的 31 个植被型中，我省分布有 16 个，占 50% 以上，呈现多元化分布特征。

总体而言，安徽省森林资源呈现出总量稳步增长和质量逐步改善的态势，但内部结构不尽合理、整体质量与效益不高的问题仍很突出。主要表现在：

（1）受人为干扰程度大的影响，现有森林总体上处于常演替的中低阶段，生态功能较脆弱。全省森林面积中自然度为Ⅳ级和Ⅴ级的比例高达 85%，原始或接近原始的天然林面积很少；森林生态功能指数只有 0.4639，生态功能等级好、中、差的森林面积比例分别为 1.12%、73.2% 和 25.68%。

（2）受社会对森林经济功能利用的主导影响，现有森林的结构较为单一。全省用材林、薪炭林、经济林等商品林面积比例高达 71%，防护林、特用林等生态公益林的比例偏低；中、幼龄林面积的比例高达 84%，近、成、过熟林面积甚少；乔木林林层结构和人工林树种结构较为单一。

（3）受林业经营集约化水平和林木采伐组织化程度不高影响，人工林郁闭度低于天然林，林地资源利用率和产出率较低。全省乔木林平均每亩蓄积量只有 3.386m³，与全国每亩 5.649 m³ 的平均水平相比仍有很大差距；主要经济林产品的单位面积产量也比较低。

全省森林质量现存的诸多问题表明，提升森林质量已成为当前转变林业发展方式的重要内容，是林业科学发展的必然要求。同时，现实森林质量存在的问题，也表明安徽省森林质量提升的潜力非常大，特别是大面积中幼龄林通过加强经营培育将出现快速增长，成为提升森林质量的重点领域和主导措施，并将使全省森林质量在预期内得到大幅度提升。2009 年安徽省提出了"林业质量提升行动计划"，并做了行动计划的规划。

（1）指导思想是：深入贯彻落实科学发展观，努力转变林业发展方式，积极推进林业可持续发展，不断加强森林科学培育和可持续经营，促进传统林业向现代林业转变，加快提升森林质量，大幅度提高林地的产出率和农民的林业收入，实现林业生态效益、经济效益、社会效益的协调发展，为建设生态文明和建设社会主义新农村作出贡献。

（2）基本原则是：

①按照现代林业的发展要求，推进林业科技进步和创新，积极应用推广实用高效技术和合理经营模式，普遍提高林业生产经营者素质，广泛培训农民。

②按照林业可持续发展的要求，坚持生态效益优先，以质量效益为核心，在有效保护现有森林资源的基础上，大力提高林地生产力，促进林业生态效益、经济效益、社会效益相统一。

③坚持尊重自然规律和经济规律，以社会需求为导向，因地制宜，因势利导，分类经营，分区施策，突出重点，统筹兼顾，增强森林自我修复能力和林地持续生产能力。

④坚持效率优先的原则，突出最具增产增效潜力的森林和林地，组装配套和应用基础性关键性适用性的集约经营措施，典型引路，示范辐射，带动面上。

⑤坚持政府引导、社会参与,加强现有林业项目资金的有效整合与适度集中,实行政策鼓励与资金补助相结合,择优扶持,形成持续提升森林质量的长效发展机制。

(3)总体目标是:从2009年起,到2012年本届政府任期内,用4年时间,通过组织实施全省森林质量"1115"提升行动,即:实施"10个专项提升行动计划",提升1000万亩森林的质量,提升1000km绿色长廊的建设质量。使林分年生长量、单位面积蓄积量、经济林地产出率、林农收入、森林生态效益五个方面得到大幅度提升。一是商品用材林年均生长量提升60%以上;二是单位面积蓄积量提升40%以上;三是油茶、板栗亩产分别提升1倍和50%,特色经济林、竹林亩产均提高20%以上,经济林地产出率提升50%以上;四是为林农年均增加收入50亿元,山区林农林业收入占农民人均纯收入的比重由现在的20%增加到40%;五是重点公益林的树种结构得到改善,生态功能质量明显提高;绿色长廊形成乔灌花草合理配置、立体复层、功能齐全的生态景观廊道;森林生态综合效益增加3倍以上。

通过"1115"提升行动,将示范带动全省森林质量的整体提升。预计到2017年,森林内在结构更趋合理,森林的多种功能更加稳定和增强,生态效益、经济效益和社会效益在进一步发挥的基础上更加协调。

重点任务是:

①完成100万亩油茶林培育与改造,现有油茶林基地的生产能力普遍提高,亩均油茶籽年产量由40kg提高到80kg。

②完成100万亩杨树中幼林的抚育,亩均蓄积年生长量由0.4m³提高到0.8m³。

③完成竹林培育200万亩。毛竹亩均立竹度由165株提高到200株以上;笋材两用林亩均立竹度达到170株,亩均年产笋达到50kg以上;笋用竹亩均年产笋达到500kg。

④完成国家和省级重点公益林培育抚育100万亩,使重点公益林林分中的乡土乔木阔叶树种比例进一步增加,并提高林木覆盖度和生物多样性。

⑤完成150万亩杉木经营培育。亩均蓄积年生长量由0.35m³提高到皖南山区0.7m³、皖西大别山区0.5m³。

⑥完成200万亩松类经营培育。亩均蓄积年生长量国外松由0.3m³提高到0.6m³、马尾松由0.25m³提高到0.5m³。

⑦重点完成50万亩珍阔类经营培育。林分优势木比例达到60%~70%,亩均蓄积年生长量由0.2m³提高到0.35m³。

⑧在主产区建设板栗丰产示范片(点)10万亩,引导辐射全省建成100万亩板栗丰产基地,使基地栗园平均产量提高50%以上,平均亩产由20kg提高到30kg以上。

⑨重点完成特色经济林抚育改造80万亩,平均亩产提高20%以上,使特色林产品量占全省经济林总产量10%以上,产值占全省总量的15%以上。

⑩重点完成主干道路绿色长廊1000km建设质量的提升,选择乔木与灌木结合、落叶树种与常绿树种结合,合理修枝和疏伐,有效防止病虫害发生。

安徽省森林质量提升行动计划的实施,将直接带动全省森林质量大幅度提升,带来农民林业收入的大幅度提高,并引领全省高质量完成新造林任务,促进在全省范围内形成科学的林业发展观念、发展方式、发展机制与体制,推动全省林业整体质量持续快速提升。预计到2017年,全省用材林平均每亩蓄积量提高到4.5m³,单位面积主要经济林产品产量翻一番;全省林木总蓄积量增加到2.5亿m³以上,森林内在结构更趋合理,森林的多种功能更加稳定和增强,生态效益、经济效益和社会效益在进一步发挥的基础上更加协调。

(七)千万亩森林增长工程

"安徽千万亩森林增长工程"是国家林业局和安徽省人民政府签署共同推进森林增长建设生态强省的合作协议,即到2016年,全省新增森林面积1000万亩,森林覆盖率达到33%,全省林业总产值实现2000亿元。如果将这1000万亩新增森林发挥的生态功能而产生的效益量化，其带来的固碳释氧、减少大气及噪音污染、涵养水源、农田防护、调节气候、为鸟类和其他动物提供栖息地等产生的新增生态效益价值超146亿元。但是推进过程中出现了一些新的问题，需要不断在实施过程中及时解决，以达到预期目标。安徽省政府要求各地坚持因地制宜，科学造林，所有县市区森林覆盖率到2016年达到或超过目前全国20.36%的森林覆盖率水平，山区平均森林覆盖率达到67%以上，丘陵和平原地区平均森林覆盖率达到22%以上。截至2012年，全省5个市8个县（歙县、青阳、石台、东至、全椒、霍山、岳西、潜山）具有一定的近自然森林经验。

安徽2012年有林地面积6647.7万亩，占土地总面积的31.7%，活立木总蓄积2.17亿m³。森林面积5706.3万亩，居全国第20位；森林蓄积量1.81亿m³，居全国第19位；森林覆盖率27.53%，居全国第18位。森林资源存在的问题是：一是总量不足。安徽人均森林面积0.83亩，仅为全国人均水平（2.179亩）的38.5%；森林覆盖率为27.53%，居全国第18位。全省森林覆盖率在20%以下的县（含市、区，下同）有63个。二是分布不均。山区县森林覆盖率较高，平原次之，丘陵最低。全省21个重点山区县平均森林覆盖率为66.46%，32个平原县平均森林覆盖率为18.83%，54个丘陵县平均森林覆盖率仅为14.47%。森林覆盖率不到10%的县有23个，集中分布在江淮之间和沿江丘陵地区。三是质量不高。安徽乔木林单位面积蓄积仅4.13m³/亩，与全国平均水平（5.73m³/亩）相比依然偏低；乔木林林层结构单一，不利于森林生态系统的稳定；人工林树种单一，结构简单，抗病虫害能力较差。为进一步加强生态文明建设，按照林业"双增"目标和生态强省建设的总要求，安徽省省委、省人民政府提出了"安徽省千万亩森林增长工程"，并制定了《安徽省千万亩森林增长工程总体规划（2012—2016年）》。

（1）指导思想是：深入贯彻落实科学发展观，紧紧围绕生态强省建设，统筹城乡林业发展，努力扩大森林资源总量，进一步提高森林覆盖率，提升森林质量，逐步建立起完备的森林生态体系、发达的林业产业体系和繁荣的生态文化体系，为经济社会可持续发展提供坚实的生态屏障，为人民群众生产生活提供良好的生态环境，为建设经济繁荣、生态良好、社会和谐、人民幸福的美好安徽奠定基础。

（2）建设目标是：到2016年，全省新增森林面积1000万亩，森林覆盖率达到33%。所有县森林覆盖率达到或超过目前全国森林覆盖率平均水平（20.36%）；山区平均森林覆盖率达到67%以上，丘陵和平原地区平均森林覆盖率达到22%以上。全省林业总产值达2000亿元以上，山区农民林业综合收入年均增长10%以上。

（3）发展战略是：实施三大造林工程。

①丘陵增绿突破工程：以江淮、江南、沿江、沿淮丘陵地区为重点，结合农村产业结构调整和血吸虫病综合治理，大力开展陡坡开垦地、丘陵岗地和江滩、湖滩、河滩造林、城镇周边绿化、水源地绿化、水库和水系周边绿化以及农村"四旁"隙地绿化。

②山地造林攻坚工程。以皖南、皖西山区以及皖东、皖北等主要石质山地分布区为重点，力争将现有宜林荒山荒地、25°以上的坡耕地、宜林石质山地全覆盖造林。

③平原农田防护林提升工程。以淮北、沿江、沿淮平原地区为重点，结合高产高效农田及水利兴修等基本建设，全面提高以路、沟、渠为骨干的农田林网建设标准，形成比较完整的农田防护林体系。

开展三项创建活动：

①森林城镇创建活动。以"让森林走进城市，让城市拥抱森林"为主题，以设区市、县、乡镇的建成区和规划区为重点，大力建设城市片林、城市森林公园和各类公共绿地，加强城乡结合部、城镇出入口通道森林长廊、森林景观建设，积极创建森林城镇。

②森林村庄创建活动。以行政村为对象，以自然村为基础，结合美好乡村建设，开展"万村栽万树"活动，大力营造"五林四园"（即围村林、护路护堤林、庭院林、水口林、游憩林和小

果园、小竹园、小桑园、小药园），创建一批人与自然和谐相处的森林村庄。

③森林长廊创建活动。以铁路、高速公路和国省道沿线，以及长江、淮河、新安江、怀洪新河等江河沿线和巢湖等湖泊周边为重点，按照两侧绿化宽度各不少于50m、有条件的地方应达到100m的标准，加大绿化、美化、彩化力度，创建森林长廊，打造绿色景观。

（4）建设重点是：

①人工造林。2012～2016年，全省完成人工造林1122.21万亩，其中丘陵区813.03万亩、山区57.27万亩、平原区251.91万亩。

②森林城镇、森林村庄和森林长廊创建。2012～2016年，创建国家森林城市(设区市)5个，创建省级森林城市（县、市、区）20个，创建省级森林城镇（乡镇）300个；创建一批森林村庄；建成森林长廊示范段5000km。

二、生态经济建设的历史与现状

生态经济是人类劳动和人类需求相互作用不可分割的整体，它是由生态系统和经济系统联结而成的"生态—经济—社会"的复合系统，是运用技术和经济手段在生态要素内部、经济要素内部以及生态与经济要素之间构成生态经济因果关系链的过程，二者之间表现为压力—承载—反馈之间的互动。林业既是一项公益事业，又是一项基础产业，承担着改善生态、促进经济发展的双重使命。林业生态经济系统是指由林业生态系统和林业经济系统相互作用、相互渗透、相互交织所组成的，具有一定结构和功能的复合系统（张建国，1995）。林业生态经济系统也可以看作是林业生态系统和林业经济系统的耦合系统，其间流动着物质和能量，森林生态系统与林业经济系统之间物质与能量的输入是双向的，通过这种流动，提高林业生态经济系统总的生产能力（邵权熙，2008）（图4）。在林业生态经济系统中，生态系统是基础，经济系统则主导整个系统的变化。具体表现为生态系统为经济系统提供了物质基础，经济系统所有运转的物质和能量，都是人类通过劳动从生态系统中取得的，所以，经济系统离开生态系统是无法存在的。良性循环的林业生态经济系统，其两个子系统必互为因果关系，也就是林业经济系统的调节手段不仅要符合经济系统的反馈机制，也要符合林业生态系统的反馈机制，二者互相促进，在林业生态持续增长的基础上，保障林业经济系统经济产出的相应增长。如果追求暂时的经济利益，选择掠夺式的经营手段，必然导致资源危机、经济危困等生态与经济危机，这样的耦合也只是暂时的（邵权熙，2008）。按照系统论的基本原理，把林业资源开

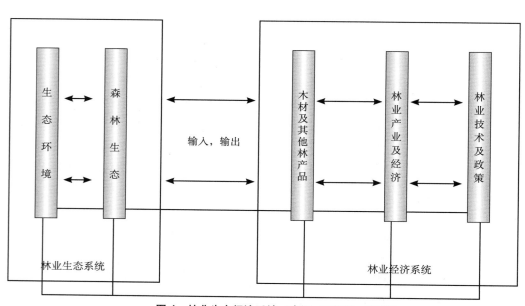

图4　林业生态经济系统（来源：邵权熙，2008）

发利用、林业经济发展、林业生态建设、环境保护和林业社会进步等融入完整的林业生态经济社会复合大系统中，并把这种思想贯穿到整个林业经济生产、林业生态建设和促进林业社会进步上去（王兆君，2003）。

生态系统内部的负反馈机制调节着种群个体数量的增减，使之维持动态平衡。经济系统内部存在着一个由物质流输入经信息流传递反馈最后到物质流输出的正负反馈交替作用的过程。经济系统是社会生产过程与自然过程的有机结合，受自然、经济和其他社会规律的制约。经济系统的运行要求人们不断地干预生态系统，以获得物质、能量的供给，也必然产生一些副作用甚至矛盾。一个良性循环的生态经济系统，其生态系统和经济系统必然是互为因果关系，也就是经济系统的运行机制不仅符合经济系统的反馈机制，也符合生态系统的反馈机制，二者互相促进，两个系统相互协调发展，发挥最大的耦合效益。

安徽省是全国生态经济发展起步较早的省份之一，2003年安徽省《政府工作报告》首次提出建设"生态安徽"。2004年省第十届人民代表大会通过《安徽生态省建设总体规划纲要》，标志着安徽生态省的建设工作全面展开。

（一）安徽生态经济的历史

1. 人口增长，生态破坏阶段

江淮流域曾经土肥地沃，人类开发利用的历史较早，史前时期及其以后相当长的一段时期内，区域生态环境是相当良好的。延至明清，由于日益沉重的人口压力和人地紧张关系，森林的覆盖率以来一直处于不断下降的趋势中。根据何凡能、葛全胜等著《近300年中国森林的变迁》一文中对各省森林面积的统计1700～1900年200年间，安徽省的森林覆盖率在短短200年间快速下降，速度惊人。

主要的原因在于人口增加对资源环境的压力。明初，两淮一带几无人烟，临滚府（约今安徽淮河流域）因人口稀少，"田多未辟"。洪武年间（1368～1398年）明廷实行移民政策，从江南、山西等人多地少地区大量迁徙人民到淮河流

表5 1700~1900年安徽森林面积推算值

	1750年	1800年	1850年	1900年
面积（×10⁴hm²）	415	386	332	221
覆盖率（%）	30.0	28.0	24.0	16.0

域定居。至正二十四年（1364年），朱元璋即"徙苏州富民实滚、梁"。① 明朝建立后，移民规模越来越大，规模最大的一次是"徙江南民十四万于凤阳"，这种大规模的移民活动直到永乐年间（1403～1424年）始告结束。据不完全统计，终洪武一朝，迁往江淮的大规模移民记录就有7次之多，共计迁移人口近20万。② 另外，出于特殊的地缘情结，明代对于淮河流域所谓的龙兴之地一直实行较为宽松优厚的政策，更加使得当地人口持续增长。咸丰元年（1851年）止，安徽省人口较之清初的顺治十八年（1661年）增长了16.7倍，人口密度增长了约30倍。

明仁宗、宣宗都以"古山林川泽皆与民共"，"凡山泽之利，皆驰其禁"为由，开放了山禁，由于人口压力，对山地的肆意开垦，来安县志记载"今山地之辟不遗余力，遂致穷山尽谷无复丛林蔚书之观"。明代在大兴宫殿和战火的蔓延也使得大量森林遭到损毁。《明会典》中曾记载明初在营建中都和南京时曾对大别山区的林木进行了大规模的采伐。明末农民战争期间，张献忠率部攻陷凤阳时，战火又使周边成千上万棵大型松柏化为灰烬。森林的大面积减少，造成山地本身的地力枯竭，而且导致中上游的天然水库丧失、造成水土流失，挟沙而下的水流，沿途淤积，生态破坏严重。

2. 经济发展，生态恶化的阶段

新中国成立后，中央确定了"普遍护林，重点造林，合理采伐和合理利用"的林业建设方针。1953年，安徽省委、省人民政府颁发了《安徽省木材管理试行办法》，虽然规定公有林、私有林的采伐由国家统一管理，实行计划采伐，凭证采伐。但由于当时人们尚不懂得生态规律，更不明白生态与经济必须协调发展的规律，把森林当作廉价的自然资源，通过大量采伐森林来满足恢复和发展经济的木材需求，致使木材管理办法名存实亡，

林木采伐、供销计划失控，满目青山变成了荒山秃岭，森林资源锐减。1966 年"文化大革命"开始后，林政管理机构瘫痪，无政府思潮泛滥，不法商贩纷纷到林区收购木材，导致林区又大肆砍伐林木，森林又一次遭受大劫难。1978 年秋，安徽省发生了历史上罕见的旱灾，粮食减产，农民生活困难，有些人乘机利用国家木材收购价格低于市场价格的机会大量向农民收购木材，致使林区发生严重的乱砍滥伐现象。1981 年安徽省开展林业"三定"（稳定山林权、划定自留山、确定林业生产责任制），由于没有充分考虑到林木的经济特点，也低估了农户惧怕政策多变的意识，使得安徽省森林资源再一次遭到大的破坏。

3. 生态经济建设与发展阶段

1985 年 1 月 1 日《中华人民共和国森林法》正式发布施行，确立了"以营林为基础，普遍护林，大力造林，采育结合，永续利用"的林业建设方针，同年，中共中央、国务院作出了《关于加强南方集体林区森林资源管理坚决制止乱砍滥伐的指示》，林业生态经济发展步入了保护生态与发展经济并重的阶段。1989 年安徽省委、省政府作出了《关于动员全省人民实现五年消灭荒山、八年绿化安徽目标的决定》，1994 年底安徽基本实现消灭宜林荒山的目标，1995 年，针对全省林业建设还不适应国民经济快速发展和生态建设的要求，安徽省委、省政府作出了《关于开展林业建设第二次创业的决定》，1997 年，基本实现了绿化全省的目标；2000 年，建设了 100 万 hm² 速生丰产商品用材林基地和 100 万 hm² 经济林（含竹林）基地。林业的二、三产业也迅速发展，逐步形成区域相对集中的人造板工业、木浆造纸工业和以松香为主的林化工业，以及竹类资源系列开发、国有场圃系列开发、森林旅游业系列开发、花卉系列开发、野生动植物系列开发的加工业基地，形成贸工林一体化、产供销一条龙。2000 年 11 月，安徽省政府颁发了《关于建设森林生态网络体系的决定》，要求到 2005 年，全省初步建立起以城市、集镇、村庄绿化和森林公园、自然保护区建设为"点"，以铁路、公路干道和江河林带建设为"线"，以生态公益林和

商品林基地建设为"面"，点、线、面相结合的布局合理、结构优化、功能完备的森林生态网络体系。

4. 生态经济的可持续发展阶段

2004 年省政府决定开展生态省建设，按照不同的区位特色分为淮北与沿淮平原、江淮丘陵岗地、皖西山地、沿江平原和皖南山地丘陵 5 个生态区，建设的总体目标是到 2020 年，全省经济增长方式转变取得显著成效，资源合理利用率显著提高，人口总量得到有效控制，生态状况明显改善，经济实力和文化底蕴显著增强，基本形成资源消耗低、环境污染少的可持续发展国民经济体系，使全省成为人民生活富裕、生态环境良好、人居环境优美舒适、人与自然和谐相处、经济发展步入良性循环、社会文明进步的可持续发展省份。届时，经济社会与人口、资源、环境全面协调发展，人均 GDP 将达 2.5 万元，城市化水平达 50%，森林覆盖率达 35%。为保障森林覆盖率的实现，2012 年安徽省启动千万亩森林增长工程，按照"主攻丘陵、巩固山区、提升平原"的原则，加快森林城镇、森林村庄、森林长廊建设和林业产业化富民发展，2016 年实现新增森林面积 1000 万亩、达到 33% 左右，到 2020 年全省森林覆盖率提高到 35% 以上，全省林业总产值达 2000 亿元以上。

（二）安徽生态经济的现状

为进一步贯彻《中共中央国务院关于加快林业发展的决定》，按照安徽省委、省政府建设绿色安徽、生态安徽的需要，安徽生态经济以森林生态网络建设为主体，逐步实现生态经济的可持续发展。

1. 森林资源增加，生态保护框架基本形成

随着先后实施的平原绿化、防沙治沙、长江防护林、淮河和巢湖流域防护林和森林病虫害防治、森林防火、林木种苗、野生动植物保护及自然保护区建设等国家级重点林业生态工程，兴林抑螺、江淮分水岭"把树种上"、万里绿色长廊等省级重点工程，以及世界银行贷款一、二、三期林业项目和中德合作安徽长防林工

程等，到 2010 年，安徽省有林地面积由 2000 年的 317.1 万亩上升到 409.72 万 hm²，活立木总蓄积量由 1.15 亿 m³ 增至 2.13 亿 m³，森林覆盖率由 27.95% 上升至 30.42%，建立国家级湿地公园 8 个，总面积 41153hm²，各级、各类自然保护区 100 处，总面积 505771.9hm²，占全省国土面积的 3.64%，初步构筑了安徽省生态屏障框架。20 世纪 70～80 年代全省水土流失面积达 3.8 万 km²，占全省国土面积的 27.5%，占山区总面积的 65% 以上，土壤流失总量为 1300 多万吨，到 2010 年，全省水土流失面积下降到 1.88 万 km²，占全省总面积的 13.5%，下降了 14 个百分点，森林资源的增加，使得安徽省生态保护的加强。维护了自然生态环境。

2. 林业产业兴起，生态经济稳步发展

2010 年全省完成林业产业产值 715.4 亿元，比上年净增 201.8 亿元，增长 39.3%。其中：第一产业 265.3 亿元，比上年增加 52.1 亿元，增长 24.4%；第二产业 384 亿元，比上年增加 122.2 亿元，增长 46.7%；第三产业 66.1 亿元，比上年增加 27.4 亿元，增长 70.8%2010 年全省生产木材 458.2 万 m³，同比增加 84.4 万 m³；毛竹 8849.2 万根，篙竹 934.6 万根，小杂竹 276 393t。2010 年全省人造板产量已达 730 万 m³，是"十五"末的近 3 倍，全国排名第 7。木竹综合加工产值达到 286 亿元。2010 年主要林产工业产品产量大幅增加，其中锯材产量 1 390 894m³，同比增加 12%；木片、木林加工产品 427 434m³；人造板 7 304 732m³，同比增加 8.9%；木竹地板 34 817 543m³。林产化学产品产量与上年基本持平，其中松香类产品产量 3 692t，同比减少 26.3%；松节油类产品产量 1 061t，同比增加 2.5%。2010 年全省花卉种植面积 9 762hm²，切花切叶产量 3 566 万支，比上年减少 2 393.97 万支。2010 年末全省油茶林面积达到 46 670hm²，同比增长 34.3%，其中新造面积 4 312hm²，低改面积 3 086hm²。2010 年全省林业旅游收入 445 753 万元，比上年 253 471 万元增长 75.9%，直接带动其他产业产值 470 159 万元。2006～2010 年花卉产业、油茶产业、森林旅游业的长足发展，拉动部门经济的同时促进了就业，取得了较好的经济和社会效益。

3. 森林单一化经营，生态经济功能不足

目前，虽然安徽省森林面积呈上升趋势，生态状况得到了较大改善。但全省生态远未达到平衡。森林尤其是天然林和天然次生林，具有极其丰富多样的生物种类，它们形成和谐的空间层次结构和年龄序列结构，维持着整个生态系统的平衡。但是，由于社会经济发展对木材和其他林产品的需求越来越大，林区的林业生产经营单位和广大林农也以森林作为主要的经济来源，最终导致为集约经营，天然林和天然次生林被被单一树种的速生丰产用材林或经济果木林代替，森林生态系统的平衡严重破坏，生态状况比较脆弱。皖西大别山区、皖南山丘区和江淮丘陵岗地水土流失严重，流失面积占总面积 25% 以上的地市有 6 个，40% 以上的地市有 3 个。25 个山区县（市）的流失面积一般都占总面积的 30%～60%，其中大于 50% 的县 8 个。全省年平均土壤流失量为 5547 万 t。水土流失使山丘区的生态日趋恶化，极大地制约着山丘区工农业生产和经济社会的可持续发展。水旱灾害较为频繁，局部水土流失严重、自然环境还比较恶劣。

4. 产业发展制约生态经济可持续发展

生态经济可持续发展，既要求有雄厚的森林资源作为维持良好的生态基础和林业产业经济发展的基础，又要求林业一、二、三产业全面、协调、可持续发展，以实现生态效益与经济效益的良性互动。但长期以来，在安徽省林业生产经营单位和林农对森林资源的利用方式主要还是采伐、运输、销售木材（属第一产业），以及少量的木材粗加工，而对木材和其他林副产品的精深加工发展不快，第三产业更是进展缓慢。在市场缺乏竞争力。林业第二、三产业的滞后，使林业的自我积累、自我发展的能力很弱，严重制约了林业生态经济的可持续发展。

三、生态文化建设的历史与现状

（一）安徽生态文化协会的成立

2012 年 9 月 19 日安徽省生态文化协会在合

肥成立。安徽省生态文化协会是由从事生态环境建设、经营和管理研究的企事业单位、科研院所、大专院校等单位和社会各界人士自愿组成的专业性社会团体，业务主管单位为安徽省林业厅。协会成立后将发挥协助政府、联系社会、服务经济发展的桥梁纽带作用，致力于弘扬生态文化，倡导绿色生活，共建生态文明，努力在全社会形成节约能源资源和保护生态环境的发展、消费模式，推动安徽省生态文化发展。

安徽省目前有林地面积达 6648 万亩，森林覆盖率 27.53%。全省有国家级、省级自然保护区 33 个、森林公园 61 处、湿地公园 12 处。各种生态文化形式蓬勃发展，全省已有 1 个"全国生态文化示范基地"、9 个"全国生态文化村"和 3 个"全国生态文化企业"，生态文化建设成果丰硕。

（二）安徽花文化

花是有灵之物、有情之物，安徽人民天性爱花，视花为美的化身，美好幸福的象征，对花有浓厚的情感。人们赏花，除了常识它那静态的外部形态美之外，还善于观察欣赏它那动态的生命变化之趣；花不仅娱人感官，更撩人情思，能寄以心曲；赏花能得来的一种艺术境界，对花产生了更深一层的情感和精神上的寄托。爱花赏花就是认为花能使人赏心悦目，花能畅神达意，花能陶冶情操。花中蕴含着文化，花中凝聚着中华民族的品德和节气。

花文化的内容主要表现在：

① 描述历代社会生活中各种花事活动的情景，诸如各朝各地的花市、花展、花节盛况，借以展现繁荣欢乐的社会岁月风貌。

② 直接表现或描绘各种名花异卉的琼姿仙态之美，以展示大自然的美景，使人获得美的享受。生活的乐趣。

③ 介绍古今名人赏花赞花或育花的种种趣事，以此增加人们的生活知识和乐趣。

④ 以花为题，借花传情，或阐述人生哲理，起以教育作用，或表示祝愿、希望和祈求，或表达个人的种种心态与冥想。

⑤ 介绍花卉栽培的知识、信息、经验以及科学新方法、新技术等供人们学习参考中国花文化的表现形式十分丰富，按大类划分有花卉的专业科研与教育，有直接的花卉商品产销，有园林中的各种应用，还有更多是以文学形式，以绘画、雕塑、盆景、插花、歌曲、舞蹈等众多艺术形式表现出来的。活泼多样，令人喜闻乐见。具体的有花书、花诗、花画、花歌、花舞、花膳、花饮、花织锦、花工艺品以及花节、花神、花会、花语，等等，各具特色。

在安徽孕育和发展了很多在中国具有独特魅力的花文化，最有代表性的有：

1. 岳西的映山红

岳西位于大别山区的核心区，是国家级生态示范区，生态资源得天独厚，境内山峦叠嶂，河谷纵横，江淮分水岭穿境而过，属亚热带到温带的过渡气候，盛夏时节尤其凉爽舒适，全县森林平均覆盖率 74.1%，是江淮流域重要的生态功能区、物种基因库。在森林中天然分布着十分美丽、让人寻味的映山红。4 月的岳西是花的世界，绿的海洋，看不厌千峰叠翠，赏不尽万紫千红，每年都举办"大别山（安徽·岳西）映山红旅游文化月"。以花为媒，诚邀八方游客，揽高山胜景、观杜鹃花海、赏特色文化、品翠兰香茶、尝农家土菜，带动旅游业，推动生态旅游经济的快速发展。

2. 砀山的梨花

安徽砀山酥梨是中外驰名的名、优、特水果，已有 2500 年的栽培史。全县境内黄河故道蜿蜒 46.6km，酥梨面积 50 万亩，年产酥梨 12 亿斤。素有"梨都"之称号，是吉尼斯纪录认定的世界最大的连片果园产业区。每年梨花盛开时，全县男女老少都在梨园给梨花授粉，形成了人与自然美丽和谐的画卷。清明时节，梨花吐蕊绽蕾，竞相盛开。全县雪堆云涌，银波琼浪，一片花海，景象蔚为壮观。砀山县委、县政府为做好酥梨大文章，进一步提高砀山酥梨知名度，达到广交朋友、招商引资、聚天下有识之士、建设开发砀山、振兴梨都经济之目的，自 1989 年起举办"梨花节"。在全县 50 万亩梨园里，园内选景，景中选优，选定了各具特色的 7 个梨花观赏新景点。分别冠以具有诗情画意，又颇耐回味、引人遐想的景点名称，即"乌龙披雪"、"鳌头观海"、"瑶池烟霞"、"武陵胜境"、"贡梨园"、"故黄映雪"、"古渡晓月"等，树碑立石，营建曲径回廊的观赏亭、台，修复观赏道路，美化沿途村容、村貌。彩车大游行，数家武馆千百名武林精英在梨园里向游人表演武术，展示了"武术之乡"的精神风貌；第八届开幕式上的千辆农民摩托车夸富大游行，百班唢呐闹砀城的活动，更使砀城万人空巷，中、外来宾大为振奋；"梨花节"以梨花笔会的形式，吸引省内、外乃至全国著名的书画、文学、艺术界的朋友，相伴到园艺场、果园场、良梨乡等大梨园里观赏梨花，举办笔会，交流心得。书画家乘兴挥毫泼墨，妙写丹青，留下幅幅墨宝；学者、作家面对无垠的雪海银波，文思泉涌，欣然写下篇篇佳作；诗人们豪情逸飞，吟唱出首首优美诗篇，歌颂砀山，赞美梨都，极大地提高了砀山的知名度，产生出较大的社会影响。举办梨花观赏活动，多年来在国内外引起很大反响，收到很好的经济效益和社会效益。

3. 巢湖银屏牡丹

"谷雨三朝赏牡丹"。巢湖银屏山风景旅游区坐落于烟波浩渺的巢湖西岸，方圆 3km²。银屏山是巢湖境内第一高峰，海拔约 508m，四周山峦起伏，九峰环抱，姿若雄狮，有"九狮抱银屏"之说。山中谷幽、林密，加上溶洞、奇花，构成一幅幅优美的图画。银屏牡丹花，人称"天下第一奇花"，生长在一堵巨大的犹如斧削、光滑如屏的高达五六十米的悬崖峭壁之上，岩石缝里，生长着一株苍劲翠拔、缥缈超脱的天然野生白牡丹花，风姿绰约，历经千年而永葆青春，殊为举世罕见。据巢县县志载，北宋时此处便游客云集。欧阳修名诗《仙人洞观花》也是佐证："学书学剑来封侯，欲觅仙人作浪游；野鹤倦飞为伴侣，岩花含笑足勾留。绕他世态云千变，淡我尘心茶半瓯；此是巢南招隐地，劳劳谁见一官休"。千年来该牡丹既不长大，也不缩小。开花多少能预报旱涝，民间传说的"三朵以下干，四至八朵保平安，十朵以上淹"的说法，十分灵验。1998 年开了 11 朵，且花期超长，达 14 天之久，果然长江流域洪水泛滥成灾。专家考证后认为，牡丹根系的吸水状态和枝叶受空气湿度的影响，决定了当年花开的朵数和繁茂的程度。

4. 亳州芍药花

亳州自东汉以来就有中药材种植、炮制、经营的悠久历史，以全国四大药都之一而著称于世。1995 年，国家主席江泽民亲笔题写了"华佗故里，药材之乡"的题词，生动地反映了亳州药材悠久的历史和繁荣的现状。亳州地产药材丰富，品质优秀，中国《药典》上冠以"亳"字的就有亳芍、亳菊、亳桑皮、亳花粉四种。

芍药，是芍药科芍药属的著名草本花卉。位列草本之首，其被人们誉为"花仙"和"花相"，

图5　银屏牡丹

图6　亳州芍药

且被列为"六大名花"之一，又被称为"五月花神"，因自古就作为爱情之花，现已被尊为七夕节的代表花卉。另外，芍药在红楼梦中是一种重要的花，史湘云醉眠芍药茵是红楼梦中最美丽的情景之一。芍药是亳州市的市花。早在魏晋时期，亳州栽培芍药就闻名于世了，据史书记载："芍药著于三代之际，风雅所流咏也，今人贵牡丹而贱芍药，不知牡丹初无名，依芍药得名"。这里是说芍药风靡称著的时候，"花中之王"的牡丹还是"无名之辈"，后来靠芍药才起家得名的，因此有"四月余容赛牡丹"之句。到了清末，亳州栽培白芍达到极盛。因亳州白芍质地优良，药用价值高，亳州遂成了全国闻名的白芍集散地。"浩态狂香昔未逢，红灯烁烁绿盘龙。觉得独对忽惊恐，身在仙宫第几重？"这是唐代文学家韩愈所赋的《咏芍药》诗。其块根还可以入药。

5. 怀远石榴花

石榴原产在古波斯及其附近，即现在的伊朗、阿富汗、高加索等中亚地带。纪元以前，即向西传入地中海沿岸各国，向东传至印度、中国等地。石榴在我国栽培历史至今已有两千余年。晋·张华的《博物志》以及清·刘灏的《广群芳谱》上均有记载："有汉张骞出使西域，得涂林安石榴种以归，名为安石榴。"

怀远石榴栽培历史悠久，品质优异，久负盛誉，据传从唐代已有栽植，到了清代怀远石榴已诸正史。怀远县志中记有："榴，邑中以此果为最，曹州贡榴所不及也。红花红实，白花白实，玉籽榴尤佳。"可见，怀远石榴在很久以前已形成了独特的地方特色，并以其艳丽的花色，端正的果形，晶莹剔透的籽粒，佳美的风味，赢得了中外人士的好评。怀远石榴远销东南亚、英国、罗马尼亚、前苏联、保加利亚等国。怀远石榴适应性强，繁殖容易，在隙地、沙滩、丘陵都可生长，在庭院、四旁栽植亦均相宜。石榴花期较长，春、夏皆可观赏，石榴花已作为怀远的县花。1990年在我国举行的亚运会把怀远石榴作为主要绿化树种之一，1993年国家农业部用怀远石榴绿化"云谷山庄"。

石榴嫩枝幼叶紫红如染，花瓣、花萼鲜红如火，晔晔荧荧，给人以热烈豪放之感。花姿丰满，雍容华贵，有贵妃之美。榴花美则美也，可观，可赏，不可轻狂狎戏，因为她身着针刺，以防轻薄狂徒。其品格又高于流水桃花。古代文人，看到水流花谢春归去不堪惆怅。而"春花落尽石榴开"，石榴有力挽春色在人间之意，使那些惜春、叹春、伤春的诗人们得到心灵上的安慰。石榴作为水果与花卉历来深受人们的喜爱，被称为"天下之奇树，九州之名果。"引得不少文人墨客大费篇章。诗仙李白有《咏石榴》：星火五月中，景风从南来。数枝石榴发，一丈荷花开。宋·朱熹有《题石榴》：五月榴花照眼明，枝间时见子初成。可怜此地无车马，颠倒苍苔落绛英。更有的诗人爱石榴爱得不能自已：春花落尽石榴开，阶前栏外遍植栽。红艳满枝染月夜，晚风轻送暗香来。朱之蕃有《榴火》诗：天付炎威与祝融，海波水沸沃珍丛。飞将宝鼎千重焰，炼就丹砂万点红。

郭沫若在其抒情散文《石榴》里写道：最可爱的是它的花，那对于炎阳的直射毫不避易的深红色的花。单瓣的已够陆离，双瓣的更为华贵，那可不是夏季的心脏吗？单那小茄形的骨朵已经就是一种奇迹了。你看，它逐渐翻红，逐渐从顶端整裂为四瓣，任你用怎样犀利的劈刀也都劈不出那样的匀称，可是谁用红玛瑙琢成了那样多的花瓶儿，而且还精巧地插上了花？单瓣的花虽没有双瓣的豪华，但它却更有一段妙幻的演艺，红玛瑙的花瓶儿由希腊式的安普刺变为中国式的金罍（殷、周时代古味盎然的一种青铜器）。博古家所命名的各种绣彩，它都是具备着的。

怀远历史悠久，文化底蕴深厚，是淮河文化、大禹文化的重要发源地之一。明清以来，江淮间有"怀诗寿字桐文章"之誉。"怀诗"即指怀远诗歌，包括两大部分，一为怀远籍诗人的作品，二为历代来做官、讲学、游览、投亲靠友等的外地人在怀远所作的诗。石榴花竞相开放的时节，怀远荆涂二山万树榴花似火红。每年的6月18日、19日，怀远县举办榴花笔会，邀请数位来自省内外的文人墨客齐聚怀远，以榴花为媒，以文墨会友。每逢榴花绽放，吸引着众多的游人和文学、摄影、绘画爱好者。怀远县搭建榴花笔会这一平台，旨在把特色文化与传统产业结合起来，弘扬"怀诗"文化，做大石榴产业，构建人与文化、人与自然相融的和谐文明社会，推进怀远经济社会加快发展。

6. 铜陵牡丹

铜陵牡丹又名铜陵凤丹、凤丹，属江南品种群，素与白芍、菊花、茯苓并称为安徽四大名药。《中药大辞典》明文记载："安徽省铜陵凤凰山所产丹皮质量最佳"，故称凤丹。2006 年 4 月，国家质检总局批准对凤丹实施地理标志产品保护。

铜陵的牡丹栽培距今已有 1600 多年的历史。《铜陵县志·古迹》篇记载："仙牡丹，长山石窦中有白牡丹一株，高尺余，花二三枝，素艳绝丽。"相传为葛洪所种。据考证，仙牡丹相似今铜陵大面积栽培的药用品种'凤丹白'。《铜陵县志》卷十四中有石洞村（今铜陵县董店乡）盛嘉佑等人写的《牡丹宅怀古》诗三首。其中有："筹边持节善怀柔，西夏还辕锡予优。一种名花分御园，九重春色满赢州。"此时应为北宋时期。如今铜陵所保留栽培的'御园红'，重瓣浅红色品种，据盛姓花农讲，就是当年皇帝赐给他们祖先的。铜陵牡丹主要以生产药材为主，品种单一，集中种植于凤凰山一带，其数量可为全国第一。有关白牡丹的栽培，《巢县志》和《无为县志》均有记载。安徽牡丹主要是以生产药材为主，其观赏品种数量相对较少。

7. 霍山石斛

霍山石斛俗称米斛，是兰科石斛属植物。中国国家地理标志产品。主产于大别山区的安徽省霍山县，大多生长在云雾缭绕的悬崖峭壁崖石缝隙间和参天古树上。霍山石斛能大幅度提高人体内 SOD（延缓衰老的主要物质）水平，对经常熬夜、用脑、烟酒过度、体虚乏力的人群，经常饮用非常适宜。霍山石斛有明目作用，也能调和阴阳、壮阳补肾、养颜驻容，从而达到保健益寿的功效。

霍山石斛一名，最早见载于清代赵学敏《本草纲目拾遗》，距今有 200 年以上历史。该书记载称："霍石斛出江淮霍山，形似钗斛细小，色黄而形曲不直，有成球者，彼土人以代茶茗，霍石斛嚼之微有浆、黏齿、味甘、微咸，形缩为真"。该书引用年希尧集经验方曰："长生丹用甜石斛，即霍山石斛也。"该书又引用其弟赵学楷《百草镜》语曰："石斛近时有一种形短祇寸许，细如灯芯，色青黄、咀之味甘，微有滑涩，系出六安及颍州

图 7　铜陵牡丹

图 8　霍山石斛

府霍山是名霍山石斛，最佳……"

中国药典会委员，石斛属研究专家包雪声教授在《中华仙草之最——霍山石斛》一书前言开篇语中就说道："如果说世界上确有什么仙草的话，这种仙草应当是霍山石斛。"道家经典《道藏》曾把霍山石斛、天山雪莲、三两人参、百二十年首乌、花甲茯苓、深山灵芝、海底珍珠、冬虫夏草等列为中华"九大仙草"，且霍山石斛名列之首。主产于大别山安徽霍山，生长于崇山峻岭之峭壁上，秉山川之天然灵气，滋生出名贵之瑞草。常代茶茗冲饮服用。

由于霍山石斛对生长环境的要求特别苛刻，野生石斛是国家重点二级保护的珍稀濒危植物，禁止采集和销售。为实现人工栽培，许多人付出了辛勤的努力。

8. 界首菊花

菊花不以娇艳姿色取媚，却以素雅坚贞取胜，盛开在百花凋零之后。人们爱它的清秀神韵，更爱它凌霜盛开，西风不落的一身傲骨。中国赋予它高尚坚强的情操，以民族精神的象征视为国萃受人爱重，菊作为傲霜之花，一直为诗人所偏爱，古人尤爱以菊名志，以此比拟自己的高洁情操，坚贞不屈。

身为界首市城市形象大使的市花——菊花久负盛名。界首人种植培育的造型菊花近年来更是誉满华夏，殊荣满身，在 2000 年上海园艺博览会上，选送的一株长达 30m 的龙菊卖出了 1 万元。在 2001 年的第七届中国菊花品种展览会上，界首市获得多项大奖。界首远赴津门展出的 5 株塔菊平均高度都在 4.5m 以上，其中最高的一株达 5m 多，这些堪称为园艺一绝的塔菊成为津门国庆街头一道亮丽的风景。

界首市每年都举办金秋菊花展，在园林工人的精心打造下数万盆怒放的菊花，把界首人民广场装扮得格外艳丽。菊花展汇集了精心挑选的'碧玉钩盘'、'天女歌曲'、'秋菊晚红'、'芳溪秋雨'、'唐宇傲狮'、'金龙腾云'、'金龙飞舞'等近 200 个品种参展。

在界首市还涌现出很多菊花种植大户，如农民吕友邦，走科技产业之路，近年来培育出 100

多个菊花品种，其中 60 多个为国内所稀有，成为上海、广州、武汉等十几个大中城市的抢手货。他从国内及日本引进了 30 多种名贵菊花品种，利用当地的野生黄蒿资源作为母本，开展培育和嫁接，获得成功，共发展菊花品种 1300 多个。从 1996 年以来，他培育的'泉乡万胜'、'飞鸟的美人'、'细雨含沙'等 20 多个菊花新品种，以其绚丽纯正的花色和独特的造型，先后在全国第三届菊展中，共夺得 30 多项奖牌。每年产品也被客商抢购一空，年销售额达 50 多万元。

2009～2010 年，国家林业局还批准界首市林业技术推广中心编制了《盆栽菊花生产技术规程》，经国家林业局行业标准委员会审核作为林业行业标准。

（三）湿地文化

安徽位于长江中下游，全国七大水系中的长江和淮河横贯其中，全国第五大淡水湖——巢湖也分布于此，安庆沿江湖泊集中成片，构筑了长江中下游区域享有盛名的华阳湖群。安徽现有湿地总面积约 2918804hm²，占省国土面积的 21.0%，占全国湿地总面积的 4.4%，为全国湿地资源最丰富的省份之一。安徽湿地分为五大类 16 种类型，包括永久性河流、季节性或间歇性河流、泛洪平原湿地、永久性淡水湖、季节性淡水湖、藓类沼泽、草本沼泽、沼泽化草甸、灌丛沼泽、森林沼泽、内陆盐沼、地热湿地、淡水泉、水库、池塘和水稻田，其中，淮北煤矿塌陷湖泊是我国极为特殊的人工湿地类型，巢湖、石臼湖、升金湖、太平湖、扬子鳄栖息地被列为中国重要湿地，升金湖同时又被列为亚洲重要湿地和中国生物圈保护区。

全省现有湿地植物 439 属 798 种，湿地动物 74 目 192 科 814 种，其中列为国家重点保护的有莼菜、水蕨、白鹳、黑鹳、白头鹤、白鹤、大鸨、扬子鳄、白鳖豚、中华鲟、白鲟、黄嘴白鹭、白琵鹭、白额雁、小天鹅、灰鹤、白枕鹤等48 种。

近年来，安徽省积极采取措施加大对湿地的保护管理力度。全省现有湿地中，被列为重点湿地的有 26 处，面积 31.5 万 hm²，占湿地总面积（不包括水稻田）的 27.7 %；建各级自然保护区 98 处，面积 48.3 万 hm²，其中湿地生态系统类型保护区 13 处，面积 33.2 万 hm²，使全省 48.1%的天然湿地得到有效保护。

1. 太平湖国家湿地公园

位于安徽省黄山市黄山区境内，地处黄山和九华山之间，是镶嵌在"黄山－太平湖－九华山"黄金旅游线上的一颗璀璨明珠，被赞誉为"黄山情侣"、"皖南翡翠"和"东方日内瓦湖"，总面积 98.5km²，其中水面面积 88.6km²，平均水深 40m，属国家一级水体。其湿地景观资源丰富且独特，生态环境优良，山水风光优美，动植物资源丰裕，历史文化底蕴深厚。

2. 迪沟生态旅游风景区

位于安徽颍上县东北部的汤店镇，地处济河·西肥河交汇处，东临凤台，北与利辛相接壤，204 省道纵穿南北。1994 年以前，这里还是一条荒凉的湾地，后来因势利导，结合旅游业发展的趋势在 600 亩 1958 年遗留下来的小农场的基础上，边规划，边实施，建成了集生态旅游与佛教文化为一体的旅游风景区。整个风景区由竹音寺、五百罗汉堂和生态园组成。

3. 太和沙颍河湿地公园

主体为耿楼河道湿地，位于太和县城周边，延伸面积达 20km²，湿地河流、沟渠、沼泽集中连片，相互连通，形成了相对完备的复合湿地系统，发挥着行洪、灌溉、航运、净化水质、调节

图 9 太平湖国家湿地公园

图 10 迪沟生态旅游风景区

图 11 太和沙颍河湿地公园

气候、维护区域生物多样性等重要的生态功能。

4. 淮南焦岗湖国家湿地公园

淮河流域天然淡水湖泊，总面积6万亩，有"淮河大湿地，华东白洋淀"的美誉。生物资源丰富，数百种野生动植物栖息于此。特别是湖泊、池塘、河道、农田、村舍、果园等纵横交织，形成了景观独特的湿地生态系统。

5. 花亭湖湿地公园

总体建设规模包括花亭湖湖面、上游河流入口以及沿湖第一层山体。上游至西溪河入湖口区，下游至大坝以下湖外湖及长河流域，总面积13732hm²，其中水面面积9720hm²。湿地公园内拟设典型自然湿地观光区、休闲度假区、温泉疗养区、佛教文化宣传旅游区、湿地保护宣教观光区、湿地生态保育区、湿地保护与恢复工程项目区。经过估算，花亭湖国家湿地公园共需总投资10.18亿元。

6. 颍州西湖风景名胜区

阜阳市颍州西湖风景名胜区位于阜阳市西9km处，远景规划70km²，一期规划24.32km²，其中湖面6km²，是一个以历史文化、生态湿地旅游、休闲度假为主题的综合型旅游休闲度假区。主要有兰园、怡园、女郎台、紫竹苑、醉仙居、西湖碑林、百花园、清涟阁、九曲桥、梳妆台、苏堤、欧堤等二十多个景点。颍州西湖曾与杭州西湖、惠州西湖和扬州西湖并称为中国四大名湖。从宋代起有北宋词人、宰相晏殊，北宋文学家、史学家欧阳修、苏轼，宋代中书侍郎吕公著等七大名人留下了113首著名诗篇。北宋欧阳修写《采桑子》十三首，连用十个"好"字赞美颍州西湖。苏轼曾有数十篇赞美颍州西湖的诗词，留下了"西湖虽小亦西子，萦流作态清而丰"、"大千起灭一尘里，未觉杭颍谁雌雄"这些盛赞颍州西湖的名句。

7. 三叉河国家湿地公园

一望无际的芦苇地，完全原生态，春夏秋冬各有看点。曹老集、梅桥两乡镇交界处的"三汊河"万亩自然生态湿地为唯一的一家省级湿地公

图12　淮南焦岗湖国家湿地公园

图13　安徽太湖花亭湖湿地公园

图14　颍州西湖风景名胜区

图15　三叉河国家湿地公园

园，是淮河流域湿地中保存较好的一块几乎未受污染的自然湿地，仍处于原始状态的芦苇绵延几千米，保持了原生态的自然风貌，魅力独具。

8. 泗县石龙湖国家湿地公园

泗县石龙湖国家湿地公园地处泗县城南15km处，湿地正常水面1万多亩，是保存完好的典型湿地生态系统。区内水质优良，动植物种类繁多，自然野趣的生态湿地和纯真质朴的田园风光，勾画出秀丽的碧水清波，周围分布着明朝开国名将邓愈故里、西楚霸王项羽驻兵地等历史景观，极具得天独厚的旅游资源。

图16　泗县石龙湖国家湿地公园

（四）森林文化

安徽2012年有林地面积6647.7万亩，森林面积5706.3万亩，森林覆盖率27.53%。森林生态系统的建立和稳定，为孕育安徽的森林文化提供了良好的物质基础。

1. 自然保护区

安徽省自然保护区建设始于20世纪70年代末至80年代初。1982年安徽省政府首次批准了6个省级自然保护区。20世纪90年代以后，安徽省自然保护区建设步伐有所加快，保护区类型也趋多样化。安徽省现有自然保护区105个，总面积为526331.70hm²，占安徽省国土面积的3.77%。其中国家级7个，面积120905.20 hm²；省级26个，面积295770.70 hm²；市级6个，面积22732.00hm²；县级66个，面积86923.80hm²。从保护区个数来看，县级自然保护区占主体，但是从保护区面积来看，省级自然保护区占主体。

国家级自然保护区有：

（1）安徽牯牛降国家级自然保护区

保护区类型为森林生态。主要保护对象为中亚热带常绿阔叶林及其珍稀动植物。牯牛降自然保护区位于安徽南部，横亘于祁门、石台两县交界处，地处东经117°15′～117°34′，北纬29°59′～30°06′之间，总面积6713hm²。其中，核心区3147hm²，实验区3566hm²。本区有苔藓植物50科97属138种，维管束植物180科627属1210余种，包括蕨类植物26科54属104种，裸子植物5科7属10种，被子植物149科568属1096种。其中，属国家一级保护的有银杏、红豆杉，属国家二级保护的有香榧、鹅掌楸、香果树、长序榆、永瓣藤、花榈木等，属省级保护的有粗榧、三尖杉、青钱柳、安徽械、黄山木兰、天目木姜子、天目木兰、紫茎、青檀、黄山花楸、天女花、银鹊树、短穗竹等。脊椎动物82科193属271种，包括兽类49种，鸟类147种，爬行类33种，两栖类17种，鱼类25种。其中，属国家一级保护的有金钱豹、云豹、梅花鹿、黑麂、白颈长尾雉、黑鹳6种，属国家二级保护的有鬣羚、猕猴、短尾猴、穿山甲、大灵猫、白鹇、鸳鸯、红隼等23种，属省级保护的有中华大蟾蜍、红翅凤头鹃、花面狸、豹猫、狗獾等。牯牛降为安徽省第一个建立的森林生态系统类型国家级自然保护区，境内地带性原生植被保存完好，动植物资源极为丰富，是我国东部地区亚热带常绿阔叶林带重要的典型区域之一，被誉为华东地区生物物种"天然基因库"、"绿色自然博物馆"。牯牛降因物种丰富、特有种多，已被《中国生物多样性保护行动计划》列为"中国优先保护生态系统"。

（2）安徽鹞落坪国家级自然保护区

保护区类型为森林生态。主要保护对象珍稀动植物。保护区位于皖西岳西县包家乡境内，与霍山县和湖北英山县毗邻，地理坐标为东经116°02′～116°11′、北纬30°57′～31°06′，总面积123km²，其中核心区21.2km²，缓冲区28.4km²，实验区73.4km²。本保护区有野生植物141科572属1297种，其中国家重点保护植物有连香树、香果树、银杏、鹅掌楸、大别山五针松、金钱松、天竺桂、野大豆、厚朴、凹叶厚朴等，安徽特有植物有小叶蜡瓣花、安徽槭、安徽碎米荠、安徽贝母等，大别山特有植物有大别山五针松、多枝杜鹃、白马鼠尾草、美丽鼠尾草、大别山石楠、大别山冬青等10余种。本区野生兽类有7目18科43种，其中国家一级保护动物有金钱豹、梅花鹿，国家二级保护动物有穿山甲、豺、水獭、小灵猫、原麝。大别山原麝是一个特有亚种，因河南和湖北天然林较少，大别山原麝主要生活在皖西大别山的天然林和次生林中，本区是其最主要的集中分布区之一。另外，保护区繁殖鸟类共有11目30科108种，两爬类5目15科40种，其中国家重点保护的有白冠长尾雉、勺鸡、雀鹰、红隼、鸢、领角鸮、红角鸮、赤腹鹰、斑头鸺鹠、蓝翅八色鸫等。

（3）安徽天马国家级自然保护区

保护区类型为森林生态。主要保护对象为北亚热带常绿、落叶阔叶林及其珍稀动植物。天马自然保护区位于安徽金寨县西南大别山腹地鄂、豫、皖三省交界处，地处东经115°20′～115°50′，北纬31°10′～31°20′之间，总面积28913.7hm²，其中，核心区5553.7hm²，缓冲区3925.3hm²，实验区17434.7hm²。本区维管束植物有178科753属1881种，其中，属国家一级保护的有银杏，属国家二级保护的有大别山五针松、金钱松、连香树、鹅掌楸、香果树、野大豆、厚朴、凹叶厚朴8种，属省级保护的有三尖杉、巴山榧、天竺桂、天目木姜子、天目木兰、黄山木兰、天女花、黄山花楸、银鹊树、紫茎、领春木、青檀、天目朴、安徽杜鹃和安徽槭等19种。本区有陆栖脊椎动物22目61科185种，其中，属国家一级保护的有金钱豹、原麝，属国家二级保护的有大鲵、鸢、赤腹鹰、雀鹰、红隼、勺鸡、白冠长尾雉、领角鸮、红角鸮、斑头鸺鹠、蓝翅八色鸫、豺、水獭、小灵猫、虎纹蛙、穿山甲16种，属省一级保护的有红翅凤头鹃、花面狸和豹猫等18种，属省二级保护的有中华大蟾蜍、狗獾等16种。有益的、有重要经济、科学研究价值的陆生野生动物116种，包括

商城肥鲵、隆肛蛙、小头蛇、白鹭和野猪等。

（4）安徽扬子鳄国家级自然保护区

保护区类型为野生动物保护。保护对象为扬子鳄及其栖息地。位于安徽省宣城市宣州区、郎溪县、广德县、泾县、南陵县境内，北纬30°00′～31°20′，东经118°00′～119°40′，总面积43333.0hm²。扬子鳄古称鼍，起源于中生代，距今约2亿7千万年，与恐龙近亲。在长江支流的水阳江和青弋江相接的清水河镇，100年前还是一望无际的河滩。滩上芦苇、野草丛生，鱼、螺、蚌丰富，人烟稀少，这里特别盛产扬子鳄。世界上第一个扬子鳄模式标本产地就在这里。但是到了19世纪末、20世纪初，长江北面的居民陆续迁入此处，开始挑圩造田，破坏了扬子鳄的栖息地，使这一扬子鳄最大种群地于20世纪50年代彻底瓦解。这一区域的扬子鳄几乎绝迹。扬子鳄的分布区域随着社会发展，人口增加，围湖造田，栖息地被破坏，特别是农药、化肥的广泛使用，它们像是遭受一场"化学武器"的浩劫，加之人为捕杀，使其数量每况愈下。到了70年代初，扬子鳄分布仅局限于安徽省长江以南、皖南山区以北呈孤岛状分布，数量不足500条。随着人工驯养、繁殖的扬子鳄数量增加，不仅为扬子鳄放归自然提供种源基础，而且为今后资源的开发利用奠定了物质基础，具有潜在的经济效益，几年来，利用扬子鳄资源开展旅游，发挥了一定的经济效益。

（5）安徽升金湖国家级自然保护区

保护区类型为湿地。保护对象为湿地生态系统及珍稀鸟类。升金湖位于池州市东至县与贵池区境内，毗邻九华山、黄山，与安庆市隔江相望，地处东经116°55′～117°15′，北纬30°15′～30°30′。东南群山环抱，西伴丘陵岗地，北滨江滩洲圩，国道206线、318线绕湖而过，水陆交通极为便利。湖岸周长165 km，自西向北自然分成三个相连的水面，总面积33300.0hm²。上、下两湖湖床略高于中湖，小路嘴以南为上湖，面积5800.0hm²，八百丈以北为下湖，面积2300.0hm²，上下湖之间为中湖，面积5200.0hm²。保护区已记录到浮游植物27种，水

生维管束植物38科84种。升金湖地区水生植被属于草本湿地植被与水域植被型，有6个群系组15个群系，植被覆盖率达80%左右。这些植物按自然形态分为沉水植物、挺水植物、浮叶植物。生长季节，丰美茂密，高低错落，各自成片，形态丰泽，碧绿滴翠。草本湿地植被以菰、苔草为优势种，水域植被以菱、马来眼子菜、苦草、聚草、黑藻为优势种。分布在湖周的岸地植被，东南低山丘陵主要以杉木、马尾松为优势种，西北岗地平原农田主要以河柳、意杨、香椿及梨、桃等为优势种。升金湖保护区内动物资源丰富，有浮游动物13种、底栖动物23种、鱼类62种、两栖爬行动物21种、兽类52种。已记录到鸟类171种，其中水鸟84种，山林鸟87种。水鸟区系组成中，冬候鸟61种，夏候鸟13种，留鸟4种，旅鸟6种。越冬候鸟以鸻形目鸟类最多，达25种，占该区冬候鸟的40.9%。雁形目23种，占37.7%，鹤形目13种，占21.3%，鸥形目6种，占9.8%。从动物区系组成上看，古北界水鸟53种，东洋界11种，广布种20种。每年在升金湖越冬的水禽有10万只以上。白头鹤每年在升金湖的越冬数量达到200只以上，最高年份有500只，升金湖成为白头鹤在中国最大的越冬地。升金湖还不断记录到白鹤、白鹳、黑鹳、大鸨、小天鹅、白琵鹭、白枕鹤等多种国际濒危鸟类越冬种群，其中东方白鹳的数量占到世界总数的1/8。升金湖是中国主要的鹤类越冬地之一，是鸟儿的自由天堂。世界上有15种鹤，中国有9种，升金湖就有4种，分别是白头鹤、白鹤、白枕鹤和灰鹤。这里是世界上种群数量最大的白头鹤天然越冬地。越冬白头鹤数量从1986年至今一般在350~500只，占中国的1/3，占世界总数的1/20。升金湖保护区越冬东方白鹳总数达250只左右，占世界总数的1/8。保护区还是大鸨在中国的重要越冬地和珍贵的黑鹳的良好越冬栖息场所之一，也是东亚地区雁类、天鹅和鸻鹬类的主要越冬地之一。

（6）安徽清凉峰国家级自然保护区

保护区类型为森林生态。主要保护对象为中亚热带常绿阔叶林及其珍稀动植物。位于皖浙交界处。它是天目山的主峰，海拔1787.4m，为华东地区仅次于黄山各主峰高度的另一座高峰。地处东经118°40′~118°55′，北纬30°00′~30°10′之间，总面积为7811.2hm²。2011年4月晋升为国家级自然保护区。该区有维管束植物192科760属1633种，其中，属国家一级保护的有银杏、红豆杉、南方红豆杉、银缕梅等，国家二级保护的有香榧、华东黄杉、金钱松、黄山梅、连香树、鹅掌楸、香果树等，省级保护的有南方铁杉、天目木兰、天女花、领春木、银鹊树、黄山花楸、青钱柳、天目木姜子、三尖杉、天竺桂、黄山木兰、紫茎等19种。有陆栖脊椎动物22目53科134种，属国家一级保护的有梅花鹿、黑麂、云豹、豹、白颈长尾雉，属国家二级保护的有猕猴、大灵猫、白鹇等20余种。

（7）安徽铜陵淡水豚国家级自然保护区

保护区类型为野生动物保护。保护对象为淡水豚及其栖息地。保护区位于安徽省铜陵、枞阳和无为等县市的长江江段内，范围在东经117°39′30″~117°55′25″，北纬30°46′20″~31°05′25″之间，主要保护珍稀动物有铜陵保护区，是以滩涂湿地为主的内陆淡水湿地，主要保护对象是白鱀豚、江豚、中华鲟、达氏鲟、白鲟和胭脂鱼等。保护区总面积31518hm²，其中核心区面积9534hm²，缓冲区面积6360hm²，实验区面积15624hm²。

2.森林公园

安徽是我国南方集体林区的重点省份之一。自1985年建立第一个森林公园以来，至2013年10月，全省共建设森林公园69处，其中国家级森林公园30处，面积10.72万hm²，省级森林公园39处，面积4.38万hm²，总面积15.10万hm²。

全省16个省辖市的106个县（市、区）中共有14个省辖市的54个县（市、区）建设了森林公园。全省初步形成了以森林公园为依托，以森林旅行社为载体，以森林旅游协会为纽带，集吃、住、行、游、购、娱配套发展的森林旅游业网络体系。十几处龙头森林公园已成为我省新兴

表 6　安徽省国家级森林公园基本情况

序号	森林公园名称	面积 hm²	批建时间	地　点
1	琅琊山国家级森林公园	4866.67	1992.07	滁州市琅琊区
2	黄山国家级森林公园	11686.67	1987.05	黄山市黄山区
3	天柱山国家级森林公园	2048.47	1992.07	安庆市潜山县
4	九华山国家级森林公园	14333.33	1992.07	池州市青阳县
5	皇藏峪国家级森林公园	2276.00	1992.07	宿州市萧县
6	徽州国家级森林公园	5314.40	1992.07	黄山市歙县
7	大龙山国家级森林公园	4018.00	1992.07	安庆市宜秀区
8	紫蓬山国家级森林公园	1002.47	1992.07	合肥市肥西县
9	皇甫山国家级森林公园	3551.53	1992.07	滁州市南谯区
10	天堂寨国家级森林公园	12000.00	1992.07	六安市金寨县
11	鸡笼山国家级森林公园	4500.00	1992.09	马鞍山市和县
12	冶父山国家级森林公园	810.47	1992.09	合肥市庐江县
13	太湖山国家级森林公园	1813.53	1992.09	马鞍山市含山县
14	神山国家级森林公园	2221.87	1992.09	滁州市全椒县
15	妙道山国家级森林公园	752.00	1992.09	安庆市岳西县
16	天井山国家级森林公园	1204.00	1992.09	芜湖市无为县
17	舜耕山国家级森林公园	2533.33	1992.09	淮南市田家庵区
18	浮山国家级森林公园	3834.13	1992.12	安庆市枞阳县
19	石莲洞国家级森林公园	1479.33	1992.12	安庆市宿松县
20	齐云山国家级森林公园	6000.00	1993.05	黄山市休宁县
21	韭山国家级森林公园	5533.33	1993.06	滁州市凤阳县
22	横山国家级森林公园	1000.00	1994.12	宣城市广德县
23	敬亭山国家级森林公园	2009.00	1996.08	宣城市宣州区
24	八公山国家级森林公园	2759.00	2002.12	淮南市八公山区、六安市寿县
25	万佛山国家级森林公园	2000.00	2002.12	六安市舒城县
26	青龙湾国家级森林公园	2730.00	2004.12	宣城市宁国市
27	水西国家级森林公园	2147.00	2004.12	宣城市泾　县
28	上窑国家级森林公园	1040.00	2005.12	淮南市大通区
29	马仁山国家级森林公园	712.00	2008.01	芜湖市繁昌县
30	大蜀山国家级森林公园	1003.01	2009.12	合肥市蜀山区
合计面积		107179.54 hm²		

表7 安徽省省级森林公园基本情况表

序号	森林公园名称	面积 hm²	批建时间	地点
1	金紫山省级森林公园	4073.27	1992.07	安庆市潜山县
2	燕山省级森林公园	1200.00	1992.11	六安市金安区
3	小南岳省级森林公园	3666.67	1993.01	六安市霍山县
4	茅仙洞省级森林公园	880.20	1994.01	淮南市凤台县
5	卧龙山省级森林公园	613.33	1994.01	淮南市谢家集区
6	铜都省级森林公园	1133.33	1995.01	铜陵市狮子山区
7	天台山省级森林公园	1733.33	1995.01	池州市东至县
8	高井庙省级森林公园	1333.33	1999.03	宣城市郎溪县
9	东庵省级森林公园	133.33	1999.03	合肥市巢湖市
10	太白省级森林公园	2000.00	1999.12	马鞍山市当涂县
11	白鹭岛省级森林公园	700.00	2002.04	滁州市来安县
12	南屏山省级森林公园	666.00	2003.05	滁州市全椒县
13	古黄河省级森林公园	1400.00	2003.12	宿州市砀山县
14	小格里省级森林公园	241.80	2004.12	芜湖市南陵县
15	龙眠山省级森林公园	3823.00	2006.07	安庆市桐城市
16	大巩山省级森林公园	1320.00	2006.07	蚌埠市五河县
17	目连山省级森林公园	980.00	2007.08	池州市石台县
18	安阳山省级森林公园	409.47	2007.08	六安市霍邱县
19	五溪山省级森林公园	6000.00	2007.09	黄山市黟县
20	庐州省级森林公园	53.33	2007.12	合肥市庐阳区
21	滨湖省级森林公园	600.00	2008.09	合肥市包河区
22	杉山省级森林公园	435.00	2008.12	池州市石台县
23	老嘉山省级森林公园	861.87	2009.02	滁州市明光市
24	龙窝寺省级森林公园	200.00	2010.08	滁州市来安县
25	红琊山省级森林公园	350.00	2011.07	滁州市南谯区
26	相山省级森林公园	1066.67	2011.08	淮北市相山区
27	木坑竹海省级森林公园	1950.00	2011.09	黄山市黟县
28	笄山省级森林公园	550.00	2011.11	宣城市广德县
29	龙井沟省级森林公园	100.20	2011.12	六安市裕安区
30	丫山省级森林公园	252.00	2011.12	芜湖市南陵县
31	梅山省级森林公园	586.40	2012.03	宿州市萧县

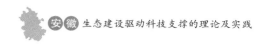

(续)

序号	森林公园名称	面积 hm²	批建时间	地点
32	仙女寨省级森林公园	317.87	2012.08	六安市舒城县
33	茅田山省级森林公园	500.00	2012.10	宣城市广德县
34	阳岱山省级森林公园	1000.00	2012.10	宣城市广德县
35	浮槎山省级森林公园	436.00	2013.04	合肥市肥东县
36	半岛省级森林公园	81.57	2013.04	合肥市蜀山区
37	马家溪省级森林公园	942.47	2013.06	宣城市旌德县
38	夏渡省级森林公园	1032.30	2013.06	宣城市宣州区
39	百花寨省级森林公园	186.4	2013.09	合肥市庐江县
合计面积		107179.54 hm²		

的旅游胜地。

经过 20 多年的建设，全省森林公园已投入建设资金 70 多亿元，新建和新修旅游道路 1380km，开发旅游景点 550 多个，制作旅游和科普宣传标识、标牌、解说牌等 5000 多块，建成客运索道 5 条、旅游接待宾馆 30 座，新造风景林 2 万亩，改造林相 10 万亩，同时还建成一批小型动物园、植物园、儿童乐园、野外拓展训练基地等游乐设施。近 10 处森林公园基本建成了行、游、住、食、购、娱六要素配套发展的服务体系。

森林旅游是把"青山、绿山"变成"金山、银山"的重要途径之一，具有巨大的发展潜力和广阔的市场空间。统计表明，近 10 年来我省以森林公园为主要载体的森林旅游业一直保持着 20% 以上的增长速度，正在发展成为我省林业经济新的增长点。2012 年，全省森林公园共接待游客约 1234 万人次，直接旅游收入 6.54 亿元，分别较上年增长 20% 和 22%。此外，森林旅游还带动了交通、餐饮、住宿、加工业、种养殖业、零售业等一系列相关产业的发展，扩大了农村富余劳动力就业，增加了林农的收入，促进了地方经济发展。

我省 80% 森林公园是建立在国有林场基础上。随着森林公园的批建，国有林场根据自身特点，围绕合理利用森林资源搞开发，在强化管理的基础上逐步实现从木材经营到森林旅游经营的

转变。全省森林公园主景区内全面禁伐，一些森林公园逐步做到规划范围内全部禁伐，真正实现了变"砍树"为"看树"，使森林公园内的森林资源、景观资源和生态环境得到有效保护。根据调查，全省森林公园平均森林覆盖率由 1995 年的 81% 上升到目前的 92%，森林蓄积量平均增长 15% 以上。

我省森林公园根据自身实际，不断加强森林（生态）博物馆、标本馆、科普长廊、解说步道以及宣传科普的标识、标牌、解说牌等生态文化基础设施建设，积极拓展其生态教育功能，为人们了解森林、认识生态、探索自然创造了良好的场所和条件。一些森林公园文化底蕴丰厚，先后被授予生态文明教育基地、科普教育基地、生态环境教育基地、爱国主义教育基地、国防教育基地等称号。

3. 生态文化示范单位

（1）全国生态文化示范基地

肥西县三河镇。具有 2500 多年历史的三河镇因丰乐河、杭埠河、小南河三条河流贯其间而得名。三河镇以水乡古镇为特色，荟萃了丰富的人文观景，形成了江淮地区独有的"八古"景观，即古镇、古河、古桥、古圩、古街、古居、古茶楼和古战场。历史上既是兵家必争之地，又是商家云集之地。

三河水美，水给这个古镇带来了灵性。它清澈透明，晶莹如镜，俯瞰水面，水中游鱼，岸边

垂柳，水地云头，皆历历在目，自小南河码头乘游船，顺流泛舟，你可以一边品着香茗，一边悠闲地欣赏错身而过的两岸风景，尽情享受"小桥、流水、人家"的水乡风光，洗去都市的尘埃。

三河民俗文化丰富多彩，体现了中国南北文化的交融，至今，春节至元宵节期间，民间仍自发举办耍龙灯、闹旱船、河蚌舞等活动，端午节时，人们做粽子、玩龙舟；中秋节玩火把；婚丧娶嫁，仍抬花轿、请"良玩"，保存着淳厚的民风。

(2) 全国生态文化村

安徽黄山市黟县宏村镇宏村：林木覆盖率90%以上，429户，1238人，建于公元1131年，有860年历史，拥有独特的村落水利工程设施，具有很高的环境艺术和景观价值。是世界文化遗产地、国家重点文物保护单位、国家4A级景区、全国历史文化名村。村内独特的牛形村落原形、举世无双的人工古水系、精良的建筑艺术和美轮美奂的山水田园，构成了皖南古村落特有的景观风貌，加上群山环抱、气候宜人，自然环境十分优美，素有"画里乡村"之美誉。宏村按照"调整产业结构富民，发展旅游经济强村"的思路，以旅游业为龙头，大力发展观光农业、生态农业、餐桌农业，整体推进第三产业快速发展。2008年全村农村经济总收入突破800万元，村集体经济收入突破330万元，农民人均纯收入突破6000元，成为全省经济发展最快、最具活力的村之一。

安庆市枞阳县周潭镇大山村：历史悠久，现有百年以上古屋22间，古树18株。森林覆盖率达80%以上。山内有洞有瀑，有数十处的"山石景点"和"民间传说"。该村是享誉海内外的"东乡武术"的发源地。如今，练拳习武仍为村民们强身健体的必修课。同时，"崇文尚读"之风日趋浓郁。大山村目前已成为旅游生态村。每年吸引着近20万游客来这里进行生态旅游。是著名的"全国绿色小康村"、"安徽省十佳生态村"，近年又被评为"安庆首届最美乡村"。由于生态环境好，先后被定为"中国森林生态网络工程体系建设枞阳点与示范基地"、"国家AA级旅游风景区"、"安徽省农家乐示范点"等。

池州市贵池区梅村镇霄坑村：该村山清水秀，环境优美，自然植被保存完好，森林覆盖率94%；野生动植物品种众多，目前发现最大最古老的野生紫薇树就扎根于此。历代许多名人，如李白、杜牧、杜甫等都曾到过霄坑村，游山玩水品茗，且留下许多赞美的诗句。茶叶是霄坑村主导产业，全村绿茶年产值5018万元，人均纯收入18382元。已创办茶叶公司8家，加工厂18家（市级龙头企业2家，规模以上企业4家）。先后荣获"全国文明村"、"全国绿色小康村"、"全国农科教示范村"、"全国造林绿化千佳村"、"全国小流域治理示范点"、"全国生态旅游实验基地"、"安徽省百佳生态村"、"安徽省农家乐旅游示范点"、"安徽省生态富民计划示范村"、"安徽省新农村建设示范村"等荣誉称号。

阜阳市颍州区西湖景区街道白行村：位于国家湿地保护区、国家AAA级风景名胜区——颍州西湖景区范围内，正在建设中的6km²的国家级草河湿地公园亦有一半在白行村范围内。每年春秋两季分别举办桃花樱花牡丹节和荷花菊花节，元旦春节举办"欧（阳修）苏（东坡）文化节"，采用多种形式进行宣传，先后建起了文化活动室、休闲健身乐园、农民锣鼓队等，并连续开展"五好家庭"的评比活动。形成集农林业高效种植、农林业科技教育为一体的新型农林业生产模式。该村2006年入选为首批安徽省"千村百镇工程"示范村。2008年荣获全省"社会主义新农村建设先进村"和"全省民主法治示范村"等荣誉称号。同时，该村发展经济、服务群众、推进新农村建设的先进事迹先后被新华社、中央电视台等多家中央、省、市媒体采访报道。

黄山市黄山区太平湖镇南安村：位于风景秀丽的太平湖南岸，生态环境好。经过大力开展植树造林活动，对珍稀树种加强保护，目前全村森林覆盖率达74%；通过综合治理，做到了"一户一沼"，沼气料种植茶叶、水稻入田率达100%，建立了无公害产品基地。目前南安村拥有湿地约34hm²。南安人文化生活丰富，春节期间的舞龙舞狮，金秋10月的厨艺大赛都为人们创造娱乐与学习、交流技术相融合的平台。太平渔村农家乐旅游节，来自各地的游客们吃农家饭、住农家屋，体验新农村生活，观赏旖旎田园风光。随着南安村茶产业和苗木繁育产业逐步走向科学化、规模化、市场化，苗木繁育技术向全镇和周边乡镇辐射，形成了"合作社（协会）＋基地＋苗农"的发展模式。南安村现正被列为省农业综合开发示范区，先后荣获"省五星级农家乐旅游示范村"、"市级新农村建设示范村"等荣誉称号。

安徽省黄山市歙县昌溪乡昌溪村：昌溪村位于全国历史文化名城安徽省黄山市歙县南部山区，是一座拥有厚重徽文化和优美山水的千年古村落。该村始建于唐，经过1300多年的历史变迁，这里不仅山川秀丽，文风浓郁，名人辈出，而且古屋、古井、古树、古牌坊众多，现存宋、元、明、清古建筑300余幢，凝聚了典型的徽派建筑精华。此外，也留下了如"父子双进士"、"千步云梯"等美丽传说，演绎着"祭八老爷"、"舞草龙"、"红事上堂"等民间习俗活动。被世人誉为"徽州千年古村落"、"陶渊明笔下的桃花园"。近几年来更先后获得安徽省"历史文化名村"、黄山市"特色文化之村"、"百佳摄影点"等称号。昌溪村生产资料主要以茶叶、蚕桑为主，全乡有茶园5139亩，桑园1605亩，林业用地10572亩，林木覆盖率达88%。近年来，昌溪村通过成立"林业股份合作社"，加强了森林资源的统一管理；坚持"政府扶龙头、龙头带基地、基地连农户"的方针，带动了林农增收；通过招商引资，推动了昌溪乡村旅游业的可持续发展。目前，该村依托"百村千幢"古民居保护利用工程，紧密结合乡村旅游和新农村建设，正全力打造宜居宜游的生态魅力昌溪。

安徽省合肥市包河区义城街道董城村：董城村历史悠久，环境优美，濒临全国五大淡水湖之一的巢湖，十五里河贯穿全村，坐拥合肥滨湖森林公园——大张圩万亩生态林，生态林总面积3375亩，全村森林覆盖率高达68.6%。村民临湖而居，形成了湖区特有的渔民生活文化，至今仍流传大量的历史传说。历史上曾设置有"王侯镇"、"董城府"，影响深远，朝城寺据今已有200

多年历史，作为徽派风格浓郁的新农村，该村实现了传统与现实的完美融合。在生态村建设过程中，董城村制定了《义城镇董城生态村建设规划》，还投入80余万元，新建300m²的农民活动中心。同时，董城村不断发展以蔬菜、林果为主的传统庭院种植业，不断扩大以家禽和水产为主的庭院养殖业，庭院经济方兴未艾。近年来，通过生态建设，董城村容村貌发生了巨大变化，先后荣获了安徽省首批"安徽旅游美丽乡村"、"安徽省绿化模范村"等光荣称号。作为安徽省"千村百镇"和合肥市"十镇百村"社会主义新农村建设示范村，有效带动了周边街镇的生态农家乐旅游发展，吸引了北京、河南等众多地区前来参观学习，示范带动作用十分显著。

安徽省宣城市绩溪县瀛洲乡龙川村：现有731户，2316人，森林覆盖率达86.2%。生活垃圾采用"户集—村运—乡处理"的模式，村内下水管道也基本实现了全覆盖。2009年，旅游直接收入3800万元，农民人均年收入4963元。该村是一千年古村落，是古徽州人居与山水完美结合的典范。村内大部分民居都是徽派建筑。村中的龙川胡氏宗祠是全国重点文物保护单位，有木雕艺术殿堂的美誉，此外还有胡宗宪尚书府、胡炳衡故居、灵山庵等都体现了徽派建筑的艺术风格。

安徽省黄山市徽州区潜口镇唐模村：现有447户，1484口人，全村林木覆盖率51%。2008年全村经济收入1689万元，村集体可支配收入22.4万元，农民人均纯收入6061元，成为黄山市首批达标的社会主义新农村示范村。具有1400多年历史的文化古村落，村落布局、民居结构、庭院设施、文物古迹、生态景观独特，是皖南古村落中以水口、园林、水街、廊桥和古民居等建筑类型组合构成独特建筑景观的典型代表，被誉为中国水口园林第一村，村内拥有徽派园林——檀干园以及水口、水街、千年银杏、同胞翰林牌坊等古迹，以"十桥九貌"和"一村三翰林"而享誉中外。曾获得"全国文明村"、"中国历史文化名村"、"安徽省生态村"、"安徽省新农村建设示范村"等。

（3）全国生态文化企业

安徽恩龙林业集团有限公司：位于安徽省宣城市宁国县，是一家集林木种苗、园林绿化、生态旅游三大产业于一体的省级农业产业化和林业产业化龙头企业。已建设世界木屋村、千亩银杏园、特色林果园、万亩珍稀乡土树种园、民俗文化园等基地，融合了森林文化、园林文化、民俗文化、建筑文化等多种文化成分，成为宣传、弘扬生态文化的示范基地。该企业利用自然的山林景色和建设的特色旅游基地为依托，为形式多样的主题活动提供了良好的场所，其中，近年来每年接待中小学生开展科普教育活动就达20余万人次。该企业非常注重节约能源资源，通过制订严格的管理制度，经常组织开展节约、节支、节能比赛等活动，强化了节约意识、环保意识。

安徽芜湖马仁奇峰森林旅游有限公司：安徽芜湖马仁奇峰森林旅游有限公司，是一家集休闲度假、生态旅游为一体的省级农业产业化和林业产业化龙头企业。公司把提高生态效益、社会效益、经济效益作为宗旨，大力促进低碳循环经济的发展，为带动农民就业、改善周边农村的发展环境和村容村貌，推进新农村建设做出了积极贡献。公司将"生态优先，最小干预"的生态保护原则放在首位，对旅游区进行统筹规划和合理开发，积极开发生态旅游，推动参与性、观光性的农林业项目，现建成了生态经济果林基地，形成了生态环境资源"保护—利用—保护"的良性循环。公园于2006年底跻身"国家AAAA级旅游景区"行列，2007年被评为全国农业旅游示范点，2008年被评为国家级森林公园。还先后被评为"安徽省青年最喜爱的A级景区"、"芜湖市最具生态环保的景点"。

黄山谢裕大茶叶股份有限公司：黄山谢裕大茶叶股份有限公司源于百年前"谢裕大茶行"，是集生产、加工、销售、科研于一体的省级民营科技企业。注册资金6800万元，资产总额1.78亿元，人均年收入18000元。与茶农共建有机茶基地5万余亩，拥有唐模现代高效生态示范茶园1200余亩，先后通过了有机产品、欧盟无公害食品安全、热带雨林联盟等多项国际国内认证。该

公司长期以建立生态文明企业为目标。厂区环境优美，林木覆盖率达到50%以上，绿地得到有效保护。并设立环境管理办公室，负责企业在生产和建设过程中的环境影响评价、环境管理制度的健全和监督实施、员工环保知识培训、环保岗位员工的专业技术学习，以及生产过程中环境监测、污染物排放监测和治理等事宜。下属工厂均有完备的污染监控和治理设施，环保标识规范，排污口设置合理，建立了完善的污染源"可追溯"制度。鼓励和引导茶农进行有机茶园建设，不施用化肥和农药，同时不定期举办有机茶培训班，带动了全区5万余亩茶园的有机改造。重视节能环保。研发了茶叶清洁化、智能化、网络化、现代化加工设备和生产线，按照"减量化、再利用、资源化"原则，全面推进清洁化生产，固体废物综合利用率、工业污水达标排放率均已达到100%。生活垃圾实行无害化处理，单位能耗、水耗和温室气体排放量均低于全国平均值的30%以上。该企业现拥有清洁化加工方面省级科技成果3项、清洁化专利技术7项，其中发明专利2项。同时，把这些研究成果和专利技术应用到了生产实践中，大量减少了对煤炭和木材的耗费和污染物排放，有效保障了黄山地区的自然生态环境。曾获得安徽省首届"环境友好型企业"荣誉称号。作为"黄山毛峰第一家"，该公司出品的黄山毛峰茶一直被党和国家领导人作为馈赠外国使节、友人的礼品。因此成为全国最大的名茶加工和科研基地，为区域经济社会可持续发展起到了积极的示范带动作用。

4. 安徽地方林副特产

（1）广德毛竹

1996年广德即被评为"中国竹子之乡"，以前由于竹加工业不发达，一直以向外出售毛竹等原材料为主，竹产业效益很低。2002年，该县提出"工业兴县，竹业富民"战略，制订出台了一系列扶持竹加工业的优惠政策。县财政每年安排数百万元，扶持竹子加工龙头企业。使全县竹加工企业迅速发展到601家，其中年产值在1000万元以上的有10家。去年全县竹加工业产值发展到8.5亿元，比2002年猛增了9.63倍，还出

口创汇 1250 万美元。该县还加大招商引资力度，先后引进亚普、润华、宏宇竹业有限公司等 5 家竹加工企业，总投资达 2 亿多元。今年这 5 家企业均可投产，年加工产值总共可新增 7 亿元。

（2）舒城油茶

舒城油茶资源十分丰富，分布于丘陵 11 个乡镇，成林油茶 20 万亩，居全国之首。油茶被当地群众称之为"打不烂的天然油库"，"摧不毁的铁杆庄稼"。一年种植，几十年收益。它是植物食用油中的佳品。一是营养价值高；二是晶莹透亮，色清味香；三是耐贮藏，不易腐败变质；四是可作人造牛奶等的原料。除茶油外，油茶果壳可用来制碱、橡胶、糠醛、活性碳等。

（3）泾县宣纸文化

泾县宣纸是指采用产自安徽省泾县境内的沙田稻草和青檀皮，不掺杂其他原材料，并利用泾县特有的山泉水，按照传统工艺，经特殊工艺配方，在精密的技术监控下精制而成。是供书画、裱拓、水印等用途的高级艺术用纸。有"国之瑰宝"、"千年寿纸"的美誉。

对宣纸的记载最早见于《历代名画记》、《新唐书》等。起于唐代，历代相沿。宣纸的原产地是安徽省的泾县。此外，泾县附近的宣城、太平等地也生产这种纸。到宋代时期，徽州、池州、宣州等地的造纸业逐渐转移集中于泾县。当时这些地区均属宣州府管辖，所以这里生产的纸被称为"宣纸"，也有人称泾县纸。由于宣纸有易于保存、经久不脆、不会褪色等特点，故有"纸寿千年"之誉。

据民间传说，东汉安帝建光元年（121 年）蔡伦死后，弟子孔丹在皖南造纸，很想造出一种洁白的纸，好为老师画像，以表缅怀之情。后在一峡谷溪边，偶见一棵古老的青檀树，横卧溪上，由于经流水终年冲洗，树皮腐烂变白，露出缕缕长而洁白的纤维，孔丹欣喜若狂，取以造纸，经反复试验，终于成功，这就是后来的宣纸。

据清乾隆年间重修《小岭曹氏族谱》序言云："宋末争攘之际，烽燧四起，避乱忙忙。曹氏钟公八世孙曹大三，由虬川迁泾，来到小岭，分从

十三宅，此系山陬，田地稀少，无法耕种，因赖蔡伦术为业，以维生计"。曹大三继承了前人的造纸技术，经过实践，逐步提高，终于造出了洁白纯净的好纸，因纸的集散地多在州治宣城，故名宣纸。

宣纸的闻名始于唐代，唐书画评论家张彦远所著之《历代名画记》云："好事家宜置宣纸百幅，用法蜡之，以备摹写。"这说明唐代已把宣纸用于书画了。另据《旧唐书》记载，天宝二年（743 年），江西、四川、皖南、浙东都产纸进贡，而宣城郡纸尤为精美。可见宣纸在当时已冠于各地。南唐后主李煜，曾亲自监制的"澄心堂"纸，就是宣纸中的珍品，它"肤如卵膜，坚洁如玉，细薄光润，冠于一时。"

宣纸具有"韧而能润、光而不滑、洁白稠密、纹理纯净、搓折无损、润墨性强"等特点，并有独特的渗透、润滑性能。写字则骨神兼备，作画则神采飞扬，成为最能体现中国艺术风格的书画纸，所谓"墨分五色"，即一笔落成，深浅浓淡，纹理可见，墨韵清晰，层次分明，这是书画家利用宣纸的润墨性，控制了水墨比例，运笔疾徐有致而达到的一种艺术效果。再加上耐老化、不变色、少虫蛀、寿命长，故有"纸中之王、千年寿纸"的誉称。19 世纪在巴拿马国际纸张比赛会上获得金牌。宣纸除了题诗作画外，还是书写外交照会、保存高级档案和史料的最佳用纸。我国流传至今的大量古籍珍本、名家书画墨迹，大都用宣纸保存，依然如初。

（4）宁国山核桃

安徽宁国的山核桃久负盛名，所产山核桃具有皮薄、核仁肥厚、含油量高的特点。截止到 2009 年，全市山核桃面积已达 9300hm²，最高年产量 3249t。而且随着山核桃基地规模扩大，运销、加工业应运而生，初步形成山核桃加工、销售体系，加工产品有椒盐、五香、奶油、多味山核桃和山核桃仁、山核桃油等系列产品，已形成超亿元的产业，1996 年宁国市被授予"中国山核桃之乡"的称号。"白露到，竹竿摇；满地金，扁担挑"，说的就是每年的白露时节山核桃开杆的日子，我国山核桃主要分布于皖浙交界的西天

目山脉，属于稀特产品。

据化石资料研究，远在 4000 万～2500 万年前的第 3 纪渐新世我国华东地区就有山核桃分布。到中新世纪时，山核桃与桦木科、壳斗科一些树种已成为华东地区的亚热带落叶、常绿阔叶混交林的主要组成树种。此后由于遭受第 4 纪冰川的毁灭，仅在皖浙交界的天目山区保存下来，是古老的树种之一。早在清嘉靖二十八年间《宁国县志》即有记载："宁国山多，产山核桃，初生未去皮似桃，故名。"

山核桃作为宁国市的特色经济林种，更是把发展山核桃产业提到了一个新的高度。为了让宁国山核桃走向全国，走向世界，宁国又于 2002 年 10 月和 2004 年 11 月先后举办了两届"中国·宁国山核桃节"，使宁国山核桃的知名度大大提高。2003 年 10 月，宁国市山核桃标准化示范区被纳入全国第四批全国农业标准化示范项目。2004 年，宁国获全国核桃产业十强县（市）称号。2005 年 2 月 4 日，国家质检总局批准对宁国山核桃实施原产地域保护。詹氏、山里仁、林佳三家山核桃加工企业首批获得"宁国山核桃原产地域产品保护"专用标志使用权。截至 2008 年 6 月，全市已形成万亩以上的山核桃基地 6 个，专业村 18 个，专业户 1200 多个，户年产量最高达 12t，产值 25 万元，农户平均山核桃收入在 5 万元以上的有 40 多家，万元以上的有 500 多家。同时，山核桃加工业也发展迅速，全市现有山核桃加工企业 50 余家，涌现出詹氏、林佳、山里仁、孟仔、玉盘山、真佳、喜乐林等知名品牌，其中，詹氏、林佳、山里仁等 5 种山核桃品牌被中国绿色食品发展中心授予"绿色食品"称号。"宁国山核桃"的市场知名度和整体竞争力不断提高，不仅畅销我国大中城市，还远销美国。

（5）宣木瓜

宣木瓜主产于宣城市宣州区，泾县、宁国也有少量生产。宣木瓜性温，味酸涩，有舒筋活络、祛风湿痹等效。古代医药学家陶弘景、苏颂、李时珍都有较高评价。《本草纲目》载："木瓜处处有之，而宣城者最佳"，故有宣木瓜之称。宣州区种植的宣木瓜，已有 1500 余年历史，早

在南北朝时期已定为"贡品"。

宣木瓜是安徽省宣城市新田镇的特色资源。全镇宣木瓜面积达到 7000 亩，栽植户超过 1000 户，建立了宣木瓜科研所，构建了一个"农、工、贸、科研"为一体的农业产业化龙头企业。2004 年，宣木瓜干红被评为安徽省名牌农产品，新田镇被市政府命名为"宣木瓜之乡"。

宣木瓜含有 19 种氨基酸、18 种矿物微量元素，以及大量维生素 C，同时还含有皂甙、黄酮、苹果酸、齐墩果酸、枸橼酸、柠檬酸、酒石酸、抗坏血酸、反丁烯二酸、鞣质等，含有过氧化氢酶、酚氧化酶、氧化酶，特别富含超氧化物歧化酶（SOD）和齐墩果酸。1g 宣木瓜鲜果 SOD 的含量高达 3227 国际单位。SOD 是现代美容养颜产品的核心物质，可以有效消除体内过剩自由基，增进肌体细胞更新。齐墩果酸具有广谱抗菌作用，具有护肝降酶、促免疫、抗炎、降血脂血糖等作用。国家卫生部第一批"药食同源"名单中公布：宣木瓜既是药品，又是食品。

（6）水东蜜枣

宣城市宣州区水东镇是著名枣乡，水东蜜枣已有 300 多年的加工历史。由于独特的土壤、气候条件，使水东地区生长的青枣具有十分独特的优良品质，加上数百年的加工历史经验，形成的完整工艺，使水东蜜枣品质超群。水东蜜枣个大、核小、皮薄、肉厚、脆甜，形色俱佳，香甜爽口，营养丰富，属滋补佳品。清初著名诗人施润章（1618～1683）在《割枣》一诗中吟颂道："井梧未落枣欲黄，秋风来早吹姜裳。含情割枣寄远方，绵绵重叠千回肠。"水东蜜枣历史上曾为贡品，早在 20 世纪就远销东南亚、欧美 20 多个国家，久负盛名，驰名中外。相传早在明末清初，水东镇便开始加工蜜枣，至今已有 400 年历史。据说，最初制作蜜枣的人，是徽州一个聪明的和尚，他来"江南佛国"水东镇从事佛事活动，发现水东的枣子特别多，而且品质也好，便想带些回去。但鲜枣不宜保管，于是想出用蜂蜜煮枣的办法，便于存放。这一方法很快被水东人学会了。后来水东人又将青枣用刀切上细纹后再煮，这样里面也能进糖，里外一样甜，便形成了金丝

琥珀蜜枣。所以至今制枣的器具名称中，仍与佛教有关，如盛装浆枣的器具分别叫"和尚帽子"和"托篮"（为寺庙里悬吊香炉所用）。原先煮枣只用蜂蜜，后来中外通商，"洋糖"传入，便改用结晶性强的粗砂糖代替，但蜜枣的名称却沿用至今。

（7）霍邱柳编

霍邱县位于淮河南岸，有着悠久的杞柳种植历史。杞柳是耐水湿的灌木型柳树，是沿淮滩涂地上的适生树种，当地百姓在与时而发生的淮河洪灾斗争的过程中，学会了利用杞柳"编筐打篓"满足生活需要。但只是编织粪筐、抬篮之类简单生产工具的原材料，21世纪初前后才形成了产业优势。该县将杞柳作为全县四大支柱产业之一着力进行培育，使基地面积每年以3000亩的速度递增。2010年，全县杞柳种植总面积达10万亩。为柳编的发展提供了充足的物质基础。

21世纪初，霍邱县按照公司＋基地＋农户的模式，实施千家万户与龙头企业并进，先后培植壮大亿元企业2家，成立了"安徽省柳编产业协会"，投资2000万元兴建占地120亩的华东地区最大的柳编市场，生产基地建设和柳编深加工分厂近50家，覆盖沿淮沿湖20多个乡镇，辐射鲁、豫、浙等7个省市。"庆发湖"、"华安达"还获省级名牌产品称号。杞柳的种植和生产结构得到优化，柳编工艺品由过去单一的100多个发展到八大系列20000多个品种，深加工企业拓展到深圳、东莞等地，产品远销世界30多个国家和地区。

2010年文化部批准，将霍邱柳编入选第三批国家级非物质文化遗产名录。2008年，经国家质检总局审核通过，决定从2008年12月31日起，对霍邱柳编实施国家地理标志产品保护。

5. 茶文化

茶叶是安徽传统经济作物，在全省农业生产、地方经济和农产品出口创汇中占有重要地位。近年来，安徽省茶叶产业持续快速发展，取得了农民增收、农业增效、财政增税、企业增利的显著效果，成为我省山区和丘陵地区农村经济的支柱产业。

安徽省共有50多个县市区产茶，涉茶农业人员300余万，生产经营者100余万；现有茶园面积180多万亩，其中通过有机、绿色、无公害茶园基地认定的160万亩，占90%；无性系良种茶园20万亩，占10%以上。2009年茶叶产量8.2万t，比上年增长8.1%；产值约30亿元，比上年增长25%；出口约2.56万t，金额4957万美元，分别比上年增长20%和27%以上，在全国茶叶口岸中出口数量位居第三位。初步建成了皖南黄山、皖西大别山、宣郎广三大优势茶叶产业带。

全省共有省级以上茶叶产业化龙头企业19家，其中农业产业化国家重点龙头企业1家。有13家龙头企业入选"2009年度中国茶叶行业百强"。在中国茶叶流通协会开展的"2009年全国重点产茶县调查"活动中，我省25个产茶县（市、区）参与调查，并被评为"2009年全国重点产茶县"称号，是全国申报最多的省份，其中休宁县被授予10个"全国特色产茶县（市）"之一。据不完全统计，全省共兴办茶叶专业合作社600余个，带动农户70万多户。2010年，省内共有涉茶企业近7000家，中国茶叶行业百强企业中安徽占15个。拥有1个国家驰名商标，1个国家名牌农产品，20多个省著名商标，5个省名牌产品。

近年来，安徽名茶备受推崇，国礼专用。20世纪50年代，毛泽东主席送给"苏联老大哥"的礼物就是祁门红茶；1958年，毛主席视察舒茶人民公社，发出了"以后山坡上要多多开辟茶园"的伟大号召；1979年，邓小平同志来到安徽，称赞"你们祁红世界有名"；90年代，江泽民同志送给俄罗斯前总统叶利钦的礼物也是祁门红茶；2007年初，胡锦涛主席又将黄山毛峰、太平猴魁、六安瓜片、黄山绿牡丹、岳西翠兰5种名茶作为国礼分别送给时任俄罗斯总统普京和现任总理梅德韦杰夫；2010年，安徽共有14种名茶通过不同方式进入上海世博会，成为中国名茶对接世博会最多的省份。

茶文化是茶艺与精神的结合，并通过茶艺表现精神。兴于中国唐代，盛于宋、明代，衰于清代。我国宋朝"斗茶"之风盛行，上至皇宫贵族，下至黎民百姓。斗茶，是指饮茶人人各携带茶与水，通过比茶面汤花和品尝鉴赏茶汤以定优劣。

斗茶又称为茗战，大大促进了宋朝茶文化和茶叶经济的大发展，还促进了茶叶的出口贸易。

进入21世纪，人们开始认识到：茶是大自然赐于人类的特殊恩惠，是世界三大健康饮品之首。21世纪是茶、茶文化、茶产业的世纪。茶叶经济要寻求持续发展，关键在于要弘扬茶文化。茶文化事业的繁荣，可以为茶叶经济的发展拓展广阔的空间。没有茶产业这个载体，茶文化就失去了依托，同时，茶产业的发展，离开了茶文化，就等于失去了腾飞的翅膀。

茶文化涉及多门边缘学科，如历史、民俗、宗教、文学、哲学、医学、艺术、美学、饮食等。以人为本，以茶为体的茶文化是中华民族传统文化的重要组成部分，是物质文明与精神文明和谐统一的文化载体。是中华民族一颗灿烂的明珠。茶文化产业始终与此同生共荣。茶文化产业是指从事茶文化产品和茶文化服务的生产经营活动以及为这种生产和经营活动提供相关服务的产业。茶文化产业基本内容包括茶叶经营、茶具经营、茶艺馆经营、茶艺师培训、茶文化产品广告传媒和各类茶文化活动（包括茶文化旅游、茶文化艺术节等）。中国茶文化产业是一个尚待进一步开发的产业，潜力巨大。

安徽出名茶，茶区各县都有自己的品牌名茶。安徽茶文化底蕴深厚，徽茶文化包括古老而多样的区域文化、民俗饮茶法、徽派风情、佛道文化以及徽商的经营之道，历来是茶产业发展的重要促进力量。正是这样的自然和人文环境，正在孕育了一批茶文化企业。今后，我们要挖掘、充实和发扬光大徽茶文化，鼓励发展相关的茶文化组织，充分发挥其在推动安徽茶产业发展中的重要作用。

第二节　安徽省典型区域生态现状

安徽省地理条件优越，自然资源丰富，在全国占有比较重要的生态地位。随着安徽经济的高速发展，人民生活水平的不断提高，人口压力也在不断增加，生产活动也在不断增强，也对安徽省的生态系统带来了较大的压力，并随之引发了一系列的生态环境问题，诸如资源承载力下降、生态系统退化、生态系统服务功能降低、环境污染严重、地质灾害频发、生态性灾害加剧、抗干扰能力下降等问题，在一定程度上制约了安徽省经济社会的可持续发展。

一、皖南山区

皖南山区指安徽省长江以南，包括黄山、宣城和池州市下辖的18个县（市、区），约在北纬29°31′~31°与东经116°31′~119°45′之间。区域土地面积3.04万 hm²，人口573.82万，其中农业人口461.42万，占总人口的80.41%，人口密度196人/km²。

山丘岗畈兼备，其中山地约占土地总面积的55%，丘陵约占35%，海拔在800m以上的地区约占28%，地势高低起伏，高差悬殊，山间谷地面积狭小，山间盆地、河谷、平原和水域不到区域总面积的10%。自然植被保存较好，自然与人文景观丰富，是安徽省旅游资源最为丰富的地区。境内的黄山、九华山、齐云山、太平湖等风景名胜区，其自然景观独特，旅游价值极高。同时，黄山、九华山和齐云山还是地质遗迹，生态系统服务功能不仅多样而且格外重要。另外，该区还是徽文化的发源地，区内许多古民居等人文景观价值也很高。黄山为世界自然与文化双遗产，境内的两处古民居为世界文化遗产。另外，黄山等风景名胜区内不仅自然与文化景观丰富，而且也是安徽省生物多样性分布极丰富的地区，区内还有牯牛降、清凉峰、板桥、十里山等国家级或省级自然保护区、森林公园，也使本区成为安徽省乃至中国的生物多样性保护的热点地区之一。

皖南山区气候位于中亚热带向北亚热带过渡的湿润性季风气候区，四季分明，气候温和，雨量充足，光照充沛，雨热同期，植物生长期较长。该地区地带性植被属于亚热带常绿阔叶林，森林覆盖率高，自然保护区和生态示范区建设水平较高。其中九华山境内植被属闽东南戴云山东部温暖南亚热带雨林小区，主要植被类型是针叶林、针阔混交林、灌木林，主要树种群系为杉木林、马尾松林。

皖南山区地带土壤为红壤（黄红壤），其母岩类型复杂多样，工程性质各异。较为陡峻的中、低山丘陵多为浅变质岩和碎屑岩组成，山地逶迤曲折，岩体破碎；耸立于其间的黄山和九华山主要由后期花岗岩组成；齐云山丹霞地貌和花山迷窟则是由红色碎屑岩组成；宣城及宁国等地一带则由石灰岩构成了奇特的喀斯特溶洞地貌景观。皖南山区地形切割，地质条件复杂，地下水径流排泄条件好，水交替强烈。地下水主要为基岩裂隙水，存于岩浆岩、变质岩和碎屑岩的裂隙及石灰岩溶裂隙中。

皖南山区也是个灾害多发的地区，山区降水时空分布很不均匀，水旱灾害频发，部分水利基础设施也因年久失修，多数疏于甚至无人管护，致使抗灾能力较弱。山区地面因经受侵蚀、淋溶、强烈切割，易出现崩塌、滑坡、泥石流等现象。因此，加强生态修护已成为该地区减少自然灾害破坏的艰巨任务。山区通常也会受到低温冻害和暴雨暴雪等恶劣天气的影响。主要灾害有地质灾害、气候灾害、生物灾害以及山火灾害，以旱涝和水土流失灾害最为严重。在遭受自然灾害的同时，也一定程度上遭受了人为的破坏，森林资源也遭到严重破坏和浪费，尤其是森林资源的过度采伐和毁林开垦，森林覆盖率下降、生物多样性遭到一定程度的破坏、水土流失严重，特别是"大跃进"时代，九华山和壶公山山上的大部分森林被砍下来烧炭炼钢。另外，矿场资源的不合理开发利用与部分企业生产产生的三废污染，未经处理，随意排放，严重污染了环境。

皖南山区盛产茶叶、蚕桑、特色水果、中药材、山野菜、蜂产品等一大批名、特、优、新产品。同时也是安徽省重点集体护林区和木材供应基地，森林资源丰富，林木生长量高，自然植被保护相对较好。主要树种有杉木、马尾松、湿地松、火炬松、枫香、黄连木、南酸枣、泡桐、木荷、乌桕、黄山栾树、黄连木、青冈、鹅掌楸、油茶、毛竹、山核桃、青檀、板栗、枇杷、红豆杉等（胡文海，2002）。

二、大别山区

大别山区位于安徽省西部，位于河南、湖北和安徽三省交界地区，东西宽约380km，南北长约175km，呈西北—东南走向，是长江、淮河的分水岭。以大别山脉为线的大别山区位于安徽省西南，主要包括六安的金寨、霍山和安庆的太湖、潜山、岳西等县市。地势西高东低，以山地为主，间或平原、丘陵，山地海拔在1500m以上，平均海拔700m左右。其中，海拔1000m以上的山地，由于受冰川与流水的侵蚀及岩石垂直节理风化影响，多成悬崖峭壁，山顶多有尖峰耸立，大别山最高峰白马尖位于本区霍山县境内，海拔1774m。沿主峰山脊向四周延伸，山形陡峭，坡度30°~40°；800m以下的山地由于受流水的切割与削平作用，山顶多浑圆，坡度较缓；低山丘陵则更为平缓，呈馒头状。山间盆地多属断陷盆地，其发育与断裂构造密切相关。

大别山区属北亚热带温暖湿润季风气候区，具有典型的山地气候特点，气候温和，雨量充沛，具有优越的山地气候和森林小气候特征，具备森林的气候优势。年平均气温12.5℃，最高气温18.7℃，最低气温8.8℃，极端最高气温37.1℃，极端最低气温-16.7℃，1月份最冷，平均气温0.2℃，7月份最热，平均气温23℃，夏季平均气温22℃，冬季平均气温10℃，气温年较差21.8℃。平均降水量1832.8 mm，年降水日数161天，空气相对湿度平均79%，年日照时数平均1400~1600小时，无霜期179~190天，年平均气温比附近的市、镇分别低5.2℃，降水比附近的地区多360mm。

该区为安徽省重要的林果生产区之一，经济林木主要有油桐、油茶、乌桕、漆树、厚朴、杜仲、板栗、茶叶等，药用植物有霍山石斛、岳西及霍山茯苓、安徽贝母、天麻、金银花等。由于林地海拔差异大，植被变化明显，高度从 400 多米至 1700 多米，形成了丰富多彩的森林景观。低海拔杉木、柳杉、马尾松等人工林成片分布，层次分明，其中栓皮栎、青冈栎、枫香、黄檀等也有分布。

大别山区内山地面积约占 15%，其余多为低山丘陵。山间谷地宽广开阔，并有河漫滩和阶地平原，是主要农耕地区。山地多深谷陡坡，地形复杂，坡向多变。大别山地势较高，南北两侧水系较为发达。区内土层深厚，土壤呈沙性，土壤类型有黄棕壤土、水稻土、潮土、砂姜黑土、山地草甸土等。该区的农业耕作制度一般为一年两熟或一年三熟制，是我国重要的粮食、油料产区之一。本区农作物主要有水稻、小麦、玉米、油菜、大豆和山芋等。

大别山区部分区域水土流失严重，以大别山山核桃种植区为例，农户为了便于收获山核桃，在种植区内清灌，导致林下植被被毁、土壤养分流失严重，短期内的经济效益是达到了，但是从长远来看危害严重（王艳，2012）。

三、沿江丘陵区

位于长江两岸，包括马鞍山、安庆、合肥、芜湖、铜陵和池州市的沿江各县及部分县的乡镇，占全省国土面积的 14.0%。地貌以湖积平原为主，水网、圩区、岗地交织，湖泊星罗棋布。气候属亚热带温润季风气候，年平均气温 15.7～16.6℃，年平均降水量 1067～1323mm，水热丰沛。

该区长江干流和支流以及巢湖沿岸，广泛分布着一级阶地和冲积平原，在河道两侧的沙滩地为灰潮土。在沿江二、三级阶地上，多为下蜀黄土发育的黄褐土和第四纪红土发育的棕红土。长江以北以黄土居多，长江以南则以棕红土较普遍。

沿江丘陵城镇密集，经济发达，交通便捷，人为活动频繁，土地利用率高，是安徽省重要农业产区，又是安徽省沿江工业城市集中分布地区。由于该地区地处长江两岸，沿江河滩、洲滩、湖滩面积大，土壤深厚、肥沃，适合杨树发展。其主要问题是森林覆盖率不高，岗地低土层浅薄，林地生产力低，沿江滩地易受洪水灾害。区内生物资源丰富，植物有 1942 种，隶属 273 科，其中药用植物有 354 种；属国家保护的有银杏、金钱松、杜仲、青檀、水杉等 5 种。

四、江淮丘陵区（含皖东丘陵）

江淮丘陵地区地处安徽省中部以及安徽中部与江苏西部交界的一些地区，位于大别山以东、江淮之间，主要包括安徽省的合肥、滁州等地市，安徽省江淮丘陵地区面积约占安徽全省国土面积的 25%。地貌以低山、丘陵、岗地为主，岗地起伏、丘陵断续相连成波浪的地形，为长江、淮河分水岭。海拔高度 50～100m 左右，丘陵东部有一些块状隆起的高丘，海拔在 500 m 左右。地势自西北向东南倾斜（黄大国，2009）。

地区内的土壤母质主要是下属系黄土，沿圩区的土壤母质有江河冲积物和湖相沉积物，低山区土壤由花岗岩、正长岩、片麻岩、石灰岩和紫色砂岩等母质形成。土壤层浅薄贫瘠黏重，以红砂岩、砂质页岩为主，良好含水层贫乏，生态条件较为脆弱（黄大国，2009）。

该区农业耕作制度一般为一年两熟或一年三熟制，是我国重要的粮食、油料产区之一。本区内人口密度较大，农业生产历史悠久，工业与城镇集中，生态系统受人为干扰严重。安徽省省会合肥市位于该区内，近年来由于工业废水和生活污水产生量大，处理率低，加上区内高强度投入式的农业生产方式而产生的大量农业非点源污染物综合作用导致了本区内的巢湖水体的严重富营养化。在本区中部江淮分水岭一带由于地势相对较高，降水时间分布不均，蓄水设施不足，水资源缺乏是这一地带主要的生态、生产和生活障碍因子，同时由于降水季节集中，地表覆被不良，部分地区水土流失严重。

江淮丘陵地区的林业用地以及人均林业资源都较少。森林覆盖率仅为 15% 左右，比全省的平均水平低 6 个百分点。森林资源分布不均，西边森林覆盖率高达 30%，东边部分地区森林覆盖率却低于 8%。由于植被受人为破坏，丘陵区仍有 1.2% 的裸地和荒芜地。圩区树木多沿道路村庄分布，少数丘岗山地有连片分布。森林的林种简单，以落叶林为主，有常绿阔叶林、落叶阔叶林，同时有较大面积的以松类为主体的人工林。因此，林分质量较差，生长不良，郁闭度较低，单位面积林木蓄积量低于 2m³。草本植被主要有白茅草丛、黄被草丛、扒根草等。由于森林覆盖率低，森林植被的涵养水源、保持水土、调节气候的作用难以发挥（黄大国，2009）。

近年来，因为人口的成倍增长，导致耕地大量被开垦，林草地被破坏，伐多育少，造成很多地方的森林覆盖率大幅下降。同时，由于过度放牧、滥挖排水沟渠、坡耕地大量开垦，采取掠夺式开垦、不合理的扩大垦殖面积和全面深垦、滥挖药材和滥伐林木、开山采石开矿等，都大大地加剧了水土流失的程度。另外，由于建设工程开发程度的不断增强，大量被废弃的渣土也在不断破坏该地区的地表植被，使得水土流失程度更甚。

五、淮北平原区

淮北平原区位于安徽省的北部，东经 114°55′~118°10′，北纬 32°25′~34°35′之间，属华北平原的组成部分，包括淮北、阜阳、宿州、亳州、淮南、蚌埠等 6 个市以及霍邱县、寿县、凤阳县、明光市的沿淮乡镇，总面积 413 万 hm²，约占全省国土面积的 30%。

淮北平原位于我国南北气候的过渡带，属暖温带半湿润气候区，季风盛行。日照充足，年平均日照时数为 2300~2400 小时，北端日照时数达 2500 小时以上。年平均气温 14~15.3℃。年平均降水量 750~900mm 之间，年蒸发量 1600~1900mm，降水季节分配不均，春季降水量占全年的 20%~25%，夏季降水量占

50%~60%，易形成干旱和洪涝；降水年际变化也较大。平均海拔 14~46m，丘陵平均海拔 100~300m，以不连续的长块状出现在冲积层上，残丘海拔较低，约 100m，多数孤立出现于冲积平原之中。在北部区分布有黄河故道，它是一种特殊的地上河冲积平原，具有构成冲积平原的各个组成，中间为砂质废河槽，废河槽两侧为天然堤带与泛滥带；中部为古老的河间冲积平原，地形平坦，由于其间多条河流多次改道形成了较多的封闭洼地；沿淮河两岸及其支流下游，主要分布有岗地、河漫滩、滨湖平原、湖泊及少量残丘，淮河干流两岸及一级支流河口处湖泊主要是由于河道淤高而致，在汛期主要作为洪水调蓄之用。

土壤主要是砂礓黑土和潮土，局部石灰岩丘陵分布的是石灰土，少数酸性结晶岩和页岩残丘上多石质土与粗骨土。黄褐土多分布在一些残留阶地上和河岸自然堤上，呈中性反应，与江淮岗丘黄褐土特征一致。潮土分布在淮北北部黄泛冲积平原、沿淮及其支流两岸。砂礓黑土则分布在河间平原上，地处淮北各河流间的低洼地区，没有或较少受到黄泛或淮泛的影响。

淮北平原区人口密度大，土地承载力低，是安徽少林地区之一。林木树种单一，特别是石质残丘，岩石裸露率高。近年来实行容器苗造林，一定程度上改变了水土流失较重的局面。但是由于缺水有污染严重，造林难度大，属于全省生态环境较为脆弱地区。

对于淮北平原地区的生态治理中，一要治理淮河流域水污染，建立调蓄洪生态功能区；二要综合治理旱、涝、盐、碱，防止土壤退化；三要建设沿淮防护林体系和淮河以北地区防风治沙防护林体系。此外，废弃矿区生态修复树种选择、湿地景观可持续性也在得到重视和技术提升。

第二章
生态建设驱动框架创新体系

第一节　我国的生态建设驱动体系

生态建设是在中国走可持续发展之路的背景下提出的。在"中国可持续发展林业战略研究"所阐述的我国林业发展的总体战略思想中有这样表述："确立以生态建设为主的林业可持续发展道路；建立以森林植被为主体的国土生态安全体系；建设山川秀美的生态文明社会"。正是在这个"生态建设、生态安全、生态文明"的"三生态"原则中，"生态建设"被从战略思想高度提出。一般来说，生态建设可以理解为"一切旨在保护、恢复和改善生态环境的行为总称，其核心是要限制或取消那些引起生态系统退化的各种干扰，充分利用系统的自我修复功能，达到恢复和改善生态环境的目的。"另外认为，生态驱动是指导致生态建设方式和目的发生变化的主要自然、经济、社会及文化等因素，以及这些驱动因素按照一定的方式在不同条件下结合所形成的有机系统。生态建设符合十八大的"五位一体"，即经济建设、政治建设、文化建设、社会建设、生态文明建设的精神，是建设美丽中国的理论指导之一。自然驱动因素主要包括气候波动、干旱、洪水、土壤侵蚀、灾害等因子，主要影响生态建设的生产力和建设强度；而另三项因素则主要指人口增长、城市扩展、生活方式、经济政策、市场需求、技术进步、社会意识形态、传统文化等因子，不仅影响生态建设类型的转变，也影响着生态建设强度的变化。

从自然因素的角度认识生态系统变化和环境问题的成因或其演变驱动力，基本上是和人与自然的相互作用密切联系在一起的。对大量文献资料的检索结果表明，从目前已有的研究经验和趋势看，有关于自然生态系统变化驱动过程的研究主要集中在：（1）从生态系统变化及其对人类福利不断加剧的影响角度来关注生态系统变化驱动力之间的内在联系。1996年联合国提出的"驱动力—状态—响应"模型（DSR概念模型）为寻求环境问题与其产生的原因或驱动力之间的联系提供了一个比较系统的思路。继而，联合国开展了旨在为推动生态系统的保护和可持续利用、促进生态系统满足人类需求的千年生态系统评估（The Millennium Ecosystem Assessment，MA），其前期指导委员会成员（E. Ayensu等，1999）就提出必须关注生态系统产品、服务及其与驱动力相互的逻辑关联。MA的概念框架立足于三方面的内容：1）分析生态系统变化的驱动力，尤其关注人类活动的影响；2）确定和评价影响人类福祉的生态系统服务；3）当增强一种生态系统服务而会减少其他生态系统服务时，如何在不同生态系统服务之间进行权衡。美国长期生态研究网络（Long Term Ecological Research Network，US－LTER）也把生态系统变化的驱动力分析作为生态系统评价的核心领域之一，通过研究回答五个问题，即"长期压力与短期波动相互作用，如何改变生态系统的结构与功能？"、"生物群落结构变化如何导致能量与物质通量变化？能量与物质通量变化又如何影响生物群落结构变化？"、"生态系统动态变化如何影响生态系统服务？"、"生态系统服务的关键变化如何反馈并影响人类行为？"和"人类活动如何影响生态系统的长期压力与短期波动？"，来系统揭示自然环境变化对人类福祉的影响以及人类响应的行动策略这一过程。

从土地利用/土地覆被变化（Land-Use and Land-Cover Change，LUCC）的驱动力及驱动机制的影响角度来关注生态系统变化驱动力之间的内在联系。自从 20 世纪 90 年代，由国际科学理事会（International Council of Scientific Unions，ICSU）发起的国际地圈生物圈计划（International Geosphere-Biosphere Program，IGBP）和国际全球环境变化人文因素计划（International Human Dimensions Programme on Global Environmental Change，IHDP）提出土地利用/土地覆被变化科学研究计划以来，该领域业已成为研究的焦点和热点领域。该计划提出 LUCC 的研究重点包括：土地利用的变化机制、土地覆被的变化机制、建立区域和全球尺度的模型。实际上，变化机制研究就是分析影响土地利用和土地覆被的驱动力因子，通过建立土地利用/土地覆被空间变化过程与驱动因子之间的相关关系，阐述过去土地利用/覆被变化的根源，并构建解释未来土地利用/土地覆被变化时空变换的经验诊断模型（UNEP-EAPAP，1995；US-SGCR/CENR，1995；IIASA，2004）。

实际上，作为地球表层系统最突出的景观标志，土地利用和土地覆被是相互联系、相互作用、密不可分的。土地覆被的特征如土壤、植被的特点是土地使用方式和目的的重要基础和影响因素；而土地利用变化是土地覆被变化的直接和间接驱动力，现代土地覆被的变化在很大程度上是人类利用土地的结果。最为明显的是形成两种后果：土地覆被类型的量变即渐变（modification）和质变即转变（conversion）（Turner et al.，1995）。一方面，土地利用方法和技术的变化引起土地覆被的生物、物理、化学变化，造成同一种土地覆被类型内部的渐变，如森林的疏伐、农田施肥和化学农药使用、灌溉方式的变化（漫灌—喷灌—滴灌）等；另一方面，土地利用目的的变化有可能直接改变土地覆被类型，导致土地覆被的转型，如森林、牧场变为农田，旱地改为水田，由粮食作物向经济作物转变等。此外，通过人类活动的维护（maintenance）让土地覆被保持一定的状态也是人类影响土地覆被的形式之一。

从经济因素来分析和解释生态环境变化驱动力时，应该对自工业革命以来或现代化进程中所出现的种种环境、经济和社会问题进行反思，如何能够真正地增进人类的幸福或福利而达到经济活动目的并持续保持，使从经济学角度探讨生态环境问题成因或其演变驱动力已成为国际上一个主要的研究方向，这方面的研究主要体现在以下三个方面：

（1）从生态环境的外部性角度考察生态系统变化

以现代经济学视角看，真正意义上对环境问题进行经济分析的是英国经济学家庇古（Arthur Cecil Pigou）。在英国经济学家马歇尔（Alfred Marshall）1910 年提出"外部不经济性"概念后，庇古于 1920 年在其著作《福利经济学》一书中提出了外部性理论，并在 1932 年首次将环境污染作为外部性问题进行了分析（Pearce et al.，1993）。他的外部性理论不仅对环境问题的经济根源做出了合理的解释，而且也为环境问题的解决提供了明确的经济分析思路。按照外部性理论，环境问题是由于市场在环境资源的配置上失灵所致。因此，必须通过政府干预来纠正这一市场失灵。政府只要对造成负环境外部影响的行为征税（庇古税）以及对产生正环境外部影响的行为进行补贴，就能使外部性内部化，从而使环境问题上的市场失灵得以解决。

（2）从生态环境的产权理论角度考察生态系统变化

1960 年，英国经济学家科斯（Ronald H.

Coase）发表了《社会成本问题》一文，从产权的角度提出了外部性产生的原因和解决外部性问题的新思路。科斯认为，只要明确产权，在交易成本为零的情况下，通过产权协商交易，市场本身可以解决因外部性产生的市场失灵而无需政府干预，这在经济学中通常被称为"科斯定理"。以该思想为基础的代表性环境治理经济手段是排污权交易（聂国卿，2007）。但是科斯定理使用的前提条件是私有财产权，即产权具有明确性（明确规定财产所有的权利、限制及破坏权利的处罚规定等）、排他性（或称专有性，即由拥有财产带来的所有效益和费用直接给予所有者）、可转让性（在双方自愿交换条件下，从所有者转移到他人）和强制性或可实施性（应保证免于他人侵犯和非自愿攫取）。而对于公共财产资源而言，其拥有权实质上不存在任何所有权。在该制度下，社会中每个团体或个人都将根据自己的费用效益决策准则来利用环境资源，这样势必造成过度滥用资源的倾向，尤其是无偿使用环境资源的情况（王金南，1994）。这种现象就是英国著名学者哈丁（Garrett Hardin）1968 年在《科学》杂志上所发表论文中提出的"公地悲剧"（Hardin，1968）。在解决共有财的悲剧问题上，哈丁认为个人对个体利益的追求不会自然地通过著名的亚当·斯密的"看不见的手"转化为对群体利益的追求。他在指出法律和良心的局限性后，提出解决社会两难困境的办法是"相互制约，相互认同"。实际上，哈丁认为没有科学的解决方法，只有通过政治的途径，包括国家应做出努力来防止公有财的悲剧。面对"公地悲剧"，各国政府做出的审慎反应是把公共财产资源转化为公有财产资源，并为之建立一整套的资源分配和使用制度，如进行资源开发的费用效益评价、引入环境影响经济评价等（王金南，1994）。

总体来看，从经济学的角度来看，环境问题产生的根本原因是环境和自然资源配置中的市场和政府失灵的结果（市场和政府失灵一般通称为制度失灵）（OECD，1996；达斯古柏塔，1997；张坤民，1997），这一点已经基本达成共识，并且这种思想为从经济角度寻求环境问题的解决方法和途径提供了理论和方法论的基础。

目前，也有一些组织机构和学者从经济学范畴的其他角度揭示环境问题的成因。比较典型的如：经济合作与发展组织（Organization for Economic Co-operation and Development，OECD）（1996）、Andersonetal（1998，2001）、Jayadevappa et al（2000）、Tisdell（2001）、Cole（2004）先后就贸易或全球化对环境的影响开展了比较深入的研究。OECD（1996）认为贸易是影响环境众多因素中的一个，它通过影响全球商品价格和市场状况间接影响环境，并且指出贸易主要通过生产效应、规模效应、结构效应以及法规效应对环境产生影响。许多生态学家把经济增长看作是生态危机出现的首要原因（Daly，1985；侯伟丽，2005）。最初的有关环境库兹涅茨曲线（Environmental Kuznets Curve，EKC）的研究基本上围绕这一主线，也有不少学者如Dindaetal（2000）、Canasetal（2003）、Vebeke et al（2006）、Vehamasetal（2007）、Liu et al（2007）、Tsuzuki（2008）、Caviglia-Harris et al（2008）、Luzzati et al（2008）、Akbostanei et al（2008）、Morse（2008）、Huang et al（2008）、Song et al（2008）仍旧把收入作为 EKC 和环境退化的主要解释变量。瑞典环境经济学家 Thomas Sterner（2005）在其著作《环境与自然资源管理的政策工具》中认为造成环境压力的决定性因素不是经济的平均增长率，而是所采用的技术以及经济增长（或经济本身）的结构。Grossman et al（1991）认为经济增长通过规模效应、技术效应和结构效应这三种途径影响环境质量。Selden et al（1994）用环境质量的收入弹性来作为 EKC 成因的解释。Kaufmann et al（1998）对经济活动空间强度的环境效应进行了研究。个人的偏好、家庭的偏好和需求也被认为是 EKC 现象的可能解释变量（Roea，2003；Dinda，2000；Dinda，2004）。Managi（2006）从污染减排成本的角度分析其对农药 EKC 的作用。资源和能源的价格、市场机制也会对环境退化产生影响（Lindamark，2002；Dinda，2004）。Bulte et al（2001）试图揭示发展中国家家庭的生产和消费模式对环境退化的作用。Auci et al（2006）认为倒 U 型曲线效应可能由一系列同时诱发的因素来决定，如污染减排规模经济、产业混合的变化、物质资本密集型向人类资本密集型活动的演化、投入组合的变化、环境退化产生的边际破坏收入弹性的变化、环境调控的变化。一些理论模型也试图揭示个人偏好和技术如何相互作用而导致环境质量随时间的不同路径（Stem，2003）。也有一些理论文献把 EKC 的存在性归因于边际消费效用不变或下降、边际污染破坏恒定或增加、更高收入水平下减排成本增加（Taskin et al.，2000）。Liu et al（2007）研究了深圳环境质量随经济增长的演变态势，He（2006）则开展了外商直接投资对中国工业二氧化硫排放的环境效应评估等。从国内来看，吴玉萍等（2002）、刘耀彬等（2003）、高振宁等（2004）、陈华文等（2004）对经济增长与环境污染或退化之间的关系进行了实证研究。也有一些学者如张红军等（1994）从社会经济政策的角度，魏羡慕（2000）从政府和市场失灵的角度，刘东坡（2003）、李善同（2002）从经济关系的角度，朱达(1995)、王慧炯等(1999)从产业结构的角度对环境问题成因的进行了分析和研究。

此外，由于森林是生态系统的主体，林业发展对于生态建设亦有极大推动作用，林业建设由以木材生产为主向以林业生态建设为主的转变，是国家社会经济发展需求转变的必然，也是世界林业发展的趋势所在。森林资源是经济发展的基础，经济发展又是林业发展的主导。在该领域，以商品人工林的经营发展是一种较为有效的模式。李智勇（2001）认为，"商品人工林是一种经济性状突出而生态环境性状不强的特殊"林作物"，商品人工林的单一树种纯林化经营，使其难以具备森林所必须具备的"三性"——生态系统多样性、物种多样性和遗传多样性，因此，应正视商品人工林培育的经济目的，将商品人工林的培育、经营和管理从传统的人工林范畴纳入人工林业的范畴，作为一种"产品"生产或"产业"发展，制定和实施相应的人工林业发展政策，可以看到，商品人工林经营也是一种生态建设的有

效驱动模式。森林资源对人类的资源开发利用具有一定的承载力，但是经济发展对森林资源的压力只有控制在不超越其承受能力的范围内才能保证森林的可持续发展，这也进一步体现出林业与人类社会之间的关系密切。社会技术进步、教育发展对于林业发展具有重要的作用，林业发展也可以增加社会就业，促进社会进步。同时，森林文化是生态文明的重要组成部分，林业是生态文明建设的主体。

江泽慧（2005）认为应该从综合生态系统管理（Integrated Ecosystem Management，IEM）的角度促进生态系统的保护和可持续利用，综合采用多学科的知识和方法，综合运用行政的、市场的和社会的调整机制，来解决资源利用、生态保护和生态系统退化的问题，以达到创造和实现经济的、社会的和环境的多元恩惠益，实现人与自然和谐共处。中国林业科学研究院首席科学家彭镇华（2003）提出的"生态建设"、"生态安全"、"生态文明"即"三生态"战略，将生态需求作为社会对林业的第一需求，开展了"中国森林生态网络体系工程建设"研究工作，凸显了社会管理驱动对于生态建设的重要作用。其基本经验是按照"点"（北京、上海、广州、成都、扬州、唐山等）、"线"（青藏铁路沿线等）、"面"（江苏、浙江、安徽、湖南、福建、江西以及长江中下游地区）进行研究，直接针对我国林业发展存在的问题，直接面向与群众生产、生活，乃至生命密切相关的问题；将科研与生产相结合，摸索出一套科学的技术支撑体系和健全的管理服务体系，为有效解决"三农"问题，优化城市人居环境，提升国土资源的整治与利用水平，促进我国社会、经济与生态的持续健康协调发展提供了有力的科技支撑和决策支持，并获得了良好的效益。

生态问题和可持续发展问题是国际社会普遍关注的焦点，生态问题不仅引起了自然科学家的重视，也引起了包括伦理学家和心理学家在内的学界重视。生态问题主要是由于人类对自然资源的过度索取和利用不当所引起的，它不仅仅是自然技术问题或经济问题，本质上是文化人类行为

与心理的问题。从意识形态层面讲，在生态环境的改善和建设方面，对人的环境社会心理和行为的研究比自然科学的研究更为重要。目前在这方面的研究主要认为环境问题成因或环境演变驱动力同时受几个或更多因素的影响。世界范围内可持续发展行动计划即《二十一世纪议程》（1992）指出全球环境不断恶化的主要原因是不可持续的消费和生产模式，尤其是工业化国家的这类模式。Stem（1993）认为环境变化的原因包括直接原因，如燃煤、把重金属排到河里、森林清理，这些原因直接改变部分环境，也包括间接原因或驱动力，如人口增长、经济发展、技术进步、社会制度和人类价值改变，这些原因或驱动力必须得到理解以预测环境破坏性人类活动趋势，并且如果有必要，要改变那些趋势。Stern et al（1997）认为，在人类社会系统的动力学中，至少有4种社会变量引起环境变化：人口规模和增长；制度安排与变迁，尤其是与政治经济有关的（肖显静，2003）；文化包括态度、信仰系统、世界观和主导的社会范式、技术文化。Vitousek et al（1997）认为人口增长和资源消耗的增长是通过农业、工业、捕鱼、国际贸易等一系列事业来维持。这些事业通过耕作、林业和城市化等活动改变地表、改变生物地球化学循环以及在地球的大部分生态系统中添加或消除物种或者基因截然不同的种群而对地球生态系统产生直接或间接的影响。著名的环境教育家Miller（1998）把环境问题的成因归结为如下方面：快速的人口增长；由于不重视污染预防和废物减少而导致的资源的快速而浪费性的使用；使部分地球生命支持系统简化和退化；贫困（能驱使穷人为了短期生存而不可持续地使用潜在可更新资源并且经常使之暴露在健康和其他环境风险之下）；经济和政治系统在鼓励维护地球的经济发展模式和不鼓励使地球恶化的发展模式方面存在失灵；经济和政治系统在使市场价格包括全环境成本方面存在失灵；人类迫切地主宰和管理自然为人类所用而对自然的运作方式和机制知之甚少。并且他认为美国生态环境学家Paul Ralph Ehrlich等人提出的"IPAT"方程模型虽然把主要的环境问题和一些成因联系起来，但是实际上两者之间的联系所涉及的要素远不止上述三种，还包括人口分布、科技、教育、道德信仰、价值观念、政治、经济等，而且对这些因素之间的许多作用认识还不清楚。此外，也有一些国际组织或国外机构对中国的环境问题成因进行分析，如日本非政府组织"日本环境理事会"编著的《亚洲环境白皮书》将中国的环境问题及成因归纳为五点：中国环境问题不是未来的问题，而是当今正在发生的危机；中国的自然条件特别不利；几千年的文明发展、列强侵略、内战和失误；历史性地形成了以重工业为中心、煤炭消耗为主、环境负荷沉重的经济结构，改革开放后仍无根本性的改变；从20世纪末到21世纪上半叶，城市与乡村都将相继进入大量消费和大量废弃的社会（张坤民等，2007）。此外，随着环境保护建设产生和发展的生态文化为推动我国的生态环境建设也起到了巨大作用。在生态环境建设实践领域，以解决生态环境问题为目标的环境保护运动，在生态文化思想的牵引下，已深入到社会生活的各个领域，影响着人们的生产方式、生活方式和社会政治生活等，导致了环保技术、环保产业、"绿色消费"、"绿色政治"等的兴起，取得了许多新的文明成果。这些成果对生态环境建设发展起到了积极的促进作用，同时，又进一步推动着生态文化的兴起和发展（赵成，2006）。

第二节 安徽省的生态建设驱动体系

一、概述

我国是世界上生态环境脆弱的国家之一。由于气候与地理条件的原因，形成了长江和黄河上游地区、喀斯特岩溶地区、黄土丘陵沟壑区、干旱荒漠区和海岸带等一系列典型生态脆弱区，在高强度的人类干扰下，人口增长快，片面追求经济增长而导致的资源环境破坏十分严重，导致人与自然的矛盾非常突出，面临着一系列的生态破坏及退化问题。乱砍滥伐、水土流失和土地沙化是中国最突出的生态问题，是江河水患频繁、风沙灾害加剧的根本原因。

自新中国成立以来，国家一直对生态恢复十分重视，毛泽东同志1955年曾批示："在十二年内，基本上消灭荒山荒地，在一切宅旁、村旁、路旁、水旁，以及荒地上荒山上，即在一切可能的地方，均要按规格种起树来，实行绿化。"在1956年就号召"绿化祖国"。邓小平同志1991年为全民义务植树十周年题词："绿化祖国，造福万代"。江泽民同志也为全民义务植树运动十周年题词："全党动员，全民动手，植树造林，绿化祖国。"胡锦涛同志2003年强调，"植树造林，绿化祖国，加强生态建设，是一件利国利民的大事。我们要一年又一年、一代又一代地坚持干下去，让祖国的山川更加秀美，使我们的国家走上生产发展、生活富裕、生态良好的文明发展道路。"

1979年，第五届全国人大常务委员会第六次会议决定，仍以3月12日为我国的植树节，以鼓励全国各族人民植树造林，绿化祖国，改善环境，造福子孙后代。1981年12月五届全国人大四次会议审议通过了《关于开展全民义务植树运动的决议》。义务植树作为一项公民必须履行的法律义务被付诸实施，一场世界上规模最大、参与人数最多、成效最为显著的义务植树运动在全国持续开展了26年。统计显示，自1982年开展全民义务植树运动以来，全国参加义务植树的人数达104亿多人次，累计义务植树492亿多株。

截至2008年底，全国已建立各种类型、不同级别的自然保护区2538个，保护区总面积约14894.3万hm²。其中，国家级自然保护区303个，面积9120.3万hm²，分别占全国自然保护区总数和总面积的11.9%和61.2%。全国各级森林公园总数达到2200处，规划总面积近1600万hm²；国家级森林公园总数达709处，规划面积超过1160万hm²。还有国家地质公园138个，

中国的世界自然遗产地39个。自然保护区、森林公园、地质公园和世界遗产地的建设有效地保护了我国生物资源、自然景观和自然遗产的精华。

为了推进退化生态系统的恢复，我国实施了一系列大规模的生态工程项目，如，三北防护林、京津风沙源综合整治、长江中上游防护林建设工程、天然林资源保护工程、退耕还林还草工程、塔里木河流域综合治理、三江源生态保护与建设工程、岩溶地区石漠化综合治理工程等。这些重大生态工程的实施，不仅改善了我国的生态环境条件，增强了我国生态系统对可持续发展的支撑能力，还促进了区域经济社会的发展，为推动贫困地区的发展发挥重要的作用。

我国自然环境的脆弱性和独特性，加上悠久的开发历史和巨大的人口压力，脆弱区退化生态系统的恢复和综合管理，国际上没有可借鉴的经验，我国生态学及相关领域科技工作者，为生态保护与生态恢复开展了艰苦和卓有成效的研究工作，通过科技成效，取得大量的研究成果，为我国生态保护与生态恢复提供了科技支撑和技术保障。

在过去的60年，我国生态恢复的研究大体经历了三个阶段。

① 1950～1970年代，主要围绕荒山造林开展科学研究和技术创新，重点研究了造林树种选择、新品种的培育、育苗技术、栽植技术、立地条件的改良等方面，基本确立了杨树、杉树、马尾松、油松等作为植树造林的主要树种，以及配套的育苗、栽培、管理技术体系。

② 1980～1990年代，围绕生态脆弱区植被恢复技术开展科学研究和技术创新，重点开展了生态脆弱区的界定、类型、成因与评价方法，全国生态脆弱区的评价与划分，以及生态脆弱区的治理目标、原则、战略和措施，开展耐旱、耐寒、耐贫瘠、耐盐碱抗逆性强物种的评价、筛选和培育，研究恶劣环境改良技术，继续开展育苗技术、栽植技术等方面的研究。

③ 2000年以来，围绕生态脆弱区综合整治开展科学研究和技术创新，开展了基于生态系统

服务功能生态敏感性空间格局的生态功能和区划，明确生态保护和生态建设的重点，同时针对不同类型生态脆弱区，综合考虑经济发展—资源开发—生态保护的关系，开展生态恢复和综合整治的关键技术、综合整治模式研究与创新。如针对我国长江和黄河上游地区、喀斯特岩溶地区、黄土高原水土流失区、干旱荒漠区、干热河谷、西南山地、典型海岸带等重点脆弱区退化生态系统恢复的关键技术、综合整治模式和产业化机制，重点开展恶劣条件下退化生态系统整治的关键技术研究与开发、退化生态系统整治技术集成、退化生态系统管理模式与示范等三个方面的研究。恶劣条件下退化生态系统整治的关键技术研究与开发重点研究典型脆弱生态区自然条件复杂、自然条件恶劣、生态环境脆弱，包括西北地区的干旱、沙化、盐碱化和水土流失，西南地区的石漠化和地质灾害，青藏高原的低温等严酷的环境条件，开展综合整治关键的技术研究。退化生态系统整治技术集成研究重点针对现有生态恢复技术收集、筛选评价，然后根据不同脆弱区退化生态系统特征和恢复重建目标，研究典型脆弱退化生态系统重建的技术集成与综合治理模式。退化生态系统管理模式与示范研究主要是根据生态系统演化规律，结合不同地区社会经济发展特点，开展脆弱区典型生态系统综合管理模式。如高寒草地和典型草原可持续管理模式、可持续农—林—牧系统调控模式、农村生态环境管理模式、生态重建与扶贫式开发模式等。研发了一系列既具有良好的生态效益，又能惠及民生的脆弱区生态恢复和重建技术与模式。代表性脆弱区退化生态系统恢复重建技术和模式，如：高寒退化草地综合治理技术体系、沙化草地综合治理配套技术及模式、高寒草地生态畜牧业优化经营管理模式等。生态建设应依据生态控制论原理及生态管理和规划方法，要满足人类生态学的满意原则、经济生态学的高效原则、自然生态学的和谐原则等标准，走环境经济兼顾，局部整体共生、眼前长远并重的"三赢"模式。

国民经济和社会发展第十二个五年（2011～2015 年）规划纲要指出：要加强重点生态功能区保护和管理，发展林业在涵养水源、保持水土、防风固沙能力，保护生物多样性，构建包括南方丘陵山地（安徽处于北方平原向南方丘陵过渡地带，是长江淮河的分水岭，南方丘陵山地重要组成部分）以及大江大河重要水系为骨架，以其他国家重点生态功能区为重要支撑，以点状分布的国家禁止开发区域为重要组成的生态安全战略格局。我国林业"十二五"期间的发展目标，即 5 年内我国将完成新造林 3000 万 hm²、森林抚育经营 3500 万 hm²，全民义务植树 120 亿株。到 2015 年，我国森林覆盖率将达 21.66%，森林蓄积量达 143 亿 m³，森林植被总碳储量力争达到 84 亿 t，重点区域生态治理取得显著成效，国土生态安全屏障初步形成；林业产业总产值达 3.5 万亿元，特色产业和新兴产业在林业产业中的比重大幅度提高，产业结构和生产力布局更趋合理；生态文化体系初步构成，生态文明观念广泛传播。

自 2011 年起，安徽林业牢牢把握推动林业科学发展这个主题和加快转变林业经济发展方式这条主线，紧紧围绕"生态产业绿色富民"的发展目标，科学谋划、加快发展，以实施重点林业生态工程为抓手、以林业科技进步为支撑、以推进林权制度改革创新为动力，强化政策支持、加大服务力度，为建设"经济强省、文化强省、生态强省"的美好安徽提供良好的平台。

"十二五"起始，安徽省林业生态建设成效主要有：

① 森林资源及其保护持续增长，2011 年安徽省共完成成片人工造林 6.87 万 hm²，完成新封山育林 5.21 万 hm²。其中完成中央计划内荒山荒地造林面积 45630hm²，完成率 100%。其中：人工造林 23374hm²，同比下降 17.9%，无林地和疏林地新封 22256hm²，比上年增长 9.93%。各类自然保护区 90 个，总面积 377542hm²，其中国家级 7 个，面积达 85596hm²；2011 年末实有森林管护面积达到 2367hm²，极大地维护了自然生态环境。

② 林业产业深化发展，特别是第三产业在林业产值中的比例明显增大，充分体现了林业经

济发展方式的转型。林业旅游和休闲产业有了较大的发展与提升。森林旅游高速发展，充分带动了安徽省林业转型升级、推动安徽省区域经济社会科学发展，成为地方经济建设的闪光点。在产业布局上继续调整优化林业产业的区域布局结构，突出特色，打造特色林业产业。特色就是竞争力。山区林业要依托山水人文，高水平开发森林旅游；丘陵林业应主动围绕产业转移，突出承接大规模、集群式产业转移，发展林产工业和苗木花卉，全面提升林业产业承接和发展水平；平原林业要以保障粮食安全和林业产业振兴计划为突破口，加快发展木材加工、家具生产等基础产业，提高森林资源的综合利用率。同时，积极打造一批集宣传、保护、展示、教育、传播于一体的生态文化平台，着力打造一批传播生态文化，提供绿色文化产品的企业，来丰富生态文化产品，为生态文明传承奠定物质基础。挖掘、提炼和转化区域生态自然资源和生态人文资源，使区域森林文化资源向森林文化效益转变。

③ 重点生态工程如退耕还林工程、三北及长江流域等重点防护林体系工程、野生动植物及自然保护区工程建设效果显著，林业重点工程和基础设施建设资金逐渐强化。重点打造丘陵、平原地区的林业发展，丘陵林业量少质低攻坚困难，提升平原林业协调、保障和维护粮食安全的能力。

在此，以退耕还林生态工程为例说明安徽省生态建设及其驱动体系。退耕还林是从保护生态和改善环境的角度出发，应用政策和管理措施来改变土地利用类型，恢复重建地表结构，建立生态安全条件下土地利用格局的一项生态工程（史培军，2004）。既是调整土地利用结构和改变土地覆盖的政策驱动力，也是土地利用方式由耕地转变为林地的一种类型。在政策上，退耕还林还草作为一项公共政策，其根本目标是国家生态安全，特别是长江和黄河上中游等地区森林生态系统的恢复；政策设计的基本思路是通过以粮代赈、现金补助促使农民有计划、分步骤对已造成水土流失的坡耕地和已造成土地沙化的耕地停止耕作。同时，通过种苗补偿、农业税和农林特产

税减免以及产权结构调整（赋予农民退耕还林地和荒山造林地的使用权和林木所有权）来调动和保护农民造林的积极性，以期能够通过退耕农户自利性经营活动的外部性实现改善生态环境的社会目标；政策的实施和执行采取目标责任制，省政府对退耕还林负总责，目标、任务、资金、粮食、责任五到省，省与市、县、乡层层签订责任状，并动员大量行政干部层层把关，把退耕还林计划落实到农户及田间地头，并认真进行检查和考核（刘燕，2005）。理论研究上侧重于退耕还林工程实施的生态、经济及政策建议、存在问题与解决对策以及工程实施后的效益评估研究等方面（于文静，2009；国务院扶贫办外资项目管理中心，2006；李世东，2004；高海清，2010；赵子忠，2010）。方法研究上主要集中在所采用的模式及效益模式的筛选（李世东等，2002；鲁顺保等，2005；杨存建，2001；尹刚强等，2010；韩崇选等，2010）。退耕还林的驱动力也是当前生态建设研究的热点论题之一（王迎，2002；刘璠，2003；黄淑玲等，2010），不同地区实施退耕还林的驱动力不同。Napier对北美地区生态建设政策分析指出，美国实施生态建设主要是为了缓解由农产品生产过剩和生态环境恶化带来的双重压力，英、法、德等国家主要是为了保护生态环境（Napier，1998）。而中国生态建设是基于生态环境安全、粮食结构调整和西部大开发的国情（黄淑玲等，2010），并在国家制定的"退耕还林，封山绿化，以粮代赈，个体承包"政策下实施。由于不同省区所具有的自然、社会、经济特征存在较大的复杂性和差异性，其退耕还林实施的驱动力表现也不同。因此，对实施退耕还林工程驱动力及其响应机制的研究必须结合研究区的复杂属性来分析。安徽省位于中国东南部，地处长江中下游、淮河中上游地区，不同区域社会经济和自然条件的复杂性，使得其实施退耕还林的驱动力及其响应机制均存在复杂性。为了进一步分析安徽省生态建设驱动力及其技术支撑，在5个典型区域分别选取典型样地进行调查，不同模式及其样地分布见图17。

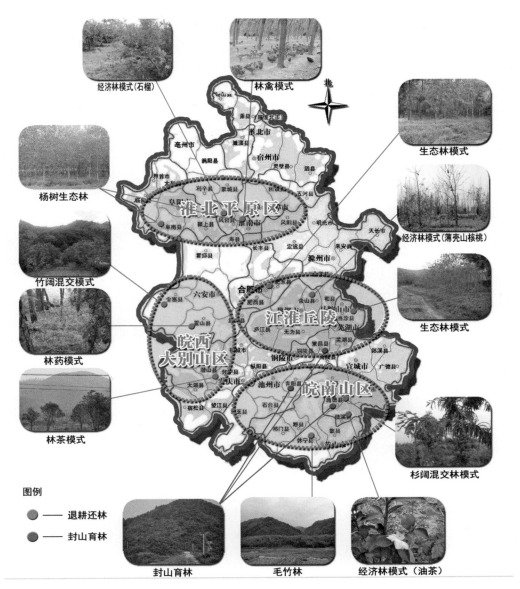

经济林模式（石榴）

林禽模式

生态林模式

杨树生态林

淮北平原区

经济林模式（薄壳山核桃）

竹阔混交模式

江淮丘陵

生态林模式

皖西大别山区

林药模式

皖南山区

林茶模式

杉阔混交林模式

图例

● —— 退耕还林

● —— 封山育林

封山育林　　　毛竹林　　　经济林模式（油茶）

图 17　安徽省生态建设典型区域的调查样地分布

二、生态建设驱动体系

安徽省人均拥有的森林面积为 0.053hm²，森林蓄积量为 1.8m³/ 人，分别为全国人均水平的 50% 和 18%（林高兴等，2005）。自 2002 年起被列为全国退耕还林工程建设省份以来，根据《关于进一步做好退耕还林还草试点工作的若干意见》的要求，对坡耕地实行退耕还林还草或采取高标准水土保持措施。从根本上减少了坡地上开荒种粮，起到了控制水土流失、遏制生态恶化、保护生态环境的重大作用，对帮助农民脱贫有着十分重要的意义。由于 5 个不同区域社会经济和自然条件的复杂性，使得退耕还林驱动力在遵循国家政策的前提条件下又表现出明显的地域分异性特点。主要驱动力因子见图 18。

（一）国家政策驱动力

1. 生态建设驱动

退耕还林工程是全国生态环境建设的一项重大工程，是治理水土流失、土地沙化、改善生态环境的关键措施，又是调整农村产业结构，推进农民脱贫致富的有效途径，同时还是我国拉动内

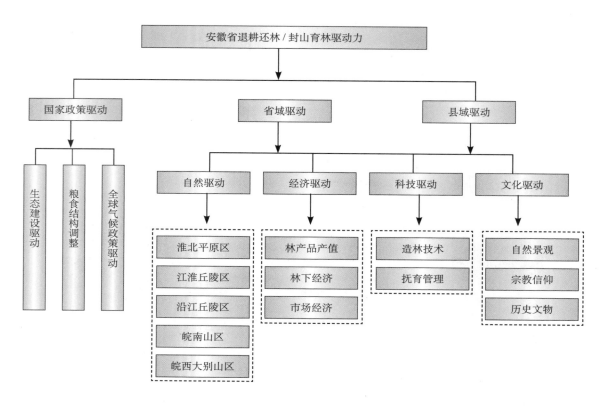

图 18 安徽省退耕还林／封山育林驱动力主要因子

需、保持国民经济快速增长的重大举措。人口数量的不断增加造成了大面积的土地开发利用，并由此引发了生态脆弱区域的生态环境安全水平的下降。特别是在以农业生产为主的地区，为追求产量和解决温饱问题，当地农民不断对生态林地进行乱垦乱种、陡坡开荒、毁林毁草耕种，进而引起植被与土地退化严重，使林地的生态功能下降或永久性丧失（谭灵芝等，2010）。另外，社会建设过程中存在的以破坏植被为主的工矿开采、交通建设及建筑业开发等建设活动，也造成了大量开发的土地质量下降和生态退化（谭灵芝等，2010）。这些活动均对地表产生较大的扰动，造成大面积植被破坏和水土流失。退耕还林减少了土壤侵蚀（李延等，2010）。耕地变化的驱动力主要取决于社会经济以及政治变化过程中共同作用形成的合力（邱一丹等，2011），即人类为满足社会经济发展的需要，不断调整、配置各类土地资源的过程。

安徽省地处长江中下游和淮河两岸，长期以来，由于森林生态系统遭到破坏及大面积坡耕地种植等原因，造成植被与地表破坏和严重的水土流失，生态环境相当脆弱。实施退耕还林，增加森林植被，改善生态环境，减少水土流失，保护和恢复生物多样性，是从根本上抑制长江、淮河流域水患灾害的治本之策。

2. 粮食结构调整

粮食问题是关系国计民生和经济安全的重大战略性问题（龙方，2007）。区域粮食供需平衡是国家粮食安全的重要组成部分（李裕瑞等，2009），安徽省是我国重要的粮食主产省，也是商品粮调出大省，在保障全国粮食安全中起着举足轻重的作用（刘定惠等，2009）。但人多地少的矛盾突出，土地产出率低，且中低产田面积占全省耕地面积的2/3。加之长期以来形成的以粮食生产为主的单一型农业结构，已经造成农业产业结构层次低、农民增收困难、大宗农产品竞争力弱的现状，使该区域也成为我国"三农"问题最为突出的地区之一。粮食播种面积、单产、农田水利设施以及农民的粮食收入是影响安徽省粮食生产的活跃因素，粮食生产支持政策对全省粮食生产起到了积极作用（韩丽娜等，2010）。但随着工业化、城镇化的进一步发展所带来的耕地非农化、粮食总需求增长的压力等的变化均可导致农户对城镇化、工业化及政策因素产生不同的响应（陶亮，2004）。合理利用耕地资源，严格控制和协调人类活动，是维持区域生态安全的关键。

3. 全球气候政策驱动

气候变化问题是全球关注的焦点之一，是由于温室气体特别是CO_2浓度增加导致全球平均气温升高。在全球气候变暖的背景下，世界各地极端天气事件发生的频率和强度明显增加，特别是暴雨和热浪频繁的发生均导致部分地区水资源短缺加剧，自然生态环境恶化，粮食安全压力增大，对人类社会的可持续发展形成了巨大挑战。环境承载力是生态可持续承载的约束条件。生态省建设要充分考虑到生态系统承载能力，并运用循环经济、绿色设计等一系列手段去改变传统的生产和消费方式、决策和管理方法，充分挖掘区域内外一切可以利用的资源动力，实现社会主义市场经济条件下的经济腾飞与环境保护、物质文明与精神文明、自然生态与人类生态的高度统一和可持续发展。

退耕还林工程是在应对气候变化对自然系统产生的严重负面影响及其在实现向低碳、高效、环保的能源供应体系转变过程中的一个重要生态工程，在此过程中大面积的农田转变为森林之后，植被碳储量呈逐年增加，而土壤碳储量呈先降低后增加的趋势（Post & Kwon，2000；王春梅等，2007；Jiao & Ai，2011；刘迎春等，2011），而不同的退耕还林工程造林树种其碳汇潜力也不同（陈先刚等，2008）。随着我国碳汇交易市场的发展和逐步健全，退耕还林碳汇效益的经济价值将会日益凸显。安徽省林地面积为$4.403\ 5 \times 10^6 hm^2$，总碳贮量为$1.062\ 964 \times 10^8 t$，乔木林碳密度为$29.04 t \cdot hm^{-2}$（李海奎等，2010）。池州市森林总碳贮量为$1.716\ 13 \times 10^7 t$，碳密度为$34.70 t \cdot hm^{-2}$（张乐勤，2011）。

（二）省域/县域驱动

安徽省/县域驱动力及其主要模式见图19。

1. 自然驱动力

从皖北的平原区过渡为江淮丘陵区直至皖南、皖西的山区，安徽省5大区域的自然环境条件差异明显。平原区主要以从事农业生产为主，种植方式及生产管理的粗放，造成大面积农耕田地生产力的下降。丘陵区是农、林业的过渡地带，受自然和人为因素的影响，该区水土流失十分严重，造林较为困难，应营造大面积的速生阔叶防护林。山区土地肥沃，雨量充沛，气候温和，植物生长快，是安徽省木材生产基地，但由于山高坡陡，雨量大而集中，造成严重的水土流失（陶亮，2004）。全省水土流失面积达2.63万km^2，年水土流失量为0.45亿~ 1.0亿t。水土流失使山区和丘陵区的生态日趋恶化，制约着区域工农业生产和经济社会的可持续发展。同时，从森林分布格局看，皖南山区、大别山山区和淮北平原地区森林资源相对较多，山区森林覆盖率均在50%以上，淮北平原地区平均森林覆盖率达到15%～20%；而江淮丘陵地区尤其是地处省会周围的分水岭地区，森林覆盖率只有10%左右，是全省林业生态建设中的薄弱环节（林高兴等，2005）。

2. 经济驱动力

审慎看待自然再生产和经济再生产相互制约、相互影响的作用，把两者之间的质量、能量与信息的转化和流动变得更加畅达，从而将对自然界的开发和对自然界补偿的同步增长尽最大可能达到平衡状态。在省的区域范围内建立健全循环经济体系，发展生态效益型经济是运用生态经济学的基本观点来指导生态省的建设最佳结合点，为实现经济效益和生态效益的最佳统一提供可能。

退耕还林工程使全省的耕地有所减少，但土地利用效率得到了大幅度提高，同时使节省下来的生产要素（如灌溉用水、化肥、劳动力等）向未退耕耕地转移，带来粮食单产的增长。并且由于耕地的减少，使一部分劳动力从传统种植业转移出来，发展了如种苗培育、林下养殖、经济作物和中药材种植等为农民增收的主导产业（赵波，2008）。如淮北平原区的涡阳、砀山的沙地是发展苹果梨的好地方，怀远石榴、砀山梨是该区享

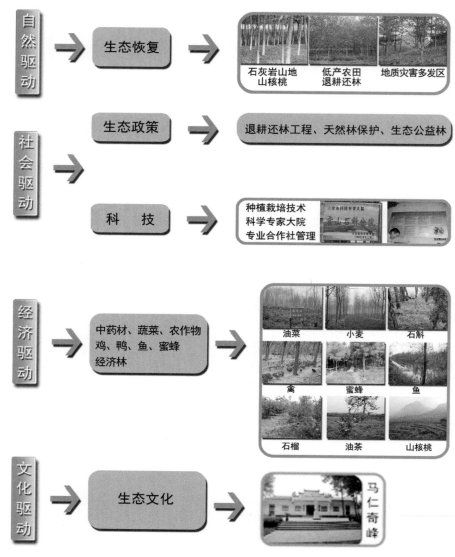

图 19　安徽省／县域生态建设驱动力及其主要的驱动模式

誉中外的名产，近些年该区大力栽植的杨树，提高区域的森林覆盖率，也使农民很快富了起来。江淮丘陵区占全省土地面积的 44.2%，因交通发达，城市集中，大力发展了森林绿色食品，如香椿、栎类、果树。在山区，林业综合开发的收入占山区农民人均纯收入的 50% 以上。如金寨县充分发挥区域资源优势，重点扶持优质板栗、山核桃、油茶，开发名优茶、中药材、高效桑园、西洋参、天麻有性繁殖、无公害高山蔬菜、特种养殖等十大林业生态产业基地建设，实施了 7 大类 24 个产品标准化生产，规划建设的 100 个生态家园示范小区，辐射带动 4.7 万农户建立无公害林业生态产业基地 2.5 万 hm²。绩溪县山区乡镇发展竹笋两用林、山核桃两种经济型生态林，总面积分别达到 8333hm² 和 4000hm²，桑、茶、竹、木、果、药等经济林已成为农民增收的"聚宝盆"（林高兴等，2005）。枞阳大山村 4 种农林复合经营模式（柿—山芋间作、李—马铃薯—绿豆间作、梨—玉米—小麦—辣椒间作、柑橘—茶叶间作）均能有效改善林地生态环境，提高土壤养分含量。且复合层次明显，土地盈利率较高（黄大国，2009）。广德县竹产业已成为推进全县林业发展的引擎，全县通过加工业带动竹资源培育，形成"企业＋农户"、"企业＋基地"等产业化经营形式，使全县竹林总体经营水平由过去平均不足 4500 元／hm² 提高到 9000 元／hm²。

3. 科技驱动力

依靠科技进步，是退耕还林工程可持续发展的技术保障。林业科学技术是促进林业现代化发展的最强劲的驱动力和生产力，它渗透到林业生产的各个领域。退耕还林工程建设中，技术推广、生物基因、数字化信息技术等在林业工程、种植、育苗、新材料等方面均起着推动林业产业结构调整和优化的强大动力，带动区域林业成果转化、新品种引进、新技术和新的生产方式的推广，林业生态工程、林业生产基地建设、生态林建设、经济林建设、以及农林复合经营系统的建设提高服务（张凯等，2006）。安徽省平原、丘陵和山区等地发挥区域比较优势，依托林业科技服务体系，因地制宜地发展名特优新经济林、中药材、林木种苗、花卉、森林食品等，建立生态经济复合型园林和生产基地。在平原区，结合杨树优质丰产经营技术，在退耕还林建设过程中注重杨树优良品种选择、丰产栽培、复合经营、修枝、间伐、病虫害防治等配套技术的应用，可提高杨树森林质量与经济效益。地处山区的广德县为提高竹林经营水平，全县实施"五大资源培育基地——毛竹笋用林基地、毛竹笋材两用林基地、毛竹材用林基地、红壳竹笋材两用林基地、紫竹基地"和"毛竹现代科技示范园区"项目建设，对基地（园区）实行分类经营、定向培育，实施垦覆、配方施肥、林分结构动态调整等一系列技术措施，组织林业技术人员进行科技攻关，制定了《安徽省毛竹笋材两用林系列标准》，并由安徽省发布，作为地方标准。同时开展以提高竹林经营水平和丰产增效为主要内容的科技竞赛活动，使竹林培育实现了由"重造轻管"向"管造并重"的转变，"把山当田耕，把竹当菜栽"的经营理念已被全县林农普遍接受。为促进林下经济的发展，霍山县依托高校和科研院所的交流合作，开展石斛栽培技术的示范推广。枞阳大山村大力推广在板栗林、低效用材林套栽毛竹的科学做法，全力推行林业复合经营，引导林农利用林下隙地和资源优势。

4. 文化驱动力

自然环境是人类赖以生存的物质基础，也是文化产生和发展的自然基础。一种地域文化的形成，往往是在特定的自然环境下产生的。由于历史、地理和人文环境的不同，在安徽大地上形成的淮河、皖江和徽州文化等三种各具特点的区域文化，具有极高的精神价值（周晓燕，2010）。这些地域文化内涵体现的方式多种多样，其中在自然界中孕育的树木资源就可以作为一种信仰、理念的寄托。如黄山独特的地形地貌和气候孕育了千姿百态的黄山松，它以无坚不摧、有缝即入的钻劲在花岗岩的裂缝中发芽、生根、成长，其树干苍劲，树冠和枝叶由于强风切割都形成层次分明的云片，显出一种朴实、稳健、雄浑的气势，于是安徽省委省政府号召全省人民学习黄山松的精神："顶风傲雪的自强精神，坚韧不拔的拼搏精神，众木成林的团结精神，百折不挠的进取精神，广迎四海的开放精神，全心全意的奉献精神"。安徽上窑国家森林公园狠抓森林生态文化建设和红色旅游资源开发，建成了以新四军纪念林为代表的红色文化教育基地，2009年被批准为国家4A级旅游景区；2010年被国家林业局、教育部、共青团中央、中国生态文化协会命名为"国家生态文明教育基地"。安徽芜湖繁昌马仁奇峰省级森林公园前身为社队林场，场区的马仁寺始建于唐贞元十一年，历代香火不绝，青灯长明；马仁山历朝皆有名人来此隐居，如唐贞元年间王羲之后裔王翀霄来此隐居，后又邀陈商、李晕筑室马仁山。马仁山之所以茂密的森林，丰富的树种能得到很好的保护完全归结于她有着深厚的文化底蕴和源远流长的佛教文化（图20）。安徽省桐城市、石台县、广德县在创建安徽省绿化模范县（市）和池州市、安庆市等创建国家森林城市中纷纷建立了夕阳林、新婚纪念林、公仆林、共青林、巾帼林、金婚林等全民义务植树基地。现在的陵园建设也越来越注意生态陵园或文化陵园建设，分别设置树葬、花葬和草坪葬。由此可见，文化对于生态环境建设和保护驱动的魅力。

三、实施方法

1. 层层成立组织，加强领导

根据国家关于实施退耕还林工程的总体要

求，安徽省及时成立了各级有关单位负责人任成员的安徽省退耕还林工程建设领导小组，各工程市、县（市、区）也成立了相应的领导小组，为退耕还林工作顺利开展提供了组织保证。省政府明确提出了退耕还林工程实行"目标、任务、资金、粮食、责任"五到市和五到县制度，并与17个市签订了目标责任书，全面推行党政领导和林业技术人员的双层承包责任制，包任务、包质量、确保退耕还林工程建设的顺利进行。

2. 科学规划，落实任务

安徽省区可划为淮北平原、江淮丘陵、沿江丘陵、皖南和皖西大别山山区等5大区域。国家退耕还林任务下达后，在区域布局上，安徽省把皖南、皖西两大山区水土流失严重和江淮分水

岭生态脆弱地区作为退耕还林的重点，层层分解，细化退耕还林任务，及时组织工程县（市、区）制定退耕还林工程实施方案，开展年度作业设计，将任务落实到乡村和山头地块，落实到造林户。再通过退耕户的申请，签订退耕还林合同书，把任务落到实处。同时，全省各地还积极探索承包机制，制定优惠政策，鼓励大户和企事业单位承包造林，依法保护退耕农户和各类投资者的合法权益。如巢湖市含山县林草结合模式和松阔混交模式，霍山县丘陵区园竹阔叶树混交模式，休宁县杉阔混交、毛竹栽植、阔叶树混交、茶（桑）混交4种退耕还林造林典型技术模式。

3. 从培训入手，严把工程质量关

为搞好退耕还林工程建设，省林业厅组织有

图20　安徽省马仁奇峰生态文化建设驱动力分析

关人员赴湖南、湖北、江西等地学习外地先进经验，并先后两次举办了全省市、县林业局长和技术负责同志参加的重点工程培训班，对退耕还林等重点工程的政策、标准和有关技术规定等知识进行培训。各工程县（市、区）也都根据本地实际，开展了多层次、多形式培训，普及退耕还林的政策和技术知识。据不完全统计，2008 年全省共举办各类培训班 900 多次，参加培训人员达 20 多万人。在植树造林期间，省林业厅及时公布了造林质量监督电话，政策、科技咨询电话和苗木调剂服务电话。各级林业部门广大技术干部深入基层，深入山头地块，跟班作业，抓进度、抓督查，严把林业整地、苗木、栽植等关键环节，确保退耕还林工程建设质量。

4. 规范管理，兑现政策

为加强工程建设的管理，国务院先后印发了《国务院关于进一步做好退耕还林还草试点工作的若干意见》和《国务院关于进一步完善退耕还林政策措施的若干意见》，国务院颁布的《退耕还林条例》也于 2003 年 1 月 20 日起施行。我省根据这些规定和要求，并结合实际，先后制定了《安徽省退耕还林工程管理暂行办法》、《安徽省退耕还林造林作业设计操作细则》、《安徽省退耕还林检查验收实施细则》、《安徽省退耕还林种苗管理暂行办法》、《安徽省退耕还林核发林权证暂行办法》、《关于退耕还林农业税征收减免政策问题的通知》等相关配套文件，从工程组织、种苗供应、资金使用到检查验收、政策兑现等均建立了比较系统规范的管理制度。同时还制定了退耕还林申请书、合同书、退耕还林证、林权证、退耕还林作业设计小班分户建档卡和检查验收小班分户卡（即"两书两证两卡"）等规范性文本，规范了工程建设的管理。

5. 加大政策宣传，营造良好氛围

为了使退耕还林工程建设政策做到家喻户晓，调动广大群众植树造林的积极性，各地充分利用广播、电视、报刊等新闻媒体和办退耕还林简报、设宣传橱窗、致退耕农户的一封信、开动退耕还林宣传车、印发宣传册等多种形式和手段进行广泛宣传。黄山、芜湖、宿州等市在电视、广播电台、报纸上开辟了政策法规宣传和科技兴林讲座，定期通报各县退耕还林工作进度，多渠道、多角度、全方位开展退耕还林宣传工作，营造了良好的造林绿化氛围。

四、优先领域集成技术

（一）树种选择

1. 选择造林树种，必须根据立地条件、造林目的和树种特性，做到适地适树适种源。造林树种应以优良乡土树种为主，引种外来树种须经当地试种成功后，再进行生产性试验，确为经济价值较高的，才能逐步推广。

2. 提倡多树种造林，实行针阔结合、乔灌结合，长短结合。

3. 根据造林目的，按不同林种确定选择造林树种的原则。

① 用材林选用生长较快、用途广泛、具有丰产性能及出材量高的树种。珍贵用材树种，也要注意选用。

② 防护林选用防护效益高、生长快、抗性强、在劣等宜林地上生长稳定又具有一定经济价值的树种。

③ 农田防护林结合用材需要，选择抗风力强、树形高大、枝叶繁茂、根系不伸展过远或具有深根性的树种，实行乔木与灌木混交。

④ 水土保持林选用防护作用持久，且寿命长，根系发达，耐干旱瘠薄、耐水湿、繁殖容易的树种。

⑤ 江河护堤林选择生长迅速、萌芽力强，冠幅大，分枝多、耐修剪、根系发达、耐水湿、耐盐碱、抗冲淘的树种。

⑥ 经济林选用品质好、产量高、见效快的树种和品种。

⑦ 薪炭林选用生长快、枝桠多、燃点低、火力旺、萌蘖力强、适于平茬更新的树种。

⑧ 特种用途林包括环境保护林、实验林、母树林、种子园、风景林等，按照各种用途的要求，分别选用目的树种。

4. 安徽省造林树种的适生范围按表 8 规定，主要乔灌木造林树种适宜立地条件表 9。

（二）造林整地

1. 整地方式要因地制宜，通常采用全面、带状、块状、鱼鳞坑等方式。整地应在造林前一年的秋冬季进行。秋季造林必须在雨季前整地。

2. 山区造林采用全面、块状或带状整地。

① 坡度在25°以下实行全面整地；25°以上的坡地采用斜坡带状整地，草带宽度30cm，垦带宽度3～5m。采用全面整地，必须做好拦土带。全垦或带垦的深度20～25cm，垦挖后定点挖穴。

② 山地陡坡造林，采用鱼鳞坑整地，深度大于30cm。

3. 平原、丘陵造林，采用块状整地，按造林株行距定点挖穴，穴径40～60cm，深度30～40cm。速生用材林和经济林树种采用大块状整地，穴径和深度不少于80cm。丘陵区还可采用环山带状撩壕整地，壕距依造林行距而定，壕宽和深度为60～100cm。土壤黏重、板结、积水低丘地，采用顺坡撩壕，并分段开挖横向排水沟。

4. 淮北平原砂姜黑土地区，应结合兴修交通、水利工程，在活土堆上造林。

（三）造林方法

1. 应以植苗造林为主。在条件适宜的地方，可采用播种造林和分殖造林。

2. 植苗造林采用穴植法。穴的大小和深浅，应大于苗木根幅和根长。栽植深度比苗木地径原

表8　安徽省造林树种适生范围

区域	适生范围	主要树种	优良珍稀树种
淮北平原	淮河以北地区	泡桐、楸树、旱柳、白榆、香椿、槐树、梓树、麻栎〇、栓皮栎、榉树、苦楝、枫杨、黄连木、毛白杨、沙兰杨※、214杨※、72杨※、69杨※、杞柳、白蜡、紫穗槐、毛梾、核桃、侧柏〇、朴树、榉树、青檀〇、枣树、柿树、柽柳、刺槐、桑树、水杉※、五角枫、刚竹、淡竹、桂竹、乌哺鸡竹	元宝槭、羽叶槭※、铅笔柏〇、山桑、银杏、毛黄栌、蜀桧※
江淮丘陵	巢湖、滁县、六安、安庆地区一部分，合肥市全部、淮南市南部	麻栎、小叶栎、栓皮栎、马毛松、火炬松※、湿地松※、刺槐※、合欢、槐树、楸树、梓树、黄连木、毛白杨、小叶杨、214杨※、72杨※、69杨※、63杨※、旱柳、白榆、毛梾、响叶杨、江南桤木、臭柳、香椿、枫杨、枫香、侧柏〇、榉树、朴树、苦楝、杜仲、柿树、枣树、板栗、水杉※、池杉※、乌桕、紫穗槐※、白蜡、油桐、桂竹、刚竹、旱竹、水竹、毛金竹	琅琊榆〇、醉翁榆〇、青檀〇、南京椴、光叶榉米椴、白玉兰※、广玉兰※、鹅掌楸※、黄山栾树、银杏、铅笔柏〇、黄山木兰※、薄壳山核桃※、枳、蜀柏※
大别山地	安庆、六安地区的大别山地部分	杉木、柳杉△、栓皮栎、麻栎、小叶栎、黄山松△、金钱松△、马尾松、枫香、皂角、青冈栎、青栲、毛泡桐、拟赤杨、山核桃、刺楸、江南桤木、糯米椴、毛竹、檫树、响叶杨、棕榈、香榧、鹅耳枥、华桑、华山松※△、火炬松※△、湘楠、枫杨、板栗、油茶、油桐、青檀、猕猴桃、杜仲、厚朴、乌桕、漆树、三桠、桂竹、斑竹、刚竹、水竹	大别山五针松△、银杏、香果树、巨紫荆、白玉兰、黄山木兰△、鹅掌楸△、领春木△、都支杜鹃△、安徽杜鹃△、天女花△、肥皂荚、紫茎△、连香树△
沿江平原丘陵	宣滁县、巢湖、安庆地区一部分，马鞍山、铜陵、安庆市大部分	马尾松、火炬松※、湿地松※、麻栎、小叶栎、江南桤木、水杉※、池杉※、柳杉※、枫杨、旱柳、河柳、白榆、72杨※、69杨※、63杨※、臭椿、刺槐※、梓树、板栗、柿树、枣树、乌桕、木瓜、油桐、紫穗槐、杞柳、白蜡、槐树、毛竹、刚竹、桂竹、淡竹、水竹	白玉兰、银杏、南京椴、青檀〇、鹅掌楸、南酸枣※、黄山栾树、铅笔柏〇、薄壳山核桃※
皖南山地	黄山市全部，宣城地区大部分，安庆地区一部分及芜湖、铜陵市一部分	杉木、柳杉△、水杉※、黄山松△、马尾松、金钱松△、湿地松※、青风栎、青栲、木荷、樟树、檫树、枫杨、枫香、栓皮栎、麻栎、小叶栎、光皮桦、柏木、鹅掌楸△、光叶桃榉、青钱柳、南酸枣、青檀〇、柏木、杜仲、香榧、板栗、山核桃、银杏、枇杷、〇枣树、油茶、油桐、乌桕、棕榈、锥栗、漆树、山茱萸、厚朴、山苍子、猕猴桃、灰楸、红楠、缺萼枫香△、蓝果树△、响叶杨、野胡桃、毛竹、桂竹、刚竹、紫竹、旱竹	香果树、领春木△、银鹊树、白玉兰、华东黄杉△、黄山木兰△、天女花△、云锦杜鹃△、黄山栾树、深山含笑、长序榆、红豆杉△、紫楠、花榈木、三尖杉、黑壳楠、黄山花楸、南方铁杉△、四川榿木、

注：△——适宜海拔800～1300m山地造林树种

　　〇——适宜石灰岩山地造林树种

　　※——引进树种

表9　主要乔灌木造林树种适宜立地条件

树　种	适　宜　立　地　条　件
杉　木	海拔 300~800m 中低山阴坡、半阴坡的中下部和山脚山坞，土层厚度 50cm 以上，肥沃、疏松、排水良好的酸性土壤
柳　杉	海拔 400~1000m 中低山半阳坡和半阴坡的中下部，丘陵阴坡、半阴坡土层深厚、湿润的酸性土壤
马尾松	海拔 800m 以下湿润、肥沃的酸性土壤生长良好；丘陵和低山土层较薄的地方也能生长
黄山松	海拔 700m 以上中低山酸性土壤
金钱松	海拔 1300m 以下的避风向阳的山谷山坞和山脚地带，土层深厚、排水良好的中性或酸性沙壤土
火炬松 湿地松	海拔 400m 以下的低山丘陵，土层深厚，较肥沃的酸性土壤
青冈栎 小叶栎	海拔 800m 以下的中低山、土层深厚、肥沃、湿润、排水良好的中性、微酸性壤质土；坡麓、谷地较薄、坡度较陡的地方也能生长
泡　桐	平原区地下水位 2m 以下，土层深厚、土壤疏松、湿润、排水良好的中性或微碱性沙土、淤土、两合土
栓皮栎 麻　栎	向阳坡麓、山谷、土层深厚、肥沃、排水良好的中性土、酸性土及钙质土、土壤较薄的半裸山地也能生长
鹅掌楸	海拔 800~1300m 的比较背阴的山谷和山坡中下部，土层深厚、肥沃、湿润、排水良好的酸性或微酸性沙壤土。丘陵阴坡、洼地的深厚、肥沃、湿润的酸性沙壤土也能生长良好
侧　柏 柏　木 铅笔松	土层深厚、肥沃、疏松的土壤为好，但在土层浅薄的石地山地、石灰性土壤生长也好
刺　槐	平原区的沙土、淤土、地下水位 1m 以下，丘陵缓坡的中性土、石灰性土和微盐碱性土
毛　竹	海拔 800m 以下低山丘陵，土层深厚、肥沃、湿润、排水良好的酸性土壤，以半阳坡的山腰、山谷及溪流两岸为好
Ⅰ-72、69、63、214 杨	平原四旁和山地沟坡深厚、肥沃、湿润的沙壤土，淤土为宜
核　桃	土层深厚，土壤肥沃、疏松、湿润、排水良好，地下水位 2m 以下的沙壤土和壤土
油　茶	海拔 500m 以下的向阳坡地，土层深厚，排水主良好的酸性土壤
油　桐	海拔 500m 以下的向阳缓坡，土层深厚、肥沃、疏松、微酸性、中性的沙壤土
板　栗	低山坡麓、丘陵缓坡和沙滩地，土层深厚、湿润、肥沃、排水良好的沙质土或砾质壤土
池　杉	水网区四旁、滩涂、湖地的肥沃、湿润、微酸性和中性土壤
水　杉	沟谷、溪旁、河滩、平原区四旁的深厚、肥沃湿润、排水良好的沙壤土
檫　树	海拔 800m 以下的半阳坡、半阴坡，深厚、疏松、排水良好的酸性和微酸性土壤
臭　椿	平原、丘陵的微酸性、中性和石灰性土壤，含盐量 0.2%~0.3% 的盐碱土和砂姜黑土，排水良好的沙壤土和中壤土生长最好
苦　楝	平原、丘陵的酸性土、中性土、钙质土，含盐量 0.46% 以下的盐碱土和砂姜黑土
白　榆	平原、丘陵、低山山脚土层深厚、肥沃、湿润地段生长良好。干旱瘠薄的沙土和钙质土也能适应
旱　柳	河滩、汉谷、低湿地，平原区四旁的沙壤、黏壤土为好
枣　树	平原、丘陵、低山背风向阳处，酸性、中性、碱性壤土或钙质土均可栽培
漆　树	低山、丘陵背风向阳处，酸性、中性、碱性壤土或钙质土均可栽培
紫穗槐	低山、丘陵的沙壤土生长为好，含盐量 0.3%~0.5% 的盐碱土和砂姜黑土也宜
白　蜡	平原、丘陵的碱性、中性、酸性土壤
杞　柳	沟坡、湖边、河滩低湿地的石类性冲积沙土或两合土
楸　树	平原、低山丘陵的山脚，中性、微酸性土壤或钙质沙土、淤土、轻黏土，含盐量 0.1% 以下的盐碱土都宜

土印深2～3cm。杉木要深栽到苗木高度的1/3以上。栽植时先填表土，后填心土，分层覆土，层层踏实，穴面覆层虚土。马尾松、黄山松等针叶树苗，可采用挖垂直壁小穴靠壁栽植法。

3. 播种造林主要有人工穴播和飞机播种两种方法。

① 穴播时，先填表土，整平踏实，将种子播入穴中。核桃、栎类、油桐等每穴2～3粒，种子横放，马尾松、黄山松等每穴8～10粒。播种深度或覆土厚度一般为种子横径的2～4倍，播后覆土轻踏，穴面覆一层虚土。

② 交通不便的山区和集中连片的大面积荒山，可确定适宜的树种进行飞播造林。飞播操作技术按照安徽省林业厅、省民航局制定的《飞机播种造林技术细则》实施。

4. 分植造林适用于无性繁殖力强的树种，分插条、插干、分根和地下茎造林等方法。

① 插干造林主要用于柳树、杨树，插干选用2～3年生、直径2～4cm、长1～2m的枝条和苗干，插穗下端用利刀削成光滑的马耳形或楔形。干旱沙地宜深插，地下水位较高的地方可浅插。

② 插条造林主要用于营造杉木及杞柳、紫穗槐等条类。杉木插条造林要在清明前选用顶芽饱满、直径1cm以上、长度50cm以上的1年生萌条；插穗下端削成马耳形，随采随插，入土深度为穗长的1/2以上。

③ 分根造林主要用于泡桐、漆树、楸树、香椿等根部萌芽力强的树种。根穗长度15～20cm，下端呈马耳形，埋入土中，上端微露地面，并堆上土堆。

④ 地下茎造林主要适用于竹类。毛竹应选择1～2年生胸径3～5cm、分枝较低、竹节正常、枝叶繁茂、无病虫害的母竹，根盘的来鞭长30～40cm，去鞭长40～50cm，竹杆留枝4～5盘，鞭蔸要多带宿土。挖掘的母竹要快运快栽，远距离运输要包扎鞭根。栽竹要选择阴天进行，鞭要平展。覆土时近根部要紧，竹鞭两头要松，来鞭要紧，去鞭要松。栽植深度比老土痕稍深3～5cm。做到：深挖穴、浅栽竹、下紧壅（土）、上松盖（土）。水竹、淡竹、桂笔直、刚竹、紫竹等竹种，应选择2年以上生长健壮的母竹，3～5株一丛，挖掘母竹和栽植的技术与毛竹相同。

5. 造林季节

① 春季是主要造林季节，尤以2月中旬至3月中旬最为适宜。

② 冬季少低温寒害，或春旱较严重的地区，可采用冬季造林。

③ 泡桐、杨树可在秋季栽植；直播、分根、截干、栽根造林也可秋季进行，但要在土壤封冻前结束。常绿阔叶树及枫杨、苦楝等过旱栽植容易枯梢的树种，应在接近萌芽时栽植。容器苗除高温干旱时期外，四季都可栽植。

6. 混交造林

① 营造混交林应根据树种特性、立地条件和造林目的选择造林树种，确定合理的混交类型、混交方式和造林密度。

② 更新造林应注意利用造林地上原有适合生长的树种，实行"栽针保阔"或"栽乔保灌"增加混交树种的比重。

③ 混交方式可用窄带状，每带3～5行，或依自然地形变化，采用不规则的镶嵌状混交。

7. 造林密度

（1）造林初植密度应以林木能适时郁闭、幼树生长良好为标准（表10）。其合理的密度须根据立地条件、树种特性、造林目的、作业方式和中间利用经济价值的不同来确定。

（2）安徽省主要造林树种的初植密度按表8规定。

（3）运用《主要树种造林密度表》，应根据不同情况，在规定范围内，分别选定合适的造林密度。

① 较好的立地条件，造林密度应选用下限，较差的立地条件，则选用上限；生长迅速的树种应选用下限，生长较慢的树种则选用上限。

② 培育大径材密度宜小，培育中小径材的密度宜大；不间伐小径材的密度宜小，间伐小径的密度宜大。

③ 营造薪炭林、农田防护林、水土保持林可采用规定密度的中上限；机械抚育、农林间作的速生丰产用材林，采用规定密度的中下限。

表 10　安徽省主要树种造林密度表

树　种		每亩造林株数	株行距（m）	备　注
杉　木		196-238-298	1.7×2 ～ 1.4×2 ～ 1.4×1.6	杉桐混交每亩杉木 100 ～ 120 株、油桐 50 ～ 60 株，两行杉一行桐，三角形排列
柳　杉		167-196-238	2×2 ～ 1.7×2 ～ 1.4×2	
马尾松	用材林	245-298-334-392	1.6×1.7 ～ 1.4×1.6 ～ 1×2 ～ 1×1.7	
	薪炭林	555-667-1042	1×1.2 ～ 1×1 ～ 0.8×0.8	
火炬松	用材林	107-133-167	2.5×2.5 ～ 2×2.5 ～ 2×2	
	母树林	27-33-41	5×5 ～ 4×5 ～ 4×4	三角形排列
	造纸林	167-298	2×2 ～ 1.4×1.6	10 ～ 15 年轮伐
黄山松		296-342-395	1.5×1.5 ～ 1.3×1.5 ～ 1.3×1.3	
金钱松		196-245	1.7×2 ～ 1.6×1.7	
水杉、池杉		111-133	2×33 ～ 2×30	河边、田边、路旁单行栽植株距 2 ～ 3m
麦稻与池杉间作		10-11	2.5×2.5 ～ 2×2	
枫　杨		107-167	2.5×2.5 ～ 2×2	
枫　香		74-107	3×3 ～ 2.5×2.5	
池桐	一般造林	19-27	6×6 ～ 5×5	路旁、渠旁、河旁单行栽植株距 3 ～ 5m
	速生丰产林	11-15	4×15 ～ 4×11	双行栽植株行距 3m×3m ～ 3m×5m
	农桐间作	3-5	4×50 ～ 4×40 ～ 4×33	三角形排列
楸树、梓树		111-167-222	2×3 ～ 2×2 ～ 1.5×2	四旁栽植株距 3 ～ 4m
I -72、69、63、241 杨	一般造林	44-56	3×5 ～ 3×4	
	农场间作	3-5	4×50 ～ 4×33	公路行道树株距 3 ～ 7m，四旁栽植株距 3 ～ 5m
	速生丰产林	22-74	5×6 ～ 3×4	
毛白杨		56-74	3×4 ～ 3×3	
苦　楝		54-74-91	3.5×3.5 ～ 3×3 ～ 2.7×2.7	四旁栽植株距 4m 左右
臭　椿		74-11-67	3×3 ～ 2×3 ～ 2×2	四旁栽植株距 4 ～ 5m
侧柏、铅笔柏		133-1671-22	2×2.5 ～ 2×2 ～ 1.5×2	
栎　类		245-296-445	1.6×1.7 ～ 1.5×1.5 ～ 1×1.5	用材林稀，薪炭林、水土保持林密
刺　槐		167-222-334	2×2 ～ 1.5×2 ～ 1×2	薪炭林每亩 400 株左右
桤　木		167-222	3×3 ～ 2×3 ～ 2×2	四旁栽植株距 4m
毛　竹		22-27-30	2×2 ～ 1.5×2	水田林网株距 1.5 ～ 2m，田块大宜密，田块小宜稀；薪炭林株行距 1m×1m
棕　榈		196-245-298	5×6 ～ 5×5 ～ 4.5×5	指移母竹造林，实生苗造林每亩 60 ～ 90 株
榆　树		167-222	1.7×2 ～ 1.6×1.7 ～ 1.4×1.6	四旁栽植株距 2 ～ 3m，行道树株距 3 ～ 4m
板　栗		16-19-22	2×2 ～ 1.5×2	

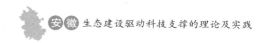

（续）

树　种	每亩造林株数	株行距（m）	备　注
枣　树	17-19-22	6×7 ～ 3×3 ～ 5×6	大枣宜稀，小枣宜密
山核桃	24-27-30	5×5.5 ～ 5×5 ～ 4.5×5	指嫁接苗造林。实生苗造林每亩 10 ～ 16 株
青　檀	111-167	2×3 ～ 2×2	
油　茶	56-74-89	3×4 ～ 3×3 ～ 2.5×3	
油　桐	33-42-56	4×5 ～ 4×4 ～ 3×4	
乌　柏	16-19-24	6×7 ～ 6×6 ～ 5×5.5	指 3 年生纯林
漆　树	111-133-145	2×3 ～ 2×2.5 ～ 2×2.3	指小木漆造林。大木漆每亩 80 株左右
柿　树	14-19-22-27	7×7 ～ 6×6 ～ 5×6 ～ 5×5	四旁栽植株 8m，与茶叶混交每亩 5 ～ 10 株
紫穗槐	296-392-445	1.5×1.5 ～ 1×1.7 ～ 1×1.5	
杞　柳	333-447-556-667	1×2 ～ 1×1.5 ～ 1×1.2 ～ 1×1	
白　蜡	1191-1361-1588	0.7×0.8 ～ 1.7×0.7 ～ 0.6×0.7	

④ 以生产果实、种子、树皮或割取树液、树脂为目的的经济林，应分别树种和产品种类，确定其造林密度。

⑤ 播种造林密度，以穴为计算单位，在规定的范围内，可选择较大的密度。

（4）种植点配置有正方形、长方形、三角形三种。山地造林应采用三角形或长方形（上下长、左右短）配置。以生产果实、种子为目的的经济林、母树林、种子园，采用三角形配置。岩石裸露地造林，不受配置方式及株行距限制，可见缝栽植。

（四）农林间作

1. 农林间作应在适地适树的前提下，选择利用护田增产和经济收入高的树种。如泡桐，I—72、69、63、214 杨，楸树，池杉，杞柳，枣树，板栗，紫穗槐，白蜡等。

2. 农林间作的主要形式

① 淮北平原麦区的农桐、农杨（I—72、69、63、214 杨）间作，采用缩小株距、加大行距的办法。

② 水网麦稻产区的农杉（池杉）间作，小田块按自然田埂长边栽植，大田块采用宽行距窄株距。提倡建立林粮渔禽综合经营体系，实行田块种粮、边沟养鱼、水面放禽、埂上栽杉。

③ 网畈稻产区的农桤间作，一般沿自然田埂长边栽植。田埂过窄的，要适当加宽后植树，或在田埂下侧垫土栽植。

（五）抚育保护

1. 幼林抚育的方法分为全面、带状和块状。抚育内容主要有松土、除草、扶苗、除萌、培土、施肥、间苗、修枝和必要的排水、灌溉。

① 幼林抚育从造林当年起到幼林郁闭止，一般连续进行 3 ～ 5 年，第 1 ～ 2 年每年 2 ～ 3 次；第 3 ～ 5 年每年 1 ～ 2 次。速生丰产用材林抚育年限要适当延长，经济林应长期抚育。抚育时要防止损伤根蔸和幼树。竹林仅供参考，不要损伤竹鞭和笋芽。

② 松土除草时间。杉木、竹类第一次 5 月上旬至 6 月上旬，造林当年的 7、8 月份干旱季节切勿抚育；第二次 8 月下旬至 9 月中旬。经济林 7 ～ 8 月份，一般树种 7 月上旬结束。

③ 松土深度 7 ～ 10cm。表土板结、质地黏重的幼林地，或根系再生能力较强的树种，深度应达 10 ～ 15cm。

④ 全面和带状松土除草的林地，可实行林肥（绿肥）、林粮、林油、林药、林菜等间作，作物应距幼树 40cm 以上。以豆类和矮秆作物为好，严禁间作藤蔓作物。间作年限 1 ～ 2 年，种植绿肥可适当延长。

2. 速生丰产用材林和经济林树种，应在生长旺盛季节的初期或开花前进行合理施肥，以长效复合肥料为好，并以氮肥为主，适当配以磷、钾肥。追肥前要松土除草除萌，施肥后及时培土。

3. 经济林树种，品种繁多，特性各异，故整形、修剪方法亦不同，以不削弱树势为原则；促进生长、花芽分化和开花结果为目的。幼树定型后，生长期休眠期均可修剪。并视树种、品种和树势等情况，可进行短截、缩剪、疏剪、环割和刻伤以及改变枝条生长角度和方向的修剪。

4. 薪炭林采用矮林作业和中林作业

① 矮林作业：萌蘖性强的树种，造林后 3～4 年，根据树种特性，每年或每 2～3 年在休眠季节进行平茬利用。也可采取头木林作业，即造林后 2～3 年，在树高 2～3m 处截去主梢定干，主干发枝后，均匀选留 5～6 根健壮枝条，每隔 2～3 年，在枝条基部 20cm 处，截枝取薪，保留桩茬，使其萌发。

② 中林作业：薪材、用材兼用的树种，可实行大密度造林，造林 5 年后每隔 2～3 年间伐取薪一次，最后每亩保留一定数量的优良林木，形成上层用材、下层薪材的复层林。

5. 萌蘖性强的树种，造林后 3～5 年，应适时除萌、培土。顶芽早衰、侧枝扩张和有假二叉分枝特性的树种，要及时抹芽。

6. 受人畜损伤、病虫危害、冻害以及干旱等造成枯梢的幼树，有萌芽能力的，可在早春萌动前齐地平茬，重新萌条，选留生长健壮的枝条，培育主干。

7. 播种造林要防止鸟兽危害，直到发芽出土脱壳为止。幼林 3～5 年内，应本着留优去劣并适当照顾距离的原则进行适量间苗定株。间苗可分两次进行，但立地条件好、生长快的也可只间一次。

8. 一般造林的成活率在 41%～84%，速生丰产用材林的成活率在 70%～89%，或虽然一般造林成活率达到 85%。速生丰产用材林达到 90%，但呈现块状死亡的，均应在当年冬季或第二年春季采用壮苗补植。

9. 大面积造林，应在林地周围结合修路，并采取割草、翻生土带等办法，留出 10～20 m 宽的防火线，线外两侧可种植 2～3 行防火阔叶树。

10. 幼林阶段要禁止放牧、打柴，防治病虫害，实行封山护林。

（六）封山育林

1. 封山育林应具备的条件：郁闭度 0.1～0.3 能形成林分的疏林地；能够天然下种封育成林的宜林地；目的树种每亩达 200 株以上的灌丛地；萌蘖性强的树种根株苗每亩达 100 株以上的采伐迹地；目的树种每亩达 100 株以上，并有珍贵稀有树种分布的疏林地、灌丛地。

2. 封山育林的形式分全封、半封和轮封

① 全封：封育期严禁樵采、放牧、割草和其他一切不利于林木生长繁育的人为活动。适用于远山、高山、水库集水区和水土流失严重的地区。

② 半封：在林木生长旺季和种子成熟期严禁，其余时间可定期砍、割草，适用于培育用材林和薪炭林。

③ 封育山场划片分段，轮流封禁。间隔期一般为 5 年，适用于近山、低山和严重缺柴的地区。

3. 封山育林要树立标牌，注明四至界线、封育面积、封育时间，并订立乡规民约，配备专职护林人员。封育年限一般 5～7 年。林中的非目的树种和受病虫危害的树木要适时砍除。

第三节　安徽省生态建设的保障

安徽省是一个农业大省、轻工大省、旅游大省。生态环境、自然资源具有一定优势，然而人口多，经济总量小，人均 GDP 低于全国平均水平等制约因素也导致要实现全面小康目标，生态环境和资源都将承受沉重的压力，一般的发展思路是很难摆脱经济、社会和环境协调发展这些制约因素的，而通过生态建设，采取政治、经济、技术、法律等多种手段来规范和限制人们的行为,控制对自然的继续掠夺和破坏,不仅能够有效控制环境污染和生态破坏,降低环境成本,缓解和降低环境压力,而且还利于充分发挥安徽省的比较优势、区位优势,促进经济结构的优化,建立人与自然和谐共处的生态文明观,引导人们的思维方式、价值观念和价值取向。构建完善的生态建设体系是现代社会发展的根本要求,能够为产业体系和生态文化体系建设提供坚实的物质基础。要发挥好生态建设工程的作用,应该从行政、法制、经济、技术等方面提出相应的保障措施。

一、规划保障

生态建设是一项长期、复杂的系统工程,目前实施的生态建设内容包括天然林保护工程、退耕还林还草、退田还湖、小流域治理、长江淮河防护林、水源涵养林、生态示范区和特殊生态功能区建设等,分别由计划、水利、林业、环保、农业等多个部门负责,不易形成合力,有必要在生态省建设的总体框架内进行统筹规划、合理布局。另外,由于生态建设主要由国家财政投资,所以在制定规划时,不能为了争取到资金而片面强调项目的规模,应注重项目规划的科学性与可行性。

二、政策保障

很多生态建设重点地区也是贫困地区,由于生态建设可能使地方经济发展受阻与农民生活水平下降(如退耕还林、退田还湖等)。所以,与之配套的财政补贴政策和产业结构调整等相关优惠政策要跟上,不能让当地政府和农民失去生态建设的积极性与主动性。同时。还要将生态建设的投入与当地的扶贫工作结合起来。

(一)加强对生态体系建设的综合协调

安徽省生态建设呈现出综合性和区域性的特点,而生态体系建设更是一项跨市县(林业局)、跨部门、跨行业的开拓性、综合性系统工程,这些特点决定了安徽省生态体系建设必须切实沟通和协调,特别是建立高层次的沟通和协调机制,环境、旅游、建设、水利、工业、农业、教育等有关部门,要依据建设规划制定本级和本部门的具体实施计划,各司其职,精心组织实施。

(二)建立健全生态体系建设综合决策机制

统筹兼顾是科学发展观的根本方法。无论是在制订国民经济和社会发展中长期规划、产业政策、产业结构调整时,还是在考虑生产力布局规划、区域开发计划时,都要统筹兼顾生态环境的承载能力和建设要求,进行必要的生态环境影响评估。各个部门在制定和实施经济、社会、生态环境政策时,要相互协调配合,提倡在考虑全面信息基础上的综合决策。切实做到生态环境保护和生态体系建设贯穿于社会经济发展的全过程。

(三)认真实行生态环境保护否决制度

对有较大环境影响、不符合生态体系建设规划的项目予以否决;在企业评优、资格认证等活动中,对未严格执行生态战略、出现严重破坏生态环境事故的企业予以否决;在区域内的评优创建活动中,对那些不重视环境保护和生态建设、出现严重破坏生态环境事故的单位和主要领导予以否决。按照资源管理与行业管理分离的原则,建立资源环境统一监管、有关部门分工负责、齐抓共管的管理体系和运行机制。

三、经济保障

生态环境建设面对的是生态脆弱地区千家万户的农民及经济不发达的地方政府,仅有政府公共投资与财政补贴政策是不够的,迫切需要建立并完善一套完整并能延续的资金筹措体系,确保生态建设的顺利进行。目前,国务院在建立林价制度和森林生态效益补偿制度,实行森林资源有偿使用方面已有所规定,可按照森林生态效益的高低对经营者实行补偿。同时,政府鼓励民间及个人资金的投入,对于农村能源结构的改造和立体生态农业的发展,也可利用国家和民间资金的投入。另外，生态补偿机制建立完善以后的资金来源可以通过生态补偿费与生态补偿税、生态补偿保证金、各级财政生态专项补偿、优惠信贷以及排污权交易、建立生态补偿捐助、发行生态补偿彩票等方式解决。

（一）建立以生态环境为导向的经济政策

运用产业政策引导社会生产力要素向有利于生态体系建设的方向流动。定期公布鼓励发展的生态产业、环境保护和生态建设优先项目目录，对优先发展项目在现有优惠政策的基础上提供更加优惠的政策。运用消费政策引导社会消费倾向。通过经济办法减少环境污染类商品的消费数量。

（二）多渠道筹措资金

各级财政要切实增加生态环境保护与建设的投入。财政每年对生态环境保护与建设的投入占财政总支出的比例，以及全社会生态环境保护与建设的投入占国内生产总值的比例要达到全国先进水平，有条件的地区优先安排生态林业项目建设。各级财政应运用贴息等方式，带动林区职工向生态林业投资。创造条件设立生态建设专项资金，资金来源包括：政府财政拨款，社会捐助，积极争取发行生态环境保护与建设彩票等。基金专款用于生态环境的公共性项目建设，紧紧抓住生态环境保护是当今国际合作热点的有利时机，扩大宣传，开展形式多样的交流、合作，开拓国际援助渠道。

（三）建立和健全自然资源与环境补偿机制

按照资源有偿使用的原则，对主要自然资源征收资源开发补偿税费，完善资源的开发利用、节约和保护机制。按照污染者付费原则，逐步实行按排污总量进行收费。所征收的资源和环境保护税费，实行集中管理，重点用于生态环境建设。

（四）探索制定利于生态体系建设的新国民经济核算体系

为克服现有国民经济核算指标体系不能较好反映经济活动对资源消耗和生态环境影响的不足，要研究并试行把自然资源和生态环境成本纳入林区国民经济核算体系，使有关统计指标能够充分体现生态环境和自然资源的价值，较准确地反映经济发展中的资源和环境代价，引导人们从单纯追求经济增长逐步转到注重经济、社会、生态环境、资源协调发展上来。

四、技术保障

结合推广现有的科技成果，开展科技示范宣传。围绕资源保护和生态建设急需的科学和技术问题，特别是对水源涵养林与水土保持林的经营管理技术、小流域综合治理的模式、生态系统的环境保护功能、以流域为单元的生态经济评价和区域可持续发展等方面的研究，建立全省范围的土地利用及基础地理信息动态遥感体系，建立相应的数据库和监测系统，有利于开展大尺度的景观生态模拟研究。同时加强生态脆弱区的准确预测、预报和预警。

（一）大力引进推广先进适用科技成果

在清洁生产、生态环境保护、资源综合利用与废弃物资源化、生态产业等方面，积极开发、引进和推广应用各类新技术、新工艺、新产品。建立生态环境科技项目交流市场，有效利用国内外先进技术成果。对科技含量较高的生态产业项目和有利于改善生态环境的适用技术，应享受有关优惠政策。

（二）建立生态环境信息网络

加强生态环境资料数据的收集和分析，及时跟踪环境变化趋势，提出对策措施。通过信息网络向国内外发布生态体系建设的有关信息，提高国际知名度。

（三）开展生态系统管理

生态系统管理，特别是森林生态系统管理是

一个自组织与它组织、自适应与它适应相结合的过程，是一个复杂的适应性系统。一些发达国家很早就开展了生态系统管理，并形成了生态系统管理的基本框架，强调重视社会科学在生态系统管理中的作用，森林生态系统管理不仅考虑技术和经济上的可行性，而且要能够促进处理森林管理中的社会价值、公众参与以及组织和制度设计等社会和政治上的可接受性。借鉴已有的生态系统管理的经验，以便维持生态系统的整体性、多样性和可持续性，维持生态系统的健康和生产力，保持生态系统的良性功能。

（四）加强专业人才队伍建设

从健全激励机制入手，吸引域外生态环境保护和生态产业领域的专业人才参与到安徽生态建设的行列中，积极开展省内生态科研院所与国内高等院校和科研院所建立合作关系，建立生态环境领域的专家库，组建生态体系建设的专家咨询队伍。加强本地技术骨干队伍的培养，逐步建立一支懂技术、懂管理的人才队伍。

第四节　安徽省生态建设的激励机制

受到不合理的利用以及自然因素等的影响，安徽省自然资源退化、生态破坏严重，为了保护区域生态环境，维护区域乃至国家生态安全，政府提出了生态建设、生态恢复等构想。而退耕还林（草）、荒山绿化、封山育林等，不失为针对性较强的生态建设和保护策略与措施，这些措施对于改善区域生态环境都具有重要意义。但是，这些措施在对生态环境的改善发挥作用的过程中却面临挑战。

由于禁止砍伐天然林、退耕还林、封山育林，森工企业纷纷转产或破产。地方财政收入减少、农民收入下降、农户生产生活困难，以森工企业为支柱的林区的产业发展和城镇化进程受到严重影响。安徽省沿江、沿淮上游陡坡耕地退耕还林和天然林禁伐具有长远的生态意义，对促进该地区农村经济结构和农业结构调整也有积极作用，但同时给这些地区带来新的挑战；天然林禁伐区财政收入减少，GDP 增长速度减慢，居民收入降低，以木材运输为主体的第三产业萎缩，劳动就业压力加大；退耕还林区粮食产量减少，农民生活受影响。当前，在两大工程实施过程中，出现虚报退耕面积和造林成果数字，一刀切，重视经济林、轻视生态林，林种和种植结构雷同，林区欠账无法偿还，地方资金不配套，退耕后农业不知如何发展等问题。加速了生态建设与地方农民的利益矛盾的产生，农民为解决自身生计问题，便会选择诸如乱砍滥伐林木，违法开荒、放牧，非法采矿等对当地资源环境产生强大压力的行为，仅靠行政性禁止也未必能有效制止。这使得上述以可持续发展为目的的生态建设与保护措施究竟能否对生态环境的改善发挥持久的效力，成为一个变数。因此，生态建设最终取决于采取计划手段抑或运用市场机制，取决于采取排斥性政策还是参与式政策，取决于能否变单纯的政府行为为政府支持和引导下的民间行为。

安徽省生态建设的目标包括：① 遏制生态资源退化的趋势，提高资源利用效率，维护国家安全，促进经济社会全面协调可持续发展；② 加快经济发展，提高居民收入，促进区域发展，维护社会稳定；③ 改善地区生态环境，有效建设生态文明。

要促进生态建设的长效发展，从权限范围和经济实力来看，中央政府和地方政府在生态建设过程中均扮演着激励主体的角色，生态保护者、生态建设者、社会人群个体、甚至社会组织均会成为生态建设的激励对象。因此，需要建立有针对性的激励措施，激发其积极性和主动性，使生态环境得到更有效的保护。

一、建立科学的政绩评价体系

政绩评价应强调生态建设、社会发展、财政收入提高等指标，构建绿色经济考核制度，将生态环境资源的存量消耗与折旧及保护与损失费用都纳入到经济绩效的考核之中，以反映出真实的经济绩效。同时，政府要积极引导社会资金，拓宽筹资渠道，增加生态建设的投入；加强生态保护与科研部门的合作，加大科技推广和技术培训力度，将生态保护和社会发展更科学地结合起来。

二、明确资源产权

对可以进行生产活动的区域，应明确生态建设保护地的所有权（如林权、草场权），依法规定产权边界，促使生态建设者自主保护生态环境，积极主动响应政府的号召或执行规定的政策；对于严重退化的生态脆弱区，不宜进行生产活动，资源权属应归集体所有，设为禁止开发区，实行封育、禁牧、休农等制度，遏制资源退化以恢复生产力。

三、制定合理的激励和补偿标准

对那些为保护生态环境作出贡献的单位和个人给予足够的激励。确定生态激励力度要全面考虑不同区域的生态和经济等方面的多种因素，包括保护和建设生态环境的成效、人财物的投入和消耗、机会成本、全省经济发展水平和财政支付能力。

四、加强教育培训

生态建设是一项浩大的系统工程，需要"有文化、懂技术、会经营"的新型生态建设者，因此必须提高他们的素质。建立各种渠道为他们提供学习机会，刺激其个人成长的需要，从而起到激励作用。强化对生态建设者的教育培训，改革教学内容，加强生产知识、生态知识和市场知识的普及。提高他们的思想认识，促使他们积极参与到生态建设中来。

第三章

安徽省退耕还林工程建设

第一节　概述

退耕还林是应用政策和管理措施来改变土地利用／覆盖类型，恢复重建地表自然覆盖，建立生态安全条件下的土地利用／覆盖格局的生态工程（高凤杰等，2011）。既是土地利用结构调整和土地覆盖变化的政策驱动力，也是人们对土地利用方式的改变，将土地覆盖由耕地转变成林地的一种土地变化的类型。主要涉及工程建设所采用的模式、工程实施的生态、经济及政策建议、存在问题与解决对策以及工程实施后的效益评估内容（赵玉涛，2008，2010；李志修等，2010）。而在退耕还林可持续发展模式上，不同地区根据自身环境、社会、经济的特点，从不同角度、不同层次借鉴运用不同的方法，对退耕还林可持续经营类型和发展模式进行了有益的探索和实践，成功地建立了一些可以推广的一些范式（表11）（彭珂珊，2004），为在实行大面积退耕还林工程的过程中实现"退得下、稳得住、不反弹、能致富"的目标奠定了坚实的基础。

安徽省地处长江中下游，长江、淮河自西向东贯穿全境；淮河以北属暖温带半湿润季风气候，淮河以南为亚热带湿润季风气候。全省17个市、106个县（市、区），总人口6328万，国土总面积13.96万km²，地形地貌呈现多样性，山区、丘陵和平原各占1/3。全省林业用地6185万亩，约占国土总面积的30%。有林地面积4978万亩，

活立木蓄积量1.15亿m³，森林覆盖率27.95%。

由于安徽省地处暖温带与亚热带的南北过渡地带，自然灾害较为频繁，发展林业、改善生态环境是社会经济可持续发展的客观需要和必然选择。省委、省政府对林业工作十分重视，自20世纪90年代以来，先后做出"五年消灭荒山，八年绿化安徽"、开展林业建设第二次创业、建设万里绿色长廊工程、开展森林生态网络体系建设等重大战略决策。经过全省上下的共同努力，1994年全省顺利通过国家"灭荒"核查验收，成为全国第四个基本消灭宜林荒山的省份，受到了党中央、国务院的表彰；1997年如期实现全省绿化目标，林业建设取得了长足发展，生态环境得到了明显改善。

但长期以来，由于安徽省人口较多，为了解决粮食问题，山区和丘陵地区的群众把毁林开荒、坡地耕种作为传统的谋生手段，加之耕作方式的不合理等原因，水土流失严重。据统计，全省水土流失面积达2.63万km²，占国土面积的18.9%。水土流失不仅阻碍了我省经济发展和人民生活水平的提高，而且严重威胁长江和淮河两大流域。

退耕还林工程为安徽省生态建设带来了契机，2002年安徽省被国家列入退耕还林工程建设范围后，在全省各级党委、政府的高度重视下，

表 11　退耕还林工程可持续发展模式（彭珂珊，2004）

类型	发展模式
林（草）—牧—农型	适于地处边远山区，人工还林较难，但具有天然更新条件的地区，可逐步恢复林草植被，以达到保护生态的目的。吴旗县 1998 年作出"封山禁牧，舍饲养羊"的决定，全县保留 2 万 hm² 耕地发展高效农业，其余 10.33 万 hm² 坡耕地在 1999 年冬至 2000 年春一步退耕到位。舍饲小尾寒羊 9.49 万只，养羊户占全县总户数的 53%，人均畜牧业收入占总收入的 33%，累计种草 7.4 万 hm²。
林（草）—牧—副型	属于长期效益与短期效益相结合的高效模式。在遭到破坏退化的高山草甸、中山森林草原、低山草原和丘陵荒漠草原采取封山（沙）育林育草和禁牧措施，并人工补充补播适应性较强的乔、灌、草，减少水土流失，改善生态环境，促进畜牧业发展。宁夏盐地县妇女白春兰，用 20 年时间在毛乌素沙漠建成了 66.7hm² 的围栏绿洲，30hm² 灌木林和 2 万多棵树。养羊 200 多只，猪 100 多头。
林—农型	按照生态位原理，选择经济林与粮食作物同作模式，是一种综合性退耕还林模式，适于在坡下部，土层肥厚，水肥条件较好的退耕地。内蒙古乌兰察布盟 1994 年开始实施"进一退二还三"战略，通过农村产业结构的调整优化，发挥地区的比较优势，林草覆盖率由 1993 年的 20% 提高到 40%，水土流失治理率达 81%。
林—经型	是一种林下种植经济作物的发展模式，可在短期内获得好的经济效益，须处理好经济、生态与社会效益之间的关系。陕西韩城市在退耕还林中发展花椒，使韩城花椒成为全国闻名的大红袍花椒基地。
农—林—牧—副型	是西部地区退耕还林的基本模式，通过改土造田和植树种草，促使生态环境面貌发生变化。甘肃庄浪县以生物措施为主，采用"山顶乔灌草戴帽，山间梯田果树缠腰，地埂牧草柠条锁边，道路林网地窖配套，沟底林草坝地穿草靴子"的生态治理模式，对全县大流域和 7 条小流域整山退耕。截至 2002 年，林地面积 3.7 万 hm²，林草覆盖率由治理前的 12.6% 提高到 24.6%。
林—路—园型	注重提高绿化档次，以建设绿色通道示范段为目标，在县、乡、村公路两侧高标准、高质量建设绿色通道，营造宽度 10m 以上的防护林带，形成网络框架，在城市内绿化实行点、线、面相结合，城外绿化实行郊区、农村相结合，在植物品种上实行乔、灌、草、花相结合，在景观配置上实行绿化植物与自然环境相结合。
林—药型	上层发展杜仲、香椿等市场前景好、经济价值高和刺槐、山杏等生态效益好的树种，林下间作党参、大黄、柴胡、半夏、甘草、红花、黄芪、红芪等草本药材，达到林地综合利用，长短结合，立体开发。甘肃省清水县在县东部高寒阴湿山区栽植大黄、柴胡等，均实施该模式。
林—林型	根据生物多样性原理，探索刺槐与油松，落叶松、油松与侧柏，沙棘与紫穗槐等的混交。这种模式实现了深根性树种和浅根性树的合理搭配，避免了树种争夺土层空间和水肥，改善林区小气候，减少了病虫害，维护了生态平衡。
乔—灌型	实行上林下灌或乔灌株间或行间混交，合理密植、立体经营、综合开发，上部主要以刺槐、臭椿、油松、侧柏等乔木为主，下部种沙棘、枸杞、乌龙头、子叶刺五加等灌木，突出以林为主，多元发展，经济和生态效益明显，下层种植灌木有减少或降低雨水对方格网冲击力，保护方格网的作用，还可保水、集肥，林木生长迅速，10 年可以成林。
灌—草型	适宜于原有灌木和草皮生长完整，但质量差、生长慢、经济效益低的林缘区，可通过栽植乌龙头、沙棘、枸杞等为主的有经济价值的灌木，在灌木之间套种饲草饲料等草本植物，灌木防护林也可兼作饲料林。

经过全省广大干群的共同努力，退耕还林工作取得了初步成效。但退耕还林工程是一个极其复杂的社会系统工程，政策性很强，涉及方方面面，尤其是其对农民习惯性的生产方式和生活方式是一种冲击和挑战，在一定程度上影响到了农民的切身利益，影响到了区域经济发展和农村社会的稳定，加上其巨大的投资量、时空跨度以及工程收益的特殊性，如果缺乏具有前瞻性的政策和管理技术，将影响工程的有效进展，难真正实现"退得下、还得上、稳得住、能致富、不反弹"。因此，要巩固退耕还林成果，还需要各地积极从培育和发展退耕还林后续产业入手，从政策、资金、技术服务等方面加大扶持力度，解决退耕后农民收入和生计问题。

根据土壤、气候、地形地貌等条件，安徽省区可划为淮北平原区、江淮丘陵区、沿江丘陵区、皖南山区和大别山山区等 5 大区域（程鹏，2008）。不同区域生态建设及其功能结构单元见图 21。

5 个区域退耕还林地面积的大小排序依次为皖南山区、沿江丘陵区、江淮丘陵区、大别山山区和淮北平原区，分别为 88.55 万亩、78.25 万亩、77.17 万亩、45.5 万亩和 40.185 万亩，其中不包括农垦系统的退耕还林面积 0.45 万亩。全省退耕还林工程实施面积列前 5 位的城市及退耕还林面积分别为安庆市的 49.74 万亩、六安市的 43.55 万亩、黄山市的 35.51 万亩、滁州市的 33.40 万

亩和宣城市的 33.25 万亩。各区域退耕还林地造林状况分别见图 22。

5 个区域的退耕还林工程建设主要是构建大面积的生态林，经济林面积所占的比例较小。其中，生态林建设以皖南山区的面积最大，占总体工程的 25.38%；江淮丘陵区次之，面积占总体工程的 22.27%；淮北平原区的最小，占总体工程的 10.49%。经济林的面积较大的区域是沿江丘

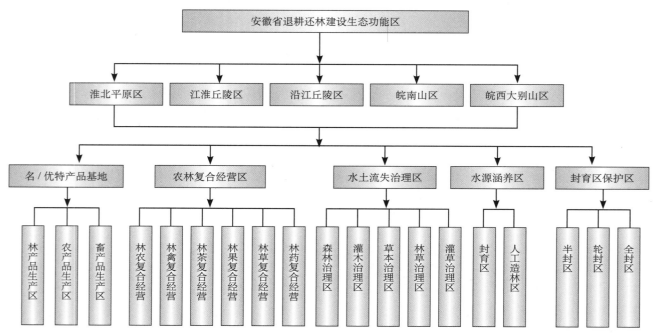

图 21　安徽省退耕还林生态建设区及其生态功能结构单元

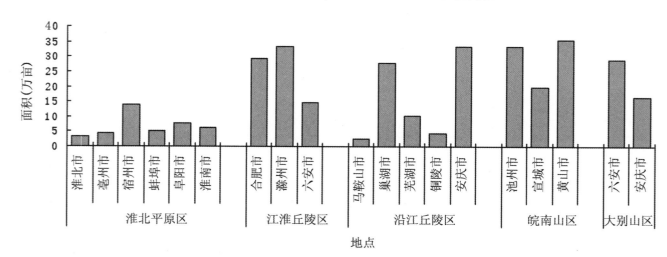

图 22　安徽省退耕还林区建设地点及退耕还林建设面积

注：个别城市的县市按地貌特征划分在不同的区内，图中以面积最大的地名为代表标注，图中显示数据为 5 种不同立地条件划分区域的退耕还林建设面积。

陵区为 7.34 万亩，占总体工程的 2.22%；皖南山区次之，面积为 6.8 万亩，占总体工程的 2.06%；面积最小的也是淮北平原区，仅占总体工程面积的 1.05%（图 23）。

根据立地条件确立适合安徽省的造林树种范围主要有 16 类。其中，淮北平原区退耕地主要造林树种为杨树，包括毛白杨和引进的杂交杨，如沙兰杨、214 杨、72 杨、69 杨等；江淮丘陵区退耕地的主要造林树种为杨树、板栗、杉、松类、竹等；沿江丘陵区退耕还林主要造林树种为杨树、国外松、板栗、软阔类树种等；皖南山区和及大别山区主要造林树种为毛竹、软阔类、经济林类树种、杨树等（余本付，2007）。全省退耕还林造林面积最大的树种为杨树，达到 145.66 万亩，其在 5 个区域中所占的面积比为 79.16%、80.13%、32.48%、9.79% 和 0.93%。软阔类为 49.68 万亩；其他经济林为 23.63 万亩；板栗、毛竹和国外松的造林面积接近，分别为 18.82、18.73 和 17.30 万亩；硬阔类为 8.0 万亩；杉为 6.4 万亩；元杂竹、松、茶桑、干果类的分别在 2 万～3 万亩左右；山核桃、泡桐和柏类的面积在 0.1 万～0.28 万亩之间。

从地理位置来看，退耕还林区造林树种的种类变化明显（图 24），从北向南退耕区造林树种的种类呈明显的递增趋势。淮北平原区造林树种为 4 类，江淮丘陵区为 10 类，沿江丘陵区为 13 类，皖南山区为 16 类，大别山区为 10 类。淮河

以北的地区造林树种单一，主要以营造杨树生态林为主，其余为经济林树种。江淮丘陵区生态林的主要造林树种也是杨树，但同时也配合有杉、松类等针叶树种，在六安市的退耕还林区还有小面积的杂竹类，经济林树种中板栗的造林面积较其他经济树种的大。沿江丘陵区生态林造林树种中以杨树和国外松的面积较大，经济林树种中板栗的种植面积占到该区域的 10.1%。皖南山区和大别山山区杨树的面积明显较其他区域低，毛竹的造林面积较大，占该区域的 21.4%，杉和其他阔叶树的面积也较大，经济林树种中板栗的种植面积占该区域的 4.2%，还有小面积的山核桃等。

退耕还林还草与退田还湖是安徽省生态建设的重要内容。退耕还林工程的实施，使安徽省森林覆盖率提高了 3%，工程区生态环境逐步在改善，在山区和丘陵地区的退耕还林后续产业的发展也呈现一定的规模化（赵波，2008）。因此，在保证国家各项配套政策的同时，要将此项生态建设工作与农村产业结构调整、增加农民收入紧密结合起来，可安排农村剩余劳动力向服务业和加工业转移，也可转向林业和渔业开发，积极地调动干部群众生态建设的热情。另外，目前一些地方存在的问题是退耕还林的规划中经济林高达 80% 以上，而生态公益林明显不足，这不仅达不到生态建设的目的，还可能形成新的林果产品结构重复。所以退耕还林还要尊重生态学规律，符合当地生态条件改善的需要。

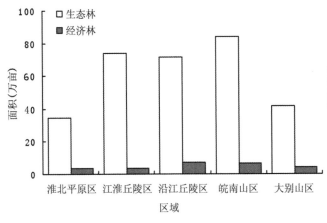

图 23　安徽省不同区域生态林和经济林面积

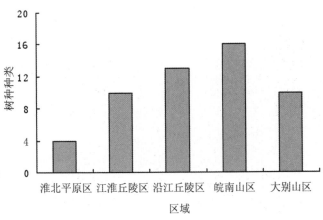

图 24　安徽省不同区域造林树种的种类

第二节 退耕还林技术模式

一、经果林模式

经果林模式主要包括：水果模式（石榴、砀山梨、桃、枣）、干果模式（山核桃、薄壳山核桃、板栗）、木本油料模式（油茶、油桐、省沽油、乌桕、黄连木）、木本蔬菜模式（笋用竹林、香椿、省沽油）、饮品种植模式（老鹰茶、茶叶）等。

1. 水果模式

水果模式主要包括有安徽品牌果树怀远石榴、砀山梨、安农水蜜桃、水东枣等栽培模式。

石榴不仅是营养价值很高的水果，还是优良的园林观赏树种。安徽地区石榴的繁殖栽培主要有园林栽培、果树栽培、盆景和盆栽栽培等方式。石榴的果实、种子、果皮、根皮、花、叶均可入药，并且根皮、树皮及果皮含鞣质达23%以上，可以应用于制革和印染等工业，能提取栲胶，可作为黑色染料，成为化工产品的重要原材料（赵丽华，2013）。

砀山县为全国水果十强县之一，素有"梨都"之称，以盛产酥梨闻名于世，近百万亩连片果园年产各类水果30亿斤，堪称世界之最。为提高对光照、土壤、水分等资源的利用率，提升作物产量，砀山梨可与草莓、西瓜、花生、辣根等作物间作栽植，对于保持农田土壤肥力、增强农业生产力、增加农民收入具有重要的意义。

桃树不仅果实可口美观，桃树及桃花还具有很好的观赏价值。桃树培育模式多采用桃树与农作物间作经营模式，林下间种作物有辣根、花生、板蓝根、白术、小葱等（高正辉，2010）。既能减少林木的抚育经费，促进林木的快速生长，保证作物高产稳产，增加农业的经济收益，又可以充分发挥林分的生态功能，达到资源的持续利用和农业的持续发展（陈荔，2011）。桃具有良好的经济性状，不仅在我国南北各地均表现良好的适应性和丰产性，而且在旅游区兴建观赏果园、礼品馈赠以及出口创汇等方面有着广阔的发展前景。

枣树是比较耐瘠薄的经济林树种，也是安徽宣州重要的地方产业。以农枣复合的复合生态模式为主。其造林密度：宣州区水东镇是著名枣乡，现有枣林0.9万亩，枣树近34万株。水东蜜枣久负盛名，享誉海内外。

2. 干果模式

干果模式主要包括山核桃、薄壳山核桃、板栗。

山核桃是我国特有的珍贵干果和木本油料树种，易栽培，具有很高的综合利用价值。山核桃多采用播种育苗与嫁接育苗。为了提早结果和提高单位面积产量，推行矮化密植栽培，并选用嫁接苗，可提早丰产。嫁接苗定植后2~3年即可挂果，4~5年即可进入丰产期。目前，密植园以3m×4m为宜（刘梦华等，2009）。核桃为雌雄同株异花果树，因而，只有成片栽植的核桃园才能获得丰产。

薄壳山核桃多采用套种绿化苗木及间作粮果作物的种植模式。采用套种绿化苗木的方式进行配置，以短养长，提高土地利用率和产出率。实行果粮间作模式，林下种植中药材和矮秆农作物等，不仅可以合理利用土地，以短养长，保证林粮双丰收；还可减轻水土流失，更能起到增加农

图25 淮南石榴

民收入的作用。同时高度重视干果老资源的低效林管理和改造工作及优良品种推广，在绿色村庄建设范围内大力发展本地优良品种，建立高产、高效、优质干果示范园，积极鼓励多种经营主体参与干果产业发展。

安徽板栗多为纯林种植，当然，随着人口和土地资源的压力不断上升，安徽板栗的发展也开始不断地寻找不同的间作模式。如在江淮丘陵地区，板栗与农作物如花生、大豆等进行混种，农林互相促进，取得良好的综合效益；又如休宁地区将板栗与茶树间作，也取得了较为良好的效果；在宁国，利用板栗、山核桃、油茶混交，对林地进行恢复，提高了土地利用率。

3. 木本油料模式

木本油料模式主要包括有油茶、油桐、省沽油、乌桕、黄连木。

通过油茶造林的方式主要是植苗造林，就是将苗木定植到油茶园。在油茶定植过程中，最常用的栽植方式有：① 宽行稀植；② 园艺式的栽植方式；③ 营造混交林（包括间种）；④ 矮、密、早的栽植方式；⑤ 零星栽植；⑥ 营造防风林。油茶间种就是在油茶幼林、成林内间种其他作物，间种不仅可以改良土壤，提高土壤肥力，还能促进油茶和间种作物共同生长发育，改善林地环境，促进油茶高产稳产，增加收益。间种以绿肥和豆科作物为适宜，如花生、黄豆、芋头、油菜、天竺葵、木豆等。油茶与马尾松或柠檬桉混交栽植，效果会更好。皖南低山丘陵地带基本上都采用园艺式栽植方式，即在缓坡上造梯田，像经营果树一样管理，使得土壤肥力越来越高，油茶越长越好，产量也随之不断增加（陈永忠，2005）。

油桐是我国重要的木本油料树种。在林地或林间空地，要大量种植绿肥作物，间种作物以豆类、花生、苜蓿、荞麦等为主，既可防止土壤冲刷，改良土壤，又能增加肥源和饲料。油桐具有作为生物柴油原料树种的多种优势。其种仁含油率达到60%～70%，高于油菜和大豆等，其中约94%为不饱和脂肪酸，且桐油的脂肪酸含有较长的碳链，非常适合于生产生物柴油，是潜在的优

良生物柴油资源（卢彰显，2007）。

乌桕也是具有良好观赏价值的油料树种。其主要种植模式为林粮套种。乌桕发叶迟、落叶早，因而树冠透光度较大，所以对套种的农作物的影响较小。套种的农作物需要经常进行中耕、除草、施肥等田间管理，这些均可促进乌桕的生长与结果，乌桕林间套种的春花作物有小麦、蚕豆、油菜，夏秋作物有黄豆、绿豆、赤豆、玉米等；冬季绿肥紫花苕子、红花草子、肥田萝卜等；夏季绿肥有屎豆、乌豇豆、印尼绿豆等。安徽黟县塔川村村口及周围地带多植乌桕树，且古树参天，每到秋季，因乌桕树叶艳红，色彩斑斓，而成为吸引游客的主要观赏点。并与北京香山、九寨沟齐名被誉为"中国三大秋色之一"。

黄连木含油率高、出油率高，是一种生物柴油原料。黄连木主要种植模式有人工林复合经营模式及人工林纯林经营模式。

（1）人工林复合经营模式

就是在黄连木林地内间种合适的农作物、药材及其他适宜的经济林树种，不仅可以合理地利用和维持地力，达到以耕代抚的目的，还有利于黄连木生长结实，保持长期高产稳产，实现地上树上双丰收。①黄连木果用林复合经营模式：黄连木—雏菊间种模式，该模式为雏菊间种于行距为2m×4m的黄连木株行间；黄连木—茶叶间种模式，该模式为茶叶间种于行距为2m×4m的黄连木株行间；黄连木—农作物间种模式，该模式为豆科植物（如花生、黄豆等）或蔬菜（如黄花菜）间种于行距为2m×4m的黄连木株行间。②黄连木果林兼用复合经营：黄连木—药材间种模式，该模式为板蓝根、薄荷、太子参等中药材间种于行距为3m×4m的黄连木株行间；黄连木—油桐间种模式，该模式主要在大别山区和皖东南地区实施；黄连木—油茶间种模式，该模式主要在皖南山区实施；黄连木—楸树—茶叶间种模式，该模式可在皖南山区和皖西大别山区实施。

（2）黄连木人工林纯林经营模式

该模式主要以收获黄连木果实为目的。初植密度较大（一般为1650株/hm²以上），实施能源林定向培育。该模式一般为建立大面积生物柴

油原料丰产林常用模式，其抗性、稳定性等还有待进一步研究（牛正田等，2005）。

4.木本蔬菜模式

木本蔬菜模式主要包括有笋用竹林、香椿（太和县）、省沽油。

笋用林以其周期短、见效快、收效高、受益期长等优点而成为我国南方地区近年大力发展的高效经济林项目。集约经营的笋用林，竹鞭的分布范围广，地下空间充裕，这对竹鞭生长和孕笋均有利。综合考虑自然、社会等因素，合理采用竹林的经营措施，对于立地条件较好的中下部山场和交通不便的中上部山场可分别采取组合措施、全面或带状垦复措施提高竹林产量，同时结合劳力、经济状况，选择不同的组合经营模式，以达到竹林增产增效之目的。

安徽太和县香椿的种植模式主要还是单一种植，部分采用与农作物如小麦、野菜等间植的模式。太和香椿的种植多采用露地矮化密植及棚栽技术，从而可以达到高效丰产的目的。太和县赵集乡近年来乡政府以市场为导向，努力提高农产品竞争力，初步形成了面积20hm²的香椿基地，其香椿生产与加工初步实现了规模化。太和香椿不仅具有很好的营养价值，还具有一定的药用价值。香椿芽所含蛋白质和磷高居主要蔬菜首位，其嫩芽、根皮、果实可入药，有止血固精、清热收敛、去燥湿、消炎解毒之功效（彭方仁，2005）。

省沽油又称白花菜或珍珠菜，安徽省内的省沽油种植模式主要还是单一种植，部分采用与农作物如油菜、玉米、棉花等间植的模式；目前选育出来的主要优良品种为'皖石1号'、'皖石2号'、'皖庐1号'、'皖庐2号'。安徽庐江、石台等地居民已经将省沽油（珍珠菜）作为自家常年享用以及接待亲朋好友的必备美味菜肴，成为当地居民饮食文化中的重要部分。省沽油作为油料植物的垂直复合结构主要有两种模式：① 和一般的农作物进行复合经营，如油菜、小麦、大豆等；② 可以和其他的常绿园林绿化树种进行间植，省沽油为落叶灌木，具有一定的耐阴性，间植其他的植物可以为省沽油提供一定的遮阴，有利于省沽油的生长，如桂花、银杏、广玉兰、白玉兰等，但间植的的密度不能过大，以不影响省沽油的良好生长为宜。

5.饮品模式（老鹰茶、茶叶）

老鹰茶，学名豹皮樟，为樟科木姜子属植物。老鹰茶是野生茶源，其根、叶可药用，全年可采。利用野生的豹皮樟鲜叶制成的老鹰茶，不仅绿色环保、风味独特，而且具有独特的降"三高"、滋养肠胃和调节免疫等功效，在市场上备受青睐（卢晓黎，2001）。

茶树喜散射光，与大乔复合互益。在选择适合与茶树间作的树种时，首先应确定间作树种与茶树不会有共同的病虫害；还应当把有经济价值的果树或药材树考虑在内。在光热度较强的地区，如华南地区等应该考虑与橡胶树间作，以提高土地的利用率，增加经济收入。此外还需要考虑间作物的光湿热等气候条件，选择有利于茶树及其间作物生长发育的，这样既能合理遮阴又能降低风、雪、霜、旱、病、虫可能带来的灾害，提高间作抗御灾害的能力。同时还要兼顾茶叶与间作物的生产管理、劳动力与收获的合理分配，避免因劳动力紧张而制约生产与收获。要符合上述要求，间作物对茶树的垂直遮阴率应控制在50%以下，过高就会对茶叶的生产产生负影响。并且尽量满足不同区位的茶树既能得到直射阳光的照射，又能得到间作物枝叶的遮阴。根据上述要求，茶树的间作物最好以落叶乔木，尤其是枝叶伸展度大、叶层薄而在秋季收获的果树或药材树为佳。

二、生态林模式

（一）杨树生态林模式

杨树是安徽省淮北平原及长江圩区的主要造林树种，据不完全统计，我省现有杨树人工林面积已经超过33.3万hm²。杨树轮伐期短，在经济上见效显著，发展速度较快。目前已通过省、部级鉴定杨树优良无性系有1-69、1-72、1-214、沙兰杨、中林23、中林46、中驻2，6，8，9号、中皖1号、中涡1号、中固110、中杨3号、50号杨、107等。

图 26　杨树生态林

图 27　长江防护林杨树栽植

淮北地区的山前丘陵平原，地形破碎，坡地开垦时间长，复种指数高，年降水量 800mm 左右，是水土流失极为严重的地区。该区人口密度大，人均耕地少，对能退的坡耕地尽量做到退耕还林，逐步形成乔、灌、草复层混交的水源涵养林，以尽快恢复该区的生态功能。造林重点应是生态林，乔木为主，乔、灌、草相结合，兼顾用材林和经济林。主要造林树种有：杨树、侧柏、泡桐、石榴、枣、柿、花椒等。典型的杨树生态林模式有：

1. 亳州市谯城区城父镇薛沟堤坝杨树纯林模式

（1）立地条件

城父镇位于谯城区的东南部，与涡阳县接壤，年均气温 13.8℃，年均降雨量 820mm 左右，土壤多为沙礓黑土。该区植被较少，生态环境比较脆弱，水土流失严重。

（2）技术思路

该区地形平坦，水土流失严重，应以营建水土保持林为主。选择种源丰富、易于育苗、抗病虫、群众乐于接受的速生丰产杨树为还林树种。

（3）主要技术和措施

① 作业设计：以小班调查卡和土壤调查为依据，既坚持适地适树又以营造生态林为主。从而改变全市的生态环境，提高生态效益和经济效益。

② 整地：为提高杨树的成活率，翌年春季造林之前，以株行距 3m×4m 或者 2m×3m，每亩

55～100 株，定点拉线，在秋季进行整地，整地规格 80cm×80cm×80cm。

③ 造林技术：采用 2 年生一级优质壮苗，苗高 4m，胸径 3cm 以上，造林季节首选第二年 2 月份，造林前先把新移植的杨树苗在活水中浸泡 48 小时以上，以提高成活率。

④ 抚育管理：造林后幼林期间，每年应需抚育 1～2 次，注意抹芽修枝，培育优质干材，最好秋季抹芽代替修枝，在冬季按冠干 2∶1 的强度，修去下部侧枝。

（4）成效和目标

营造杨树纯林，林下使其自然生草可提高水土保持效果，又能促进土壤改良、林木生长。

（5）适宜推广的区域

该模式在亳州市的谯城区、涡阳县、利辛县、蒙城县的多数地方都可应用。

2. 长江防护林杨树栽培模式类型

该模式分布于望江、宿松等县的平原内滩、湖区及长江外滩。造林树种主要为杨树，杨树喜光、喜水，适宜在疏松、潮湿、通气性良好、中性至碱性的土壤中生长。土壤主要为黏盘黄褐土及长江和湖泊沉积物发育而成的潮土。

（1）林地条件特征

一般在平原内滩、湖泊周围及长江外滩种植，土壤主要为黏盘黄褐土及长江和湖泊沉积物发育而成的潮土。

（2）技术要点

杨树设计初植密度为 50 株／亩，株行

距为 3.3m×4m，穴状整地，整地规格为80cm×80cm×80cm。后期管理主要为抚育管理和病虫害防治。

（3）模式成效

造林成林后，将起到防风固沙、保持水土流失、改善生态环境的作用，杨树 8 年成林后每亩可获得经济效益 1000 元。

（二）枫香生态林模式

枫香，又名枫香树，为金缕梅科落叶乔木，生于海拔 220～2000m 的丘陵及平原或山地常绿阔叶林中。喜温暖湿润气候，喜光，幼树稍耐阴，耐干旱瘠薄土壤，但不耐水涝。在湿润肥沃而深厚的红黄壤土上生长良好。深根性，主根粗长，抗风力强，不耐移植及修剪。种子有隔年发芽的习性，不耐寒，黄河以北不能露地越冬，不耐盐碱及干旱。树脂供药用，能解毒止痛，止血生肌；根、叶及果实亦入药，有祛风除湿、通络活血的功效。木材稍坚硬，可制家具及贵重商品的装箱。典型的枫香生态林模式有：

1. 休宁县枫香阔叶树混交模式

（1）模式适宜条件

休宁县地处北亚热带湿润季风气候区，四季分明，土壤以黄红壤为主，常绿、落叶阔叶混交林是县内自然分布面积最大的一个植被类型。本模式适宜于休宁县全境。

（2）技术思路

休宁县境内山峦叠嶂，沟壑纵横，地形复杂，是旅游胜地与重点林区。退耕还林中营造阔叶树混交林，一是能够通过阔叶树叶片颜色变化，达到较好的观赏效果；二是有利于改善土壤结构，加强水土保持，涵养水源，达到"山清水秀"的目的。

（3）主要技术措施

① 树种与配置：选择枫香、桤木、南酸枣、光皮桦等落叶树种与杜英、青冈栎、樟树、楠木等常绿树种混交，混交方式采用无规则适当均匀的原则，株行距 2m×2m，每亩 167 株。

② 整地：采用拉线定点，穴状整地，穴规格30cm×30cm×30cm。

③ 表土回填：在造林 15 天以前须完成表土回填工作，要求回松土、满土。

④ 苗木：良种壮苗是林业生产的物质基础，所有阔叶树采用 1 年生苗。枫香苗高大于 80cm，地径大于 0.6cm；桤木苗高大于 40cm，地径大于 0.5cm；马褂木苗高大于 40cm，地径大于 0.8cm；南酸枣苗高大于 100cm，地径大于 1cm；木荷苗高大于 30cm，地径大于 0.6cm；樟树苗高大于 35cm，地径大于 0.8cm；壳斗科苗高大于 30cm，地径大于 0.3cm；木兰科苗高大于 30cm，地径大于 0.4cm；杜英苗高大于 25cm，地径大于 0.4cm。

⑤ 栽植：要栽正、栽稳、栽紧，分层填土压紧，切不可踩断、踩伤、弄弯树苗主根，填土厚度要比地面高 10cm，防止积水。

⑥ 幼林抚育管理：连续封山和抚育 3 年，第一年抚育 2 次，分别在 5～6 月与 8～9 月进行；第二年、第三年抚育 1 次，时间在 8 月上旬和中旬，刀抚、锄抚相结合，穴内松土、培土、壅蔸、正苗，对缺棵进行补植，封育管理，促进生长。

（4）模式成效评价

本模式通过树种结构调整，提高森林景观效果，同时，能有效地控制病虫害发生，降低火险，更好地发挥防护功能，使全县阔叶树比例增加，提高森林质量，生态品位得到改善。

（5）适宜推广区

在沿公路两旁、沿河两岸、齐云山风景区等处的退耕地，适宜推广，增色各处风光。

图 28　枫香生态林

2. 太湖县枫香纯林造林模式

（1）林地条件特征

一般在海拔 800m 以下，25°以上耕地及荒地、坡度 25°以下土壤沙化严重或沙质岗地大面积造林。

（2）技术思路

枫香适应能力强，成活率高。造林技术要求不高，易成林，单位造林成本低廉。获取收益周期较短，单位出材率高。

（3）技术要点

每亩栽植密度为 167 株，株行株为 2m×2m 块状整地，打穴规格为 30cm×30cm×30cm。苗木选择苗高 80cm 以上，地径 0.8cm 以上，健壮且根系无机械损伤的 1 年生一级苗。后期管理主要为抚育管理及病虫害防治。

（4）模式成效

该项目造林成林后，将在发挥净化空气和防止水土流失等生态效益的同时，发挥良好的经济效益和旅游效益。

（三）马尾松生态林模式

马尾松亦称山松，是松科松属的植物。乔木，树干红褐色，呈块状开裂。阳性树种，不耐庇荫，喜光、喜温。适生于年均气温 13～22℃，年降水量 800～1800mm，绝对最低气温不到 -10℃。根系发达，主根明显，有根菌。对土壤要求不严格，喜微酸性土壤，但怕水涝，不耐盐碱，在石砾土、沙质土、黏土、山脊和阳坡的

冲刷薄地上，以及陡峭的石山岩缝里都能生长，马尾松分布极广。典型的马尾松生态林模式有：

安徽省巢湖市含山县松阔混交模式

（1）模式适宜条件

本模式区位于含山县境内，土层深厚，土壤肥力一般，地下水位较高，年均降水量 1007mm，地处亚热带湿润季风气候区，地质上属江淮丘陵区，年平均气温 15.7℃。

（2）技术思路

本区域退耕地以山坡地为主，山谷地为辅，非常适宜栽植松类及其他阔叶树种，本区域栽植时遵从适地适树原则，以栽植马尾松、湿地松为主，与以混交杨树、枫香、栾树等乡土树种，一是做到适地适树，二是利用混交模式，加强林木抗病虫害的能力，最大限度地促进林木生长，三是本区域自然环境优美，结合退耕还林政策，利用一些树种的特有特性，增加林木观赏性，进一步推动本区域的旅游业发展。

（3）主要技术措施

① 树种配置：以松类为主要树种，选择杨树、枫香、栾树、池杉、枫杨混交，每块小班要求配置的树种不等，主要是遵从适地适树原则。一般栽植密度为 167 株/亩，混交方式主要有两种：一是与枫香、栾树混交，一般采取 2：1 株行间混交；二是与杨树、池杉、枫杨混交，主要是采取块状混交，株行距都为 2m×2m。

② 整地：本区域土壤质地黏重，多为黄棕壤，为促进土壤通透性，要求在冬前就进行整地，整地标准为：松类不低于 40cm 见方，阔叶树不低于 70cm 见方。

③ 表土回填：回填小部分表土后，一般施加少量有机肥，目的是改善土壤肥力，促进苗木生长，之后再回填部分表土，踩紧，浇足定根水，然后回满土，最后培土。

④ 苗木：均使用当地所育苗木，苗木的规格严格按照国家林业局育苗和造林技术规程的良种壮苗，确保使用培育的 I 级苗上山造林。

⑤ 栽植：苗木栽植做到苗正根舒，严防"窝根"。栽植时，可先回填部分表土，轻提苗木，再填土踩实，并将植株根部用表土覆盖成"馒头

图29　马尾松生态林

状"。

⑥ 抚育管理：连续抚育 3 年，每年 2 次，主要是在 5～6 月和 8～9 月进行 2 次割草扩穴，以及病虫害防治工作，并对缺棵的进行补植，减少林木成材周期。

（4）模式成效

本模式实施后，不仅有效地遏制了区域内水土流失，而且增加了区域内生态效益，加大了旅游收入，也提高了当地农民的收入。

（5）适宜推广区域

本模式适宜在长江中下游的丘陵岗坡地区推广。

（四）杉木生态林模式

杉木，常绿乔木，裸子植物，杉科，杉木属。是我国所特有的速生商品树种之一，生长和分布受水湿条件限制较大，材质好，生长快。典型的杉木生态林模式有：

休宁县杉阔混交模式

（1）模式适宜条件

休宁县气候属北亚热带湿润季风气候区，四季分明，土壤以黄红壤为主。本模式适宜于休宁县大部分山地和丘陵山岗地。

（2）技术思路

在立地条件一般或较差的宜林山场，江、河、水库源头及其两岸、交通干线两旁等生态区位相对重要的地区，培育杉阔混交林，不仅有利于改善土壤结构，还能促进林分生长，增强水土

图 30　杉木生态林

保持功能，形成稳定的森林生态体系。

（3）主要技术措施

① 树种与配置：选择杉木与檫木、光皮桦、枫香、南酸枣、桤木、喜树等阔叶树种混交，每块小班要求 2 个树种以上，以行间混交为主，呈三角形配置，混交比例 7∶3，株行距 2m×2m，每亩 167 株以上，其中：杉木 111 株，阔叶树 56 株以上，或杉木 56 株，阔叶树 111 株以上。

② 苗木规格：杉木 1 年生苗，苗高 25cm 以上，地径 0.4cm 以上；阔叶树 1 年生苗，苗高 40cm，地径 0.4cm 以上。

③ 整地：造林前 1 年秋、冬季穴状整地，规格 30 cm×30 cm×30cm，在距造林 15 天前完成表土回填工作，要求回松土、回满土，杂物捡净。

④ 造林：在冬、春季选择阴雨天气前后进行，苗木栽植时必须做到"适当深栽、栽正、栽直、舒根、踩实、捶紧"。

⑤ 幼林抚育：连续封山和抚育 3 年，头 2 年每年抚育 2 次，第 1 次在 5～6 月，第 2 次在 7～9 月，第 3 年 1 次在 7～8 月进行。刀抚、锄抚相结合，穴内松土、培土、壅蔸、正苗，清除藤蔓、病株，对缺棵进行补植。封育管理，促进灌草生长。

⑥ 配套措施：在水土流失严重的地方，采取水土保持工程措施，如截流沟、沉沙凼等。

（4）目标和成效评估

该模式主要注重生态效益为主要目标。杉木是休宁县造林的主要树种，但土壤改良能力较差，枫香、桤木、南酸枣、光皮桦、檫木等阔叶树自然分布广，对土壤改良能力强，将杉木和阔叶树混交，有利于水土保持、改良土壤，更好地发挥防护功能。

（5）适宜推广区

宜在土层厚度 60cm 以上，土壤呈酸性，质地轻黏，石砾含量中等的黄红壤、黄壤、暗黄棕壤的山地、丘陵区推广。

（五）毛竹生态林模式（涵养水源）

毛竹，又称楠竹。多年生常绿乔木。毛竹生

图31　毛竹生态林

长快、成材早、产量高、用途广。造林五到十年后，就可年年砍伐利用。一株毛竹从出笋到成竹只需两个月左右的时间，当年即可砍作造纸原料。若作竹材原料，也只需三至六年的加固生长就可砍伐利用。经营好的竹林，除竹笋等竹副产品外，每亩可年产竹材1500~2000kg。典型的毛竹生态林模式有：

广德县东南部低山丘陵区毛竹栽培模式

（1）立地条件

广德县东南部低山丘陵区群山起伏，林业用地占80%以上，多为低山、丘陵山地。全县70万亩竹林中有毛竹60万亩，近50万亩分布其中，耕地基本上是梯田、冲田、坳田、坡耕地，仅有少量是沿河农田，且农田占据着山坳、山冲、山脚的水土流失地带，分散小块，远离居民点，许多坡耕地在历史上是由天然次生针阔混交林开垦而成。

（2）技术思路

该区毛竹林面积较大，地形起伏，地块分散，而栽植毛竹有利于改善生态环境，能较好地涵养水源，保持水土，能使分散的毛竹林连成片，便于经营，能使退耕还林较好地与增加农民收入，发展农村经济结合起来。

（3）主要技术措施

① 造林地选择：毛竹一般适生于酸性土壤，石灰岩风化的土壤难以培育丰产竹林。笋用或笋材两用林应选择坡度20°以下的坡地、旱地、菜园、不长期淹没的河滩地等，要求土壤深厚、疏松、肥沃。毛竹怕积水，因此在农田里栽毛竹时，一定要挖排水沟。贫瘠的山脊，陡峭的山坡，风口或容易积水的低洼地，均不适宜种植毛竹。

② 整地：造林地选择好后，应在造林前的秋冬季节进行全面砍灌，抚平带状地。清除树根、石块、树蔸等，按造林密度和株行距定点开垦，开挖长120cm、宽80cm、深60cm长方形大穴，以保证竹鞭有舒展生长的疏松穴土。栽植穴的长边方向应保持一致，坡地上要与等高线平行。

③ 造林密度：要改变毛竹造林密度越大，满园越早，成材越早的观念，依据资金、劳动力等综合情况确定最合理的初植密度，初植密度应以351~900株/hm²为宜。多采用400株/hm²

④ 移栽季节：一般来说，除了笋期，一年四季均可栽毛竹，关键是掌握水分的平衡，根据实践经验，2月中旬至3月中旬和6月上中旬是栽竹的较好季节，可以充分利用自然降水，减少人工浇水的成本，确保成活率。梅雨季节移栽毛竹，一定要掌握梅雨季节初期施工，以充分利用雨水，二是选择当年新竹作母竹时要注意竹秆的木质化程度。

⑤ 母竹选择：母竹应选择1~2年生，胸径4~7cm，分枝低矮，枝叶茂盛，生长正常，无病虫害的健壮立竹，其所连的竹鞭粗壮，淡黄色，鞭芽饱满，鞭根健全。采挖的母竹应尽量带宿土，留枝3~4盘，叶较浓时可将枝剪断留一半，留鞭70cm以上，以去鞭为主，要保证有2个以上健壮的鞭芽或笋芽，母竹年龄和带鞭长度是母竹选择中最主要的两个指标。在母竹的采运过程中，注意保护竹鞭、秆柄（俗称螺丝钉）、鞭芽或笋芽。挖掘母竹时，应让毛竹地下竹鞭的走向大致与地上分枝方向平行，与秆基弯曲方向垂直，在离母竹基部30cm以外开挖，挖时防止撕裂竹鞭，使切口平滑。尽量选择阴雨天装运母竹，晴天应在晚上行车，且运输时要用湿稻草遮盖，行车时要注意防风。

⑥ 母竹栽植：母竹运到造林地后，应立即栽植，离造林地较远时，要将竹母用容器挑去，而不能用肩扛。栽毛竹时要做到"深挖穴、浅栽竹"，先回表土；将母竹放入穴中，让竹鞭舒展，

下部与土壤密接，注意保持竹鞭呈水平状态，竹秆顺其自然，不必强求直立；而后填土拥实，先填表土，后填心土，分层踏实，而土不紧，使竹蔸略低于地面，有条件的地方可浇水后再覆土3～5cm。竹秆高大、歪斜或风大的地方应扎架支撑，以防摇晃损伤"螺丝钉"。梅雨季节移栽新竹，最好用稻草捆扎竹母下部竹秆，一防日灼，二可保墒。有条件的，可在栽植穴里施入腐熟的有机肥、饼肥或适量复合肥作基肥，与表土伴匀，填入穴基部。

⑦ 栽后管理：栽后如久旱不雨，应定期浇水。未满园期间，每年5、6月，8、9月各松土除草一次，也可间作油菜、黄豆、药材等，以耕代抚，但不能间作攀藤类、高秆类作物。注意笋期管护，防止牲畜危害。掌握适当疏笋，培养壮笋粗竹，为促进满园，可在留养的新竹旁，沟施腐熟有机肥或少量尿素。

（4）目标和成效

毛竹适应性强，易栽培，生长快，成材早，产量高，价值高，用途广，只要经营合理，一次造林便可永续利用。竹材用途广泛，是造纸、竹编、竹器加工及多种家居农具的重要原材料。竹笋富含人体所需的多种氨基酸，味道鲜美，为绿色山珍之一，具有良好的营养价值和保健作用，因而毛竹有着较高的经济价值。毛竹还因能够涵养水源，具有较强的水土保持功能。

（5）模式成效

毛竹经济价值较高，固土蓄水功能强大。

（6）模式适宜推广区

本栽培模式在广德县较适宜，可在皖南丘陵山区推广。

三、复合模式

该模式以充分利用土壤资源、光照资源、地上营养空间为目的，利用生态学原理，将生态需求不同的乔木、灌木与草本营造在一起，形成经济功能多样、生态效应稳定的复合混交林分模式。其乔木、灌木选择经济价值高、生长迅速、寿命长的阳性树种，林下以花卉、药材和草本（牧草）为主。

（一）林花／草模式

模式：亳州市谯城区五马镇柿树（或枣树）间用树种与牧草（或白芍、牡丹）间作模式。

1. 立地条件

该区位于谯城区涡河以北的，土壤为潮土，土层厚度80cm以上，肥力较高，质地疏松，结构良好，适宜经济林木生长。

2. 技术思路

该区林果业和畜牧业都是农村经济的支柱产业，林牧矛盾十分突出，该区群众积累了丰富的经济林栽培、管理技术，通过退耕还林实施经济林林草间作，既可以调整农业、林业结构，又能提高植被覆盖率，减少水土流失，改善生态环境。间作种草，当年既可有收入，又可以促进草业、畜牧业的发展，长短结合，巩固退耕还林成果，具有十分显著的生态效益、经济效益和社会效益。

3. 主要技术措施

① 整地：大穴整地，株行距4m×5m，穴规格为1m×1m×1m以上。

② 间作方式：经济林主栽树种为柿、枣等，每亩33棵，株行距为3m×4m，留出1.5m营养带，行间间作牧草（或白芍、牡丹）等。

③ 造林技术：采用2年生成品苗春季造林。春季以2月中旬至3月上旬为宜。种草在春季、雨季、秋季均可，方法为楼播。为提高造林成活率，采取活土回填、蘸泥浆、盖地膜、封土堆、放树盘等抗旱造林措施。

④ 抚育管理：栽植当年定干，每年进行1～2次修剪，搞好病虫监测，及时防治病虫害。每年对营养带进行中耕除草、施肥，促使林木健壮生长，对幼草进行拔除杂草、松土、施肥等。

4. 成效和目标

经济林林草间作，既可提高植被覆盖率，提高水土保持效果，又可在当年就有收入，促进草业、畜牧业发展，解决林牧矛盾。

5. 适宜推广的区域

该模式在全市的多数地方均可应用。

（二）林药模式

模式：潜山县茶叶 × 杜仲／黄柏混交栽培模式

1. 林地条件特征

潜山县属于亚热带季风性湿润气候区，四季分明，气候温和，雨量充沛，光照充足，夏热多雨，无霜期长。典型的植被类型为中亚热常绿阔叶林带，属华东植物区系。主要森林植被类型有常绿阔叶林，常绿、落叶阔叶混交林，针、阔混交林，针叶林，竹林，灌丛及人工植被。

2. 技术思路

该模式适宜低山丘陵区土层深厚的坡耕地，在保持生态效益的前提下，发挥经济效益，增加农民收入。

3. 技术要点及配套措施

每亩栽植杜仲 55 株，茶叶 555 株，块状整地，杜仲规格为 50cm×50cm×50cm，茶叶规格为 10cm×10cm×10cm，行间混交，混交比例为 5：5。杜仲采用一年生播种苗于春季人工植苗造林，茶叶采用人工植苗或直播造林，前三年每年抚育两次，并保护好原生植被。

4. 模式成效

该项目造林成林后，将在增加项目区森林面积的同时，给项目区群众带来可观的经济效益。杜仲栽植 5 年后，将每亩增收 200 元；茶叶 3 年可获得收益，每亩可增收 400 元。

（三）果茶模式

模式：休宁县果茶（桑）混交模式

1. 模式适宜条件

休宁县茶桑资源丰富，林农历来有在茶园中套种经果林的生产传统。本模式适宜于县内 pH 值为 4.5～6，土层深厚的地方，适用于我县大部分山地和丘陵岗地。

2. 技术思路

在立地条件较好或一般的地方实施退耕还林，遵循因地制宜、适地适树的原则，按"坡上生态林、坡下经济林"的配置方式，这种模式能够长短结合，既能保持水土不流失，涵养水源，又能增加退耕户经济收入，有利于巩固退耕还林成果。

3. 主要技术措施

① 树种与配置：选择板栗、银杏、枣、桃、李、柿等主要树种与茶叶、桑混交，主要树种每亩栽植 33～55 株，茶苗每亩 1800～3000 株，桑苗每亩 800～1000 株，以行间混交为主，主要树种株行距 3m×5m 或 4m×5m；选择油茶、山茱萸等采果类兼用树种，应以纯林为主，主要树种每亩栽植不能少于 100 株，株行距为 2m×3m 或 2.5m×2.5m。

② 苗木规格：主要树种采用 1 年生嫁接苗，板栗苗高 50cm 以上，地径 0.8cm 以上；枣、桃、李、柿苗高 30cm 以上，地径 0.4cm 以上；梨苗高 100cm 以上，地径 1.2cm 以上；油茶苗高 35cm 以上，地径 0.3cm 以上；山茱萸苗高 60cm 以上，地径 0.8cm 以上。

③ 整地：主要树种穴规格采用 80cm×80cm×80cm，秋冬进行穴状整地，每穴施 10kg 基肥或 3kg 复合肥，在造林前 40 天完成表土回填工作，要求回松土、回满土，杂物捡净。

④ 造林：在冬、春选择阴雨天前后进行，做到"适当深栽、栽正、栽紧、踩实、捶紧"，苗木根系不能与基肥直接接触，有条件的地方在栽后浇定根水。

⑤ 幼林抚育：每年块状、带状抚育 2 次，分别在 5～6 月和 8～9 月进行，禁止林粮间种，禁止翻动耕作层。抚育时要适量施肥、修剪，及时防治病虫害。

⑥ 配套措施：在水土流失的地方，要采取水土保持工程措施。

4. 模式成效评价

采用本模式一年栽植，三年成林，不仅加快了我县退耕还林进度，促进国土绿化，而且有利于林农增收，是一个短、平、快的好模式，是山区迅速脱贫致富的捷径。

5. 适宜推广区

本模式休宁县各乡镇，土层深厚、立地条件较好的地方都可适用。

湘林 × 油菜模式林

杨树 × 油菜林

杨树 × 小麦林

图 32　安庆大观区林菜 / 农模式

（四）林苗模式（林下套种园林苗木）

模式：砀山县果树（苹果树）与园林苗木（银杏苗、石榴苗、桃苗等）间作栽培模式

1. 林地条件特征

砀山县作为全国水果十强县之一，地处苏、鲁、豫、皖四省七县交界处、黄淮海平原的南部。气候介于暖温带和北亚热带之间，属于季风半湿润气候。境内土壤为黄河泛滥沉积母质所发育的潮土。土层深厚，水热资源较丰富，但旱涝灾害时有发生，且有盐碱害。

2. 技术思路

该模式选取适宜的园林苗木与果树间作栽培，既能实现空间资源的合理利用，以短养长，以农促林，又能充分发挥林分的生态功能，实现农林业的可持续发展。

3. 主要技术措施

苹果树每亩栽植 45～55 株，栽培株行距为 3m×3m，园林苗木每亩栽植 1500～3000 株，以行间混交为主。苹果树采用一年生嫁接苗，砧木用山荆子或海棠果，苗高 100cm 以上，地径 1.2cm 以上，一般定植 3～5 年开始结果。园林苗木采用扦插繁殖。每年进行 1～2 次修剪，及时进行中耕除草、施肥、松土等，搞好病虫害防治。

4. 模式成效

果树 - 园林苗木间作模式为当地农民的生产和生活带来了新的契机，改变了果树栽培初期"零收入"的尴尬局面。此外，间作模式可有效改善地力，减少林木的抚育经费，实现林地的可持续发展。

5. 适宜推广区

本模式适用于土层深厚、水热资源较丰富的果园栽培区。

（五）林菜 / 农模式

模式 1：安庆市大观区杨树生态林与油菜、小麦套种模式

1. 林地条件特征

安庆市位于皖西南地区，长江下游北岸。市辖七县一市三区，总面积 1.53 万 km²，总人口

610 万人。林业用地 900 万亩,其中集体林地 857 万亩,活立木蓄积 2400 多万立方米,森林覆盖率 37%。境内土壤多为由成土母质为第四系红色黏土发育的黄红壤土,土层深厚,水热资源较丰富,但旱涝灾害时有发生,且有盐碱害。

2. 技术思路

该模式选取适宜的生态林下种植农作物或蔬菜,充分利用林下土地资源和林荫优势从事林下种植立体复合生产经营,从而使农林各业实现资源共享、优势互补、循环相生、协调发展,既能充分发挥林分的生态功能,又可实现农林业的可持续发展。

3. 主要技术措施

杨树每亩栽植 133 株,栽培株行距为 3m×4m,行间套种农作物小麦或蔬菜(油菜),农业生产过程与生态林中耕、除草等经营管理措施有机结合。

4. 模式成效

林—菜(农)模式给当地农民的生产和生活带来了新的契机,菜(农)平均每亩获得 600~800 元的收益,减少了林地的管理经费,也改善了地力,实现林地的可持续发展。

5. 适宜推广区

本模式适用于土层深厚、水热资源较丰富的农业生产区。

模式 2:郎溪县油茶林下套种山芋、西瓜或小麦、油菜

1. 林地条件特征

郎溪县地处安徽省东南边陲,长江三角洲西缘,全县总面积 1104.8km²,辖 8 镇 9 乡 119 个行政村,人口 33.37 万人。林业用地 43 万亩,其中集体林地 857 万亩,活立木蓄积 2400 多万立方米,森林覆盖率 37%。境内土壤多为由成土母质为第四系红色黏土发育的黄红壤土,土层深厚,水热资源较丰富,但旱涝灾害时有发生,且有盐碱害。

2. 技术思路

油茶是国家林业生态建设工程的主要木本油料作物,作为全国油茶主产区之一,安徽省油茶现有栽植面积 100 万亩。根据《全国油茶产业发展规划(2009-2020 年)》(国家发展改革委员会、财政部、国家林业局发改农经〔2009〕2812 号),到 2020 年安徽省完成新造油茶林 200 万亩,低产低效林改造 100 万亩。油茶是一种综合利用价值极高的经济树种,主要产品为茶油,副产品包括茶枯、茶壳和茶粕。油茶林下种植农作物或蔬菜,既充分利用林下土地资源从事立体复合生产经营,又增加了农民的经济收入,提高农民从事林业生产的积极性。

3. 主要技术措施

油茶种植一般采用 1.7~2m 株行距,每亩栽 167~240 株比较适宜。坡地也可采用 2m×3m 的栽植方式,密度为 111 株/亩。土壤特别肥沃的平地,也可采用 3m×3m 的株行距。油茶林下种植,每年可搞两茬,上半年林下种植山芋、西瓜,下半年林下种植油菜、小麦等经济作物,而 5 年后,油茶林挂果,林分郁闭后又能发展林下养殖。行间套种农作物小麦或蔬菜(油菜),农业生产过程与生态林中耕、除草等经营管理措施有机结合。

4. 模式成效

油茶生长期 4~5 年,每亩油茶 5 年内净投入达 3000 余元。如果按传统单一的种植模式,5 年内一分钱收入都没有。通过从事林下种植,光种植山芋一项,每亩纯收入就达 1500 元,种植西瓜年亩均纯收入 2000 元以上。既减少了林地管理经费支出,也改善了地力。

5. 适宜推广区

本模式适用于皖南山区和大别山区各县的 400m 以下的低山、相对高 200m 以下,坡度 25°以下,丘陵及盆地;气候温暖湿润,相对湿度在 74%~85% 之间,年平均降雨量在 1000mm 以上,且四季分配均匀,土壤 pH 值为 5~6 的酸性黄壤土且土层疏松、深厚、排水良好、较肥沃的沙质土壤。

(六)林禽、林畜、林鱼模式

模式:淮南杨树生态林下养鸡

1. 林地条件特征

淮南市境位于淮河中游,安徽省中部偏北,

杨树林下养鸡

杨树林下养鸡

林下养蜂

河岸防护林下养鱼

图33　林禽、畜、林鱼模式

市境以淮河为界形成两种不同的地貌类型，淮河以南为丘陵，属于江淮丘陵的一部分；淮河以北为地势平坦的淮北平原，淮河南岸由东至西隆起不连续的低山丘陵。全市有林地而积53万亩，活立林蓄积量135万m³，全市森林覆盖率达17.4%，人均占有林地7.4m²。境内土壤多为非地带性土壤—潮土与砂姜黑土，土层厚，水热资源较丰富，但旱涝灾害时有发生。

2.技术思路

近年来，利用山地、平原、土壤肥沃、村庄绿化及农田林网建设水平较高的优势，把发展林下经济与农业产业结构调整、美好乡村建设相结合，采取林牧、林菜、林药、林游等模式，因地制宜，突出区域特色，积极引导农民发展林下经济，取得了较好的社会效益和经济效益。杨树是

淮河以北地区退耕还林地种植的主要树种，这些林地下空间大，地面有较多的各类虫子，适合各种类型鸡群的放牧养殖。发展生态养殖，壮大林业产业，发挥森林的综合利用效率。达到了既充分利用林下土地资源从事立体复合生产经营，又增加了农民的经济收入，提高农民从事林业生产的积极性的多重目的。

3.主要技术措施

杨树种植一般采用株行距3m×4m或者2m×3m，每亩55～100株。林下养殖模式有三种：1）林下散养，是放养模式中比较粗放的一种模式，是把鸡群放养到放牧场地内，在场地内鸡群可以自由走动，自主觅食。这种放养模式一般适用于饲养规模小，放牧场地内野生饲料不丰盛且分布不均匀的条件下。2）分区轮流放养，

这是鸡群放牧饲养中管理比较规范的一种模式。它是在放牧养鸡的区域内将放牧场地划分为 4～7 个小区，每个小区之间用尼龙网隔开，先在第一个小区放牧鸡群，两天后转入第二个小区放养，依此类推。这种模式可以让每个放养小区的植被有一定的恢复期，能够保证鸡群经常有了定数量的野生饲料资源提供。3）流动放养，它是在一定的时期内，在一个较大的场地中或不连续的多个场地中放牧鸡群。在某个区域内放牧 若干天将该区域内的野生饲料采食完后把鸡群驱赶到相邻

的另一个区域内，依次进行放牧。这种放养方式没有固定的鸡舍，而是使用帐篷作为鸡群休息的场所。每次更换放牧区域都需要把帐篷移动到新的场地并进行固定。这种放养鸡群的方式相对较少。

4. 模式成效

生态养殖家禽收益日趋增加。

5. 适宜推广区

本模式适用于平原速生人工林区和南方山地竹林、松树、柏树或杂木林区。

第三节　退耕还林的效益分析

退耕还林工程的总体目标是要全面恢复林草植被，治理水土流失和土地沙化，确保国土生态安全，实现可持续发展（王涛，2003）。因此，退耕还林工程将原来坡度大、路程远、水土流失严重的低产坡耕地通过植树造林，大大减轻了因盲目开荒耕种造成的水土流失，促进了生态环境的改善。同时，退耕还林工程将水土保持与农业结构调整、扶贫和可持续发展紧密结合起来，国家为鼓励退耕还林，制定出台了一系列政策措施，使得农民在为生态建设做贡献之时，也能够获得充分的经济利益。安徽省自 2002 年退耕还林工程建设以来，取得了显著成效，主要体现在生态、经济和社会三大效益上，具体表现如下：

一、生态效益

实施退耕还林工程，使我省的林地面积不断扩大，森林覆盖率提高 3 个百分点，大大加快了我省造林绿化进程，不仅减少水土流失等自然灾害，还可以在调节气候、涵养水源、净化空气、保护生物多样性等多方面都发挥重要的生态功能。

（一）造林面积增加，森林覆盖率稳步提升

安徽省退耕还林工程的实施，开展陡坡耕地植被恢复作业，造林面积的增加，快速提高了森

林覆盖率。一般而言，森林覆盖率越大，森林的生态作用也越显著。森林面积和林分质量的提高，改善了退耕区生态环境，使森林发挥出更大的生态功效。

据统计，2010 年，全省森林覆盖率达 27.5%，全省森林覆盖率提高了 2.03 个百分点，山区、库区 60 万亩 15°以上的坡耕地得到有效治理，江淮分水岭地区是安徽省生态环境脆弱的地区，通过实施退耕还林和绿色长廊等工程，新增造林 176.9 万亩，森林覆盖率年均提高 1.2 个百分点。东至、金寨、歙县 2002～2009 年退耕还林造林面积共计 24307hm²，年均造林 3472hm²；其中，2002 年和 2003 年分别造林 7354hm² 和 10361hm²，2002 年退耕还林造林开始前，森林覆盖率呈现缓慢上升趋势，从 1998 年的 59.1% 增加到 2001 年的 60.2%，年均增长率仅为 0.62%。2002 年退耕还林造林开始后，三县森林覆盖率出现快速上升的势头，从 2002 年的 60.8% 增加到 2009 年的 64.6%，增加了 3.8%，年均增幅为 0.87%。

（二）保持水土，保育土壤和肥力

退耕还林工程实施后所增加的林草植被，有效地降低了地表径流，起到了减少水土流失、保育土壤肥力等作用，退耕还林工程根据有林地和农耕地的对比，2005 年退耕还林工程区土壤侵蚀模数为 1.88 万 t/km²，比退耕还林前约降低 1 万

表 12　金寨县土壤侵蚀状况　　　　　　　　　　　　单位 :t/km².a、km²、千 t/ 年

年份	土壤侵蚀模数		土壤侵蚀面积		土壤侵蚀量	
	数量	变动 (%)	数量	变动 (%)	数量	变动 (%)
1998	1930	-	1950	-	3764	-
1999	1915	-0.78	1910	-2.05	3658	-2.81
2000	1910	-0.26	1865	-2.36	3562	-2.61
2001	1905	-0.26	1768	-5.20	3368	-5.45
2002	1900	-0.53	1700	-3.85	3230	-4.10
2003	1890	-0.53	1620	-2.11	3128	-3.16
2004	1880	-0.53	1690	4.31	3046	-2.63
2005	1855	-1.33	1629	-3.63	3135	2.93
2006	1855	0	1629	-1.84	3021	-3.63
2007	1855	0	1599	-1.84	2965	-1.84
2008	1855	0	1567	-1.95	2907	-1.95
2009	1855	0	1537	-1.91	2852	-1.91

t/km²。金寨县通过退耕还林水土流失面积减少了 30%（表 12）。岳西县观测，退耕还林两年的退耕地，土壤侵蚀量比坡耕地减少 66%，比裸地减少 80%。退耕地土壤侵蚀量比不退耕的坡耕地减少 66%，比裸地减少 80%，每平方千米土壤侵蚀量由原来的 4240t 下降到 1800t。据宣城市水务局统计，通过退耕还林为主的生态工程建设，全市平均每年治理水土流失面积近 50km²，全市范围内主要河湖的水质条件得到明显改善。2007 年，水阳江年输沙量已下降为 40 万 t 左右，比 2002 年降低了 13%。

（三）涵养水源，净化空气

无论是雨水充沛的南方省区还是相对缺水的北方省区，退耕还林工程的涵养水源作用均有所体现。黄山市退耕还林工程造林 38 万亩，森林覆盖率增长到 77.4%，每年保土量为 142 万 t，蓄水量为 884.5 万 t，每天可释放氧气 1698.24 万 kg，吸收二氧化碳 2370.46 万 kg。

（四）增加生物量和碳储量

退耕还林等林业重点工程的实施还有效地增加了各工程县的林草生物量和碳储量。由于退耕还林工程增加了林草植被，改善了工程区的生态环境，独特的森林环境为动植物提供了良好的生存条件。使得人与自然日益和谐，野兔、野鸡、狍子等野生动物数量明显增加，生态系统更加健康。此外，森林等绿色植物在光合作用下吸收 CO_2 和水分，生成碳水化合物，同时放出 O_2。由此可见，退耕还林增加森林面积，它可以产生巨大的制氧固碳效益，能有效地调节空气中的 CO_2 和 O_2 的比例。

生态效益的显现是一个长期的过程，实施仅 10 年，有些林木还处于幼龄阶段生，随着时间的推移，生态效益功能效益会更显著。

二、经济效益

退耕还林经济效益包括以森林资源为原料的一切产品收入，如经济林、果木及林副产品；以赢利为目的的利用森林非原料功能的收益，如森林公园、森林旅游业中相关的收益；另外还包括由于产业结构调整及环境改善带来的国民经济收入的增加和农民收入的增加的效益。

（一）实现了退耕农民收入的增加

农民直接从退耕还林工程政策补偿机制中增

收。国家通过以粮代赈的办法，无偿向退耕户提供粮食、现金和种苗费补助，根据国家规定，在退耕还林规划范围的第一个补助期内，完成1亩退耕地造林，造生态林可得到国家补助1890元，经济林可得到国家补助1200元，完成1亩宜林荒山荒地造林也可得到50元种苗费补助。安徽省及时将退耕还林政策兑现到位，钱粮补助不拖欠、不打白条。根据兑现结果，目前平均每个农户得到国家直接投资1100元左右。

此外，通过从事其他产业和外出劳务拓宽了增收渠道，增加了农民收入。大量坡耕地退耕还林，使大量剩余农村劳动力从繁重的耕作中解放出来，向其他产业转移，部分青壮劳动力大量外出，寻找更好的挣钱方式。自退耕还林工程建设以来，安徽省各级各地认真贯彻落实退耕还林工程建设的各项政策措施，退耕区农户就业技能得到提高，收入进一步增加。安徽调查总队对安徽省祁门、太和、铜陵等18个县（区）及1300户农户退耕还林（草）工程建设情况的监测调查结果显示，2010年退耕区农户家庭经营纯收入2375.1元，比全省平均水平低251.3元，家庭经营纯收入低9.6%。但2010年退耕还林工程区农户年人均纯收入达到6209.3元，高于同期全省农民人均纯收入17.5%。从纯收入构成情况看，工资性收入3086.4元，占纯收入的比重49.7%、与同期全省农民人均纯收入相比，高出40%，转移性纯收入629元，占纯收入的比重10.1%，与同期全省农民转移性纯收入相比，高出1倍。

（二）带动了后续产业的发展

退耕还林作为一项公共投资能促进经济稳定和发展。凯恩斯学派认为，增加公共投资具有提高对产出的总需求，以及提高生产力及扩充生产能力的效果。退耕还林这项规模宏大的公共投资计划，不仅可以解决国民经济发展过程的环境问题，而且可以通过增加政府支出，刺激有效需求，并产生乘数效应，带动相关产业发展，从而拉动国民经济增长。退耕还林通过政府投入，改善农业生产条件，使种植业和林业生产效率大大提高。通过发展特色经济，形成退耕还林地区支柱产业，从而提高退耕还林区经济效益，促进当地经济发展。

安徽省在实施退耕还林工程中坚持以农村发展、农民增收为立足点，实行"区域化布局、工程化管理、产业化带动"。在规划设计时，按区域实行一乡一品，或多乡一品，选择合适的造林树种，以形成基地，形成气候。在加强基地建设的同时，积极扶持和培植后续产业，通过挖掘传统企业潜力、兴办新兴产业，开发名、特、优产品，提升市场竞争力和经济效益，逐步形成林产品加工产业体系，实现资源的增值增效。

1. 促进了木材生产和加工产业的发展

目前全省形成了淮北以杨树为原料的加工企业1600多家，江淮丘陵和山区以松类为原料的中密度纤维板生产企业群，从业人员10万余人。各地纷纷根据资源特色，大力发展林业经济，皖南山区、大别山区发展板栗、山核桃等干果，淮北平原地区多发展苹果、梨等水果，因发展林业而致富的小康户、小康村也比比皆是；安徽省的森林工业也实现了从无到有的突破，人造板生产能力已达38万m³，松香生产能力达6000t。例如皖南黄山区退耕还林3年来，共完成竹类造林面积37926.3亩，占造林总面积的40%，全区形成6个"五千亩毛竹基地"、2个"万亩竹海基地"，15家毛竹加工企业，加工能力160多万根，基本实现了无原竹出口的战略目标（表13）。

表13 安徽主要林产品产量表

	2000年	2001年	2002年
锯材（m³）	20212	22971	26347
人造板（万m³）	65.4	69.7	87.1
机制纸及纸板（万t）	55	20.5	48.9
纸制品（t）	53876	56484	73326

资料来源：根据国家统计年鉴整理。

2. 促进了安徽森林生态旅游业的发展

森林旅游业一向被誉为新兴的无烟工业，因为它的经济效益前景十分可观。专家预言，到2020年，中国森林旅游收入将超过木材的收入。全省已建成森林公园38个，年接待游客100多万人次，林业花卉年产值达 1 亿多元，森林旅游、竹业、花卉盆景等产业的蓬勃兴起，已成为安徽新的经济增长点。安徽省退耕还林以后，森林覆盖率加大，自然环境和生态环境改善，旅游景点接待的旅游人次、旅游收入迅速增加，另外随着山区林业综合开发不断深入，周边地区的农民到景区务工、经商人数增多，农民的收入、生活水平也发生了质的变化。例如，近年来，天柱山旅游业日益火爆，纷至沓来的游客不仅带来了大量的物流、资金流，更带来了新的观念、新的信息、新的机遇。旅游业已成为农民增收重要途径，安徽潜山县有 20 万农民从旅游业中受益，其中 3 万人因此脱贫致富。天柱山镇茶庄村以前是全县有名的贫困山区村，如今全村七成劳动力直接或间接从事旅游业，去年农民人均收入达 2500 元。

3. 促进了安徽森林食品业的发展

开发森林食品已成为当今世界性的话题，森林食品从广义上说包括所有生长在森林中可供人类直接或间接食用的植物、动物以及它们的加工品。由于森林食品的绿色无污染，并具有养颜保健的功效，成为 21 世纪的消费新时尚，具有良好的开发前景。安徽省退耕还林以后，林区的蕨菜、黄花菜、野葫芦、苦荬菜等野菜品种数量迅速增加，野菜的深加工等相关产业的发展也很迅速。未来野菜不仅成为人们餐桌上的美味佳肴，也将随着数量质量的不断走向世界成为出口创汇商品。另外人工饲养的野生动物和野生非保护动物及其加工品对改善人们的饮食结构，丰富食物的多样性，提高农民收益都有重要的作用。

三、社会效益

（一）促进了农村产业结构的调整

退耕还林工程使我省的耕地有所减少，但土地利用效率得到了大幅度提高，同时使节省下来的生产要素（如灌溉用水、化肥、劳动力等）向未退耕耕地转移，带来粮食单产的增长。粮食总产量除 2003 年因自然灾害造成产量下降外，其余年份均比退耕前产量增加。并且由于耕地的减少，使一部分劳动力从传统种植业转移出来，有

的走上了发展种苗产业道路，涌现出育苗专业户、专业村、专业乡；有的进行林下养殖，走上了农村产业的创新道路；有的则把精力集中到经济作物、中药材等的种植上，并发展成为增收的主导产业。

根据对合肥市退耕农户的抽样调查，农户退耕以后耕地面积变化较大，根据对样本乡镇 108 个农户的实地调查，长丰县 62 户农民，总承包土地面积为 673.11 亩，其中退耕总面积为 221.69 亩，平均每户承包土地面积为 10.36 亩，每户退耕面积为 3.65 亩，肥东县户平均承包面积 10.04 亩，户平均退耕面积 2.46 亩，退耕占承包地的比重为 24.5%（表 14）。

表 14　退耕前后耕地面积变化表　　单位：亩

年　份	承包地面积	退耕还林面积	耕地面积
2002 年	969.08	303.83	665.25
2003 年	983.66	362.18	621.48
2004 年	984.86	362.18	622.68

（二）增加了农村劳动力就业

自退耕还林工程实施以来，安徽就把退耕区后续产业的开发作为巩固退耕成果的重要举措，逐年加大投入，随着后续产业陆续开工，为退耕区农户提供了大量的本地就业机会，在被调查的 1300 户中，从事非农产业的劳动力和外出从业的劳动力 2577 人，占劳动力总数的 73.1%。退耕还林工程区农民外出从业人数增加带动收入提高。2010 年退耕户外出从业劳动力 1297 人，比 2009 年增长了 3.8%，外出从业人数户均近 1 人。

（三）环境改善带来的公益效益

退耕还林改善了生态环境，为人们提供优美的生活环境，提高了人们生活质量。森林和树木可创造出优美的景致和风光，森林柔和的绿色，可令人心旷神怡。人们不仅可用五官感受到森林的美，而且还可从精神上感受森林的美，从森林中获得灵感和创造力。所以茂密的森林可以满足人们精神需求，陶冶情操，提高健康水平，是精神文明建设的重要组成部分。森林能调节气温，

森林可使当地的平均最低温度提高，平均最高温度降低，也可提高空气的相对湿度。森林能够吸收有毒物质、滞尘、降低噪音；林木散发出的萜烯类物质，可杀菌和治疗某些疾病，林内的负氧离子可促进新陈代谢、提高人体免疫力；宁静、清新的森林环境具有消除疲劳、镇静安神作用。所以森林可以有效地改善生态环境。森林能为人们提供游憩场所，丰富人们的精神世界。随着经济社会发展水平和人民生活水平的不断提高，人们对森林提供的舒适性服务的需求会越来越多，森林作为旅游观光和休闲的场所，其作用在迅速增长，因而森林游憩功能的价值也会越来越大。

（四）强化了生态意识，推进了生态建设的步伐

退耕还林实行钱粮直补农户、检查验收到农户、林权落实到农户等政策，极大地调动了广大农民造林护林的积极性，同时在实施过程中通过社会宣传、相互影响，进一步增强了全民生态意识，有力地促进了生态文明建设，减少了贫困发生率。

（五）减灾效益

森林具有减缓洪水的作用。这种减洪作用是通过降水截留，森林的蒸腾、蒸发，森林土壤的水分渗透，延长融雪时间，减少地表径流等综合功能来实现的。我国营造较早、生长较好、树种结构良好的水土保持林和水源涵养林，其年地表径流系数在10%以下，侵蚀模数小于水土保持所规定的自然允许侵蚀量$250m^2 \cdot a$，也就是说，可将全年降水涵蓄90%以上，将其土壤侵蚀的速度削弱到小于土壤厚度形成速度，从而使土层日益增厚。如果其覆盖率同时达到《森林法》规定的山区40%以上，丘陵区30%以上时，根据各地观测资料与实践，则可以达到大雨不发生洪水，无雨清水长流，使当地的水旱灾害基本消除。至于一般的纯林，也能使洪水显著减轻，枯水期流量明显增加。比较我国2002年与2003年滑坡、泥石流等地质灾害次数，可以发现，2003年比2002年明显减少，这其中退耕还林的作用不容忽视。

表15　退耕前后农作物种植面积及产量变化表

年份	退耕还林面积（万hm²）	粮食		油料		棉花	
		面积（万hm²）	产量（万t）	面积（万hm²）	产量（万t）	面积（万hm²）	产量（万t）
2001	-	28.68	202.55	15.24	29.7	1.79	1.42
2002	0.98	28.4	167.4	15.7	26.6	1.66	1.4
2003	2.7	25.67	103.5	15.9	24.1	1.867	1.3
2004	-	24.96	166.55	15.69	35.24	1.636	1.62

第四章

安徽省封山育林工程建设

第一节 概述

封山育林作为植被恢复的重要手段，是按照自然规律，以封禁为手段，在排除或减少人为活动的影响下，利用森林天然更新能力，在自然条件适宜的山区，实行定期封山，禁止垦荒、放牧、砍柴等人为的破坏活动，通过人工促进天然更新和植物群落自然演替，恢复森林植被的一种育林方式。通过实施封山育林工程，使得森林植被得到迅速恢复，物种结构趋于合理，森林后备资源丰富，便于形成比较理想的森林群落，增强了森林的生态防护功能（郭泉水，1994）。

封山育林是遵从自然规律、借助自然修复力促进生态恢复的有力措施，在生态脆弱地带效果尤其显著。以石灰岩山地生态恢复为例，石灰岩山地因石灰岩风化成土作用缓，石多土少，土层干旱浅薄，植物生长缓慢，且土壤多偏碱性，造成植被种群和数量较少，环境容量小，生态环境变异的敏感度高，承受灾变能力弱，生态环境恶劣（李品荣，2001）。早期对于石灰岩山地的生态恢复倾向于纯林的营造，侧柏作为先锋树种营造的纯林在一开始达到了良好的生态改善的效果，但随着时间的推移，会出现树种单一，生境条件差；调节气候能力低；落叶少，改善土壤能力差及易发生病虫害等问题（LI，2003）。

不少生态脆弱区虽然土壤瘠薄，但种子库丰富，以封山育林的模式能促进其形成混交林。随着研究的深入，人们意识到混交林之于纯林有着更有好的改善生态环境的效果。通过封育管理的林地，有着乔、灌、草结合的混交复合层林分及大量的枯枝落叶，能有效改善脆弱地带的立地条件，形成良好的森林环境。因此，对于生态脆弱地带的植被恢复，封山育林模式的运用是积极且必要的（冯长红，2009）。

安徽省地处长江中下游，境内地貌多样，山、丘、盆地兼而有之，山区面积382万 hm²，丘陵面积612万 hm²，但由于林业基础薄弱，林业投资缺乏，严重制约和影响了林业生产的快速发展。安徽省有林地质量参差不齐，人口密集地带群众毁林严重，加剧了水土流失及生态环境的恶化。因此，积极实施封山育林工程，减少水土流失、遏制生态恶化，对改善全省生态环境有着十分重要的意义（李铁华，2005）。

安徽省封山育林的建设依托于退耕还林工程建设项目。由国家发改委、国务院西部开发办公室、财政部、国家林业局、国家粮食局统一安排，全省2002～2007年封山育林工程建设任务4万 hm²。安徽省共16个市61个县市参与了项目实施。截止到2010年，共完成封山育林建设任务39802hm²。其中，无林地和疏林地封育11564hm²，有林地封育21828hm²，灌木林地封育6410hm²。全省淮北平原区、江淮丘陵区、沿江丘陵区、皖南山区以及大别山山区五大区域中皖南山区是最主要的封山育林工程建设的区域，封育面积为 20122hm²，占封育工程总面积的 50.6%。其他四个区域中封山育林实施面积的大小依次为：大别山山区、沿江丘陵区、江淮丘陵区以及淮北平原区，分别是 8513hm²、5100hm²、3800hm² 和 2267hm²。全省实施封山育林面积前 5 名的城市为黄山、宣城、六安、安庆以及池州，面积分别为 8400hm²、7200hm²、5046hm²、4933hm² 以及 4522hm²。

第二节 封山育林模式

封山育林按照其封育方式分为全封、半封和轮封（张晓光，2004）。

一、全封模式

全封是指在封育期间，禁止采伐、砍伐、放牧、割草和其他一切不利于植物生长繁育的人为活动。封育年限根据成林年限确定。一般为 3~5 年，有的可长达 8~10 年。这种方式适于高山、远山、河流上游、水库附近及严重的水土流失和风沙危害地区的水源涵养林、防风固沙林和风景林等的封育（李瑛帮，2010）。安徽省在封山育林实施过程中以全封的封育方式为主，全省范围内，实施全封林地的面积占总封山育林面积的 83.9%。

森林公园以及生态脆弱地带林地为全封经营模式。例如安徽黄山、琅琊山、蓬莱仙洞、皇藏峪等风景区一般都属于全封，当地居民以旅游收入为主，对森林的依赖不大，很少有人去破坏，封育效果特别好；而梅山水库、响洪甸水库、佛子岭水库、磨子潭水库、陈村水库、花凉亭水库、龙河口水库、董铺水库、黄栗树水库和沙河集水库等库区周边必须实行死封。全封模式对于生态修复效果明显较好。以池州市青阳县乔木乡金山村的封山育林实验林为例，该山场位于金山水库旁边，以杉木和丛生竹为主，随着海拔生升高，间或有枫香、青冈、黄檀等阔叶树种，封育了 10 年，由于附近村民经常上山砍柴和盗伐树木，封育效果不是特别理想，只能说山绿了，植物以丛生竹和杉木为主，杉木的胸径一般在 6cm 左右。由此可见实施全封之后的抚育措施对于封育效果的影响还是比较大的。大别山区全封的面积约为 7411hm²。大别山区是著名的革命老区，经济相对落后，人民群众对森林的依赖还是很大的，当地居民经常会上山砍柴。

对于全封应探索出不同林分结构的最佳封育年限，在保证生态功能的前提下，找出封育年限阈值。即在封育不能再提高生态指标、经济效益的情况下可以实行半封和轮封的措施，以满足当地民众需要，提高经济效益（侯琳，2007）。

二、半封模式

半封，也叫活封，是指在林木的主要生长季节实施封禁，而在其他季节，在不影响森林植被

图 34 全封模式

图 35　轮封模式

恢复、伤害应受到严格保护的树种及幼树、幼苗的前提下，开展有计划、有组织的砍柴和割草等经营活动。半封模式主要分为两种：分别是按季节封育和按树种封育。按季节封育，就是在不影响植被恢复的前提下，在植物停止生长的季节组织群众有计划地进山割草、樵采和放牧；按树种封育就是以不伤害有发展前途的树种为前提，常年允许群众进山打柴、割草，这种方法适用于有封山育林习惯的地区培育用材林或薪炭林，但如果管理不当，很容易使林分遭受反复破坏，使植被退化（杨梅，2003）。因此，半封模式比较适用于人口密集的近山或低山地区，可解决群众的实际生活需要。

安徽省在封山育林实施过程中以全封的封育方式为主，但对于成熟龄林地的封育，考虑到部分林区植被生长现状较为稳定，居民生活生产对林业木材有一定需求，在全封的同时结合使用半封和轮封的方式。因此，半封模式的采用往往是建立在为了满足居民的实际生活生产需要的基础之上进行森林质量的提高。据 2010 年造林核查报告统计，安徽省在封山育林工程建设中进行半封模式的林地面积共计 6103hm²（皖南山区、江淮丘陵地区、沿江丘陵地区、大别山地区以及淮北平原区半封面积分别为 2759、846、994、1037 和 467hm²），其中进行半封模式的有林地、疏林地以及灌木林地面积分别为 3329、1734 和 1040hm²。

三、轮封模式

轮封是指将整个封育区进行划片分段，轮流封育。在不影响育林和水土保持的前提下，划出一定范围，供群众薪柴、放牧、割草等以满足群众基本生活需求，其余地区实行全封或半封。轮封间隔期 2～3 年或 3～5 年不等。通过轮封，使整个封育区在不影响附近山民生活实际需要的同时利用森林自我修复功能达到恢复植被的目的。此法能较好地照顾和解决群众当前利益和生产生活上的实际需要，同时还能兼顾森林的可持续发展，适宜于培育薪炭林。

随着经济的发展以及农村产业结构的调整，山民青壮劳动力大多外出务工；同时山民的生活也基本上不需要薪炭来满足生活基本需求，不需要再"靠山吃山，靠水吃水"了，再实施轮封模式已经没有意义。根据 2011 年造林核查报告可以看出，皖南山区轮封面积占造林面积不到 0.3%，大别山的轮封面积不所占比例不到 0.7%，最高的沿江丘陵区也才 3.4%。

第三节　封山育林方式与生态、经济、社会效益分析

一、经济效益

（一）封山育林成本低

据文献显示，安徽省封山育林成本为每公顷 22.5 元，按 5 年郁闭成林计算，每公顷 112.5 元。一般人工造林成本 1125 元，封山育林已成林 105.7 万 hm²。按 1997 年价格计算比人工造林节约造林费 10.37 亿元。根据安徽省 2006 年至 2010

表16 安徽省"十一.五"规划退耕还林投资测算

	退耕还林		荒山造林	封山育林	五个结合配套措施	工作经费	总投资
	生态林	经济林					
面积 /hm²	106953	26380	218559	206667			
投资单价 / 元	2.84	1.8	0.01	0.07			
投资额 / 元	303746.5	47484.0	2185.59	14466.6	139754.0	7487.2	515123
%	58.9	9.0	0.4	2.8	27.1	1.4	

年对退耕还林工程投资（如表16）可以看出，封山育林的面积占总面积的37%，其投资额仅占总投资额的2.8%。

（二）林木潜在收益大

自2002年封山育林项目实施以来，安徽省共16个市61个县市参与了项目实施。截止到2010年，共完成封山育林建设任务39 802hm²。其中，无林地和疏林地封育11 564hm²，有林地封育21 828hm²，灌木林地封育6 410hm²。

二、生态效益

（一）涵养水源

安徽省无林地和疏林地的封育类型主要为乔木型、乔灌型、灌木型以及竹林型，其封育面积分别为7216hm²、2868hm²、950hm²和529hm²。有林地和灌木林地的封育类型为乔木型。根据对森林涵养水源效益的调查：与无林地相比，阔叶林净增持水量为每公顷973t，马尾松林净增持水量为每公顷899t。据此测算，该省封育成林的39802hm²，森林可增加蓄水近3000亿t。封育而成的天然次生林具有较强的涵养水源、调节径流的功能（高人，2003）。

（二）保持水土，提高土壤肥力

在同等降雨强度下，实施封山育林的林区地表径流量明显小于一般裸露地，林区土壤的冲刷量也仅为裸露地土壤的1/11。同时，针对生态脆弱的地带，如土少、植被少、地表水少、石山多的石灰岩山地，由封山育林所形成的林分也给动物和微生物创造了良好的生态环境，加之枯枝落叶的不断增加，土壤有机质和全氮含量得以不断

增加，土壤的酸性不断减弱，土壤持水量加大，从而起到了改善土壤条件、提高林地保土防蚀能力的效果，封山育林实施的时间越长，土壤条件改善效果也越明显（吴士元，2000）。

（三）保护物种多样性、增强森林抗灾力

由于对封山育林地实行封禁保护，减少了人为破坏，给物种创造了良好的休养生息的环境条件，森林群落的组成发生了深刻的变化，物种数量显著增加（费世民，2004）。此外，封山育林所形成的天然次生林多数是针阔叶混交、乔灌草结合、具有复杂林相的比较稳定的植被群落，使得生态环境更加优良，生物链更加完整，具有比人工针叶纯林高得多的自我控制能力，再加上在封禁期内限制人们进山活动，从而有效控制了人为火源，减少森林火灾的发生。

三、社会效益

（一）加快荒山绿化速度

自2002年以来，在全省实施封山育林的17个市中，宿州、蚌埠、滁州、六安、宣城、池州、安庆、黄山这8个市封山育林面积增长十分明显，增长率均超过300％。

（二）促进森林旅游，保障农业稳定发展

封山育林对林地有着保持水土，改善小气候的积极影响，有效促进农业发展，粮食增产。同时封育所形成的自然景观可刺激区域旅游经济的发展，提供劳动就业机会，促进当地经济迅速发展。

第五章

安徽省不同主导驱动因子的生态驱动模式及其应用

第一节　驱动力分析

生态经济的发展使人们日益认识到，社会经济系统的正常运转终究是以自然生态系统物质循环的动态平衡为基础的，人类社会应该与自然生态建立一种互利共生关系，因此，在生态系统的可恢复前提下，通过各种生态工程实行生态修复。林业生态工程属于生态修复工程的重要组成部分，即通过在一定的区域内开展的以植树造林、封山育林以改善和优化生态环境。同时，林业生态工程是政府作为投资主体的纯公益性项目，为确保项目建成后的维护管理，需要能够激励相应的产权单位或个人来弥补生态环境资源具有稀缺性的价值属性，促进经济发展，提高人民生活的质量，以确保林业生态工程的可持续发展。

一、退耕还林驱动力分析

退耕还林（草）是人们通过政策和管理措施改变土地利用/植被覆盖类型，其本质是通过优化土地的利用方式，恢复和重建区域地表自然覆盖，构建生态安全条件下的土地利用/植被覆盖新格局。在国家生态建设政策、粮食结构调整的宏观引导下，加之全球气候变化问题的影响，退耕还林使得土地利用方式的改变，土地覆盖由耕地变成林草地，同时，平原、丘陵和山区等地发挥区域比较优势，依托林业科技服务体系，因地

制宜地发展林业复合经营，引导林农利用林下隙地获取效益最大化，充分发挥森林不仅是区域环境的生态屏障，也具有一定的观赏价值，带有一定的社会、文化的色彩，它的实施主要存在着以下三种驱动力：

（一）趋势驱动力

即生态安全问题而导致的生态安全动力。近二、三百年来工业文明给人类带来了富裕和繁荣，但同时自然环境也遭到了破坏，给人类的生存与发展带来了威胁。保护自然资源和生态系统，促进经济社会可持续发展，构建人与自然和谐相处的生态文明，已日益成为全人类的共识。中央政府为促使农民逐渐转出那些被认为是相对"不利于水土保持和生态保护"的种植业，而转入被认为有利于"环境或经济可持续发展"的林业、畜牧业，通过"退耕还林，封山绿化，以粮代赈，个体承包"的政策驱动引起土地覆盖的变化，调整土地利用结构，促进农民增收。

（二）多元主体驱动力

即退耕还林工程建设中各级主体为了各自的利益而产生的驱动力。20世纪90年代中后期我国出现粮食结构性过剩，退耕还林工程在一定程度上有助于粮食总产量和国家粮食库存量的下

降。各级地方政府虽然具有各地区社会经济和自然条件的复杂性，但都存在着加强小流域生态治理的生态文化驱动，调整产业结构增加农民收入、促进地区经济发展的经济驱动和应用农业科技，壮大优势产业科技驱动。作为直接实施者的农户，中央提出的"三补两减两落实"的基本政策让农户有了退耕从事第二三产业，增加收入，获得经济利益最大化的经济驱动。正是这种多元主体利益的共同驱动，使得退耕还林规模得以实施并迅速扩张。

（三）反哺共生力

即退耕还林工程其巩固和发展依赖于效益的产生，反哺共生力就是这种效益生成作用的体现。反哺共生力和制度引力、经济引力、生态文化引力和技术引力都有一定的关系。例如政策开始实施时，退耕地块的退耕机会成本大多低于国家补贴标准，经济引力使得退耕还林工程在试点开始后就很快超标。而退耕还林实施过程中不同的制度安排，不同的技术措施也导致退耕收益不

同，此外如果不能有效提高生态意识，解决对土地的依赖，政策性补贴停止之日就是山林砍伐复垦之时，财政负担长期化，政策也就陷入被动。

二、退耕还林驱动力机制模型

这三种驱动力及其要素并不是独立的，它们在对退耕还林工程产生作用的过程中是相互联系相互影响的。由日益增强的生态安全需求和粮食结构调整的趋势动力 F1 构成退耕还林工程的推力系统，对退耕还林工程的实施和迅速扩张起着主导推动作用。由经济引力、生态引力、制度引力和科技引力产生的反哺共生力 F3 形成退耕还林的引力系统，在退耕还林实施过程中间，各级政府和农户作为多元利益主体的代表，它们通过政策具体实施，保证退耕还林工程的实现，起着催化作用（F2）（图36）。

从驱动力的作用而言，退耕还林工程由于是一个自上而下的工程，在很大程度上带有强制的意义，所以趋势驱动力对退耕还林起着关键性的作用。在趋势驱动力的推动下，即使没有多元主体动

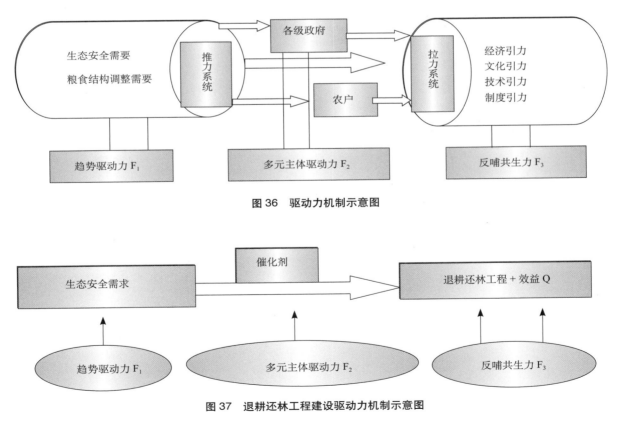

图36 驱动力机制示意图

图37 退耕还林工程建设驱动力机制示意图

力的推动，退耕还林工程也会缓慢推进。也就是说，多元主体推动不能改变退耕还林的本质属性，因此，多元主体动力只起着催化剂的作用。退耕还林工程项目实施的过程也是效益溢出的过程，只有当效益足够高形成足够的反哺共生力，才可以确保退耕还林工程的巩固和发展，也就是说反哺共生力是退耕还林工程生存和成长力（图37）。

由上述分析可以看出退耕还林工程也就是效益决定的动态平衡，在趋势动力推动和多元主体动力的催化作用下的结果。

第二节　驱动因子筛选

由于区域内、县域间自然—社会经济特征的复杂性和差异性，安徽省5大区域实施退耕还林（草）的驱动力及其响应机制均存在差异性。从皖北的平原区过渡为江淮丘陵区直至皖南、皖西的山区，退耕还林建设的主要驱动力也从以粮食结构调整为主导过渡到以生态建设为主体。总体而言，安徽省退耕还林建设主要是以自然生态环境条件和经济驱动为主导，科技和文化驱动因素居次。

一、自然因子

从自然驱动的角度看，不同地区由于其所处地理位置、海拔高度和气候等条件的不同，造成了不同区域其生态承载力的不同。陡峭的山区较容易受到雨水侵蚀的作用；河流的堤岸在汛期会受到水流的冲击等，这些都是生态较为脆弱的地区。对一般自然资源的利用可能有两种不同的结果：一种是适当干预，既能使自然资源得到较为充分的开发利用，又能够使生态系统保持平衡，并促进经济的增长和发展；另一种是干预强度超过了自然资源所能承载的生态系统平衡稳定机制所允许的限度，破坏生态系统的平衡，导致生态系统的生产力下降，不能使自然资源在不同用途之中有效的配置（徐康宁等，2006；罗浩，2007）。后者出现的情况无疑在生态较为脆弱的地区更加值得关注。退耕还林和封山育林工程都是政府主导的生态工程，其追求的主要效益是生态效益，在制定退耕还林计划时，所以考虑的因子就是自然条件和生态需要，《退耕还林条例》明确规定水土流失严重的，沙化、盐碱化、石漠化严重的，以及生态地位重要、粮食产量低而不稳的应当纳入退耕还林计划。

（一）自然地理位置

安徽省地形地貌呈现多样性，长江和淮河自西向东横贯全境，全省大致可分为淮北平原、江淮丘陵、皖西大别山区、沿江平原和皖南山区五个自然区域，安徽省皖西和皖南山区的退耕还林主要驱动因子是自然地理位置。以安徽皖西大别山山区为例，采取随机抽样的方法，调查农户105户共427人，其中参与退耕的农户53户共223人，非退耕的农户52户共204人，通过采集退耕农户和非退耕农户的家庭位置的GPS信息，可以用地理软件模拟得到的农户大致家庭位置，如图38所示。

通过对比退耕农户和非退耕农户的家庭位置的海拔高度的信息，发现农户家庭的海拔高度存在明显的差异（图38-2）。退耕农户的海拔位置相对高于非退耕农户的位置，并且存在显著性的差异（表17）。由此可见，退耕还林政策实施具有较强瞄准性，地理位置是退耕还林重要的自然因子驱动因素，对于坡度较大，适合种植发展林业的地区，通过退耕还林，恢复原有的森林地貌。

（二）生态改善

除地理位置外，安徽省有的地区退耕还林主要是由于以前资源开发，生态破坏严重改善，为改善生态环境，实施退耕还林，坡耕地造林等。例如淮南市位于安徽省中北部，地貌兼有平原和丘陵的特点，煤炭资源丰富，已探明储量为153.6亿t，占安徽省的63%，华东地区的32%，属于典型的资源型城市。据1999年统计，因矿

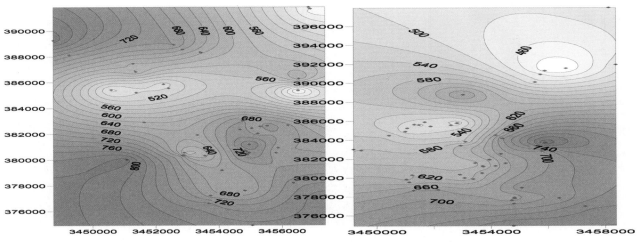

图 38　退耕农户家庭 (1) 和非退耕农户家庭 (2) 位置分布图

表 17　家庭海拔高度的独立样本检验

		方差方程的 Levene 检验		均值方程的 t 检验					差分的 95% 置信区间	
		F	Sig.	t	df	Sig.（双侧）	均值	标准误	下限	上限
高程	设方差相等	.115	.735	2.813	100	.006	53.92157	19.17032	15.88820	91.95493
	设方差不相等			2.813	98.942	.006	53.92157	19.17032	15.88322	91.95991

产资源开发破坏土地面积 621hm²，煤矿开采造成采煤塌陷区面积 7262.1hm²，生态环境十分恶劣。在 2002 年、2003 实施退耕还林工程后，淮南市坡耕地造林总数相当于过去 15 年以上的造林总量，森林覆盖率提高了 3 %，有效地改善了生态环境。

二、经济因子

强调基于"经济绩效"的（efficiency based）的驱动认为退耕还林是根据相关的（或感知到的）成本 / 风险与收益进行比较分析而做出的理性选择。经济驱动来源主要在微观和宏观两个方面，微观上，由于退耕还林采取自愿的原则，当地农户和地方政府有着内在林业生态建设的经济驱动力；宏观上，城市化进程的加快改变林区农户的生产行为，加大了退耕还林的比较收益，所以退耕还林工程能否顺利实施的关键是生态建设能否给当地带来经济活力和生活品质的提高。

（一）财政投入

退耕还林工程作为一项重大的林业生态工程，其资金在需求量上异常庞大，在投资时间上较为漫长，市场资金力量有限，只有国家财政资金才能提供工程所需的支持，所以安徽省退耕还林工程是以中央政府投资为主，地方政府补充投资为辅的一项生态建设工程，2009 年，安徽省退耕还林投资完成总额为 76303 万元，其中，中央政府以国债资金和中央财政专项资金形式共投入了 61586 万元，占林业投资总额的 80.7%，地方政府仅投入了 14717 万元，占比为 19.3 %，中央与地方两者之比为 4.2：1，中央投资占主导地位，地方发挥补充投资作用（陈珂等 2007）。政府希望通过国家资金引导，完善政策措施，提高广大群众参与工程的积极性，获得能够完全支撑国家生态安全的生态产品。

安徽省退耕还林工程始于 2002 年，随着工程不断向前推进，财政资金投入总量发生变动，

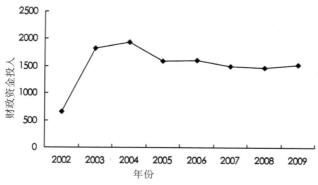

图 39　金寨县 2002 ~ 2009 退耕还林财政资金投入

以金寨县退耕还林工程财政资金投入规模为例，退耕还林工程财政资金投入规模的变动趋势大体是先上升至最高点后平稳下降。如图 39 所示，从结构上看，粮食折资和种苗补助占据退耕还林工程财政资金的主要部分；一般认为国家可以通过退耕还林工程对农户进行粮食补助，逐步扭转全国粮食整体上的相对过剩局面，有助于扭转粮食价格的下跌，为国有粮食企业降低亏损创造条件；另一方面通过中央财政资金（包括国债资金）"顺价收购"国有粮库粮食，可以直接在账面上降低国有粮食企业的巨额亏损（徐晋涛等，2004）。随工程持续推进而投入的巨额资金还承担了发展地区经济的重任，既惠及工程区亿万农民，提高其收入水平，又使社会福利条件得到一定程度的改善。

（二）比较收益

退耕还林作为一项公共政策，政府一方面通过以粮代赈等政策按统一规划组织并监督农户执行退耕计划，并从政策法规上确立退耕土地的造林新用途，为防止生态环境进一步恶化提供了制度保障；另一方面实行"谁退耕、谁造林、谁经营、谁受益"的公共政策，拟通过退耕农户自利性经营活动的外部性实现改善生态环境的社会目标（王小龙等，2004）。从机会成本的角度看，农户作为理性经济人若选择退耕，其退耕还林后收益应大于退耕前的土地收益，所以农户通常选择土地生产力较差和离家较远的旱地作为退耕地，这些退耕地大多比较收益低于政府的补贴。另外，中央提出的"三补两减两落实"的基本退

耕政策让农户有了退耕从事第二三产业，增加收入，获得经济利益最大化的经济驱动。

此外，退耕还林工程实行目标责任制，中央政府负责工程的统筹规划，而地方政府负责具体的实施过程，处于不同层级的地方政府逐级落实相应的目标责任。从退耕行为经济驱动的角度看，地方政府是否积极地推行退耕还林工程的政策，取决于其对工程成本和收益的权衡。地方政府执行退耕还林政策的成本，是地方政府从工程启动开始到工程目标最终实现的期间内所承担的各种成本之和，主要包括因执行退耕还林政策而放弃的原要素禀赋所能带来的净收益的机会成本、实施退耕还林工程政策过程中支付的检查验收、稽核等直接成本和额外的间接成本三类（王章留，2000）。各级地方政府虽然具有各地区社会经济和自然条件的复杂性，但都存在着加强小流域生态治理，调整产业结构增加农民收入、促进地区经济发展的经济驱动。

三、社会因子

（一）人文因素

按照 TPB 理论（计划行为理论，Theory of Planned Behavior），农户退耕的行为意向主要受到行为态度（Attitude toward the Behavior，AB）、主观规范（Subjective Norm，SN）和知觉行为控制（Perceived BehavioralControl，PBC）三个变量的影响。行为态度（AB）是指农户对退耕还林的积极或消极的评价。主观规范（SN）指农户对于退耕还林所感知到的社会压力。知觉行为控制（PBC）是农户感知到的退耕还林的掌控能力，也即执行某特定行为的态度越正面、感受到的重要他人支持越大、感知的行为控制越强，行为意向越大，反之就越小；TPB 模型如图 40 所示。

通过访谈调查发现，80% 参加退耕还林的原因在于国家提供粮食、现金和种苗补助等其他惠农政策比种地划得来；42 % 的农户认为坡耕地、岗地不适合种粮食，退耕可改善生产生活环境，30 % 的农户选择退耕是为了响应国家号召，保护生态，22% 的农户参加退耕是希望从农业生产中解脱出来，从事其他经营活动，12 % 的农

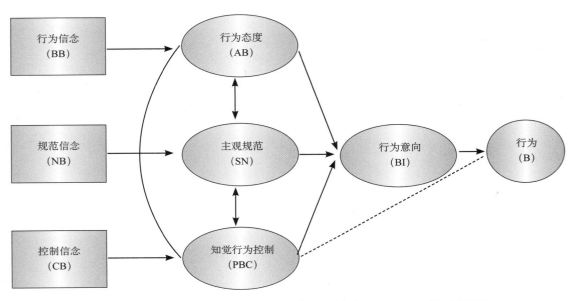

图40 TPB理论（计划行为理论）示意图（引自 Ajnez，1991，Fig.1 P182）

户认为退耕是连片的，别人都退耕了，只能跟着退耕。在访谈中也发现农户性别、年龄、文化程度、打工时间的长短等个体差异对退耕认识也存在差异，由此可见农户参与退耕的行为动因也是多元的，是受多种因素综合影响而作出的行为选择结果，除了对经济利益的追求，还包括人与自然、人与社会融洽关系的追求。

（二）生态政策

森林资源的外部经济性决定了森林的生态效益不能够完全靠市场的办法来解决。我国自改革开放以来，国家经济高速发展，而生态环境在经济发展的初期重视程度不够，在经过1997年的黄河断流和1998年后的特大洪涝灾害之后，国家的生态安全被提到了前所未有的高度上。持续的经济增长为林业生态的建设，提供了非常重要的两个条件：一是持续的经济增长以及中央和地方财政收入的高速增长，为林业生态工程建设的资金投入打下了良好的经济基础；二是中国的城镇化和工业化的速度较快，为农村地区，尤其是山区的劳动力的转移提供了良好的外部环境，因此一大批国家重大的林业政策开始颁布，林业生态工程相继实施。

作为退耕还林以及其他的林业生态工程，都是是政府为了满足公众需要的公共政策。它通过

生态政策规定了建设林业生态过程中中央政府、地方政府和农户的交易模式，并构建了他们之间的交易成本，为农户的生态建设提供了有利的物质保障和法律保障。

（三）科技项目

"十一五"以来，安徽省共落实国家和省林业推广项目100多项，其中国家林业局项目29项，省项目100多项，争取国家科技推广经费2310万元，实施了油茶良种及丰产栽培技术示范、杉木、泡桐速生丰产林营造技术推广示范、香榧良种繁育及丰产栽培技术推广示范及杨树优良品种及高效栽培技术示范等20多项林业科技推广与示范项目。推广应用新技术50多项，累计推广面积达到50万 hm²；各地共建立各类科技示范林、示范园、示范点1000多处，总面积近3万 hm²，其中大部分基地已成为各地林业建设的精品工程、样板工程。（中国林业科技网，发展中的安徽林业科技）。通过科技示范、科技推广和开发，加速了科技成果的转化和大面积应用，为生态建设提供了有力的科技保障，也驱使更多的农户从事林业生态建设活动。

四、文化因子

天人合一是中国生态文化传统中一个根本性

表 18　有关退耕还林工程的相关法律法规和技术执行标准

林业法律法规	林业政策	技术执行标准
《中华人民共和国森林法》 《中华人民共和国森林法实施条例》 《中华人民共和国防沙治沙法》 《退耕还林条例》 《国务院森林采伐更新管理办法》 《造林质量管理暂行办法》 《营利性治沙管理办法》 《林业工作站管理办法》 《退耕还林工程现金补助资金管理办法》 《长江中上游防护林体系建设工程管理办法》 《安徽省实施〈中华人民共和国森林法〉办法》 《巩固退耕还林成果专项资金使用和管理办法》 《安徽省退耕还林工程建设年度目标考核奖惩办法》 《安徽省退耕还林工程建设档案法》	《中共中央国务院关于加快林业发展的决定》 《中共中央国务院关于全面推进集体林权制度改革的意见》 《国务院关于完善退耕还林政策的通知》 《国务院关于进一步完善退耕还林政策措施的若干意见》 《国家林业局印发关于造林质量事故行政责任追究制度的规定》 《国务院关于进一步做好退耕还林还草试点工作的若干意见》 《中共安徽省委 安徽省人民政府关于贯彻〈中共中央、国务院关于加快林业发展的决定〉的实施意见》	《造林质量管理暂行办法》 《封山（沙）育林技术规程》 《国家造林作业设计规程》 《名特优经济林基地建设技术规程》 《森林抚育规程》 《生态公益林建设技术规程》 《退耕还林工程生态林与经济林认定标准》 《退耕还林作业设计规程》 《安徽省苗木标准》 《安徽省造林技术规程》《造林技术规程 -GBT 15776-2006》

的主题，也是中国主流文化的儒家和道家所主张的一种协调人与自然关系的指导思想，近万年协调人与自然关系的农业生态实践经验，也能够促进人们形成自觉维护生态环境的良好行为习惯。在安徽不少乡村，对于村寨周围的大树奉若神灵，严禁砍伐，这种对树木的崇拜，进而制定具体的措施而加以维护的传统，民间禁忌和乡规民约，决定了生活方式不是纯粹为谋利的经济活动方式，客观上实现了人与自然和谐共处，保护了自然生态环境。

宗教主张尊重自然和保护环境，比如佛教认为，人与环境是有机统一体。人身是正报，环境是依报，二者密不可分，都是主体的业力所为，因此要 像对待自身一样对待环境。此外，佛教也主张众生平等，认为"一切众生，悉有佛性"；"青青翠竹，尽是法身；郁郁黄花，无非般若"，大自然的一草一木都是佛性的体现，都有其存在的价值，因此崇敬自然，珍视万物，建立与自然和谐共处的境界是佛教所追求的。道教也立主人与自然的和谐相处，并认为最终起主导作用的是自然而不是人，最高的社会理想应该是顺应自然的人间秩序（马克林，2006）。安徽省有着九华山等佛教名山，齐云山等道教名山，宗教的教义深入信徒心灵，从内心深处认为生态建设的重要性，驱使农户从事生态建设活动。

此外，比如性别与生态环境的关系，性别气质的差异，不同性别对于保护生态环境保护作用不同，社会性别分工的存在，生态女性主义认为人类对自然的贬低，与对女性的贬低之间存在着内在的联系（方刚等，2010）。随着经济的发展，女性社会地位的越来越提高，对生态建设的偏好也越来越强。还有人口搬迁势必会对迁出地和安置区的环境与资源状况产生显著的影响，人口分布的均匀程度等社会因素都对生态建设产生一定的作用和影响。

第三节 生态驱动模式及其应用

当人们具有某种需求，并且知道可以满足这种需求的某种物质或者工具时，人们就会制（创）造或者寻找可以形成这类物质或者工具的驱动力。从城市森林建设来讲，当城市各类主体的需求与城市森林建设的功能相耦合时，建设城市森林的驱动力随之产生，而且不同的主导要求也会通过城市森林的功能形成不同的驱动模式。因此可以认为城市森林建设的驱动来源于城市的多样需求和城市森林的多种功能的耦合（章滨森，2010）。根据这种耦合，分析人员提出我国城市森林建设遵循"需求—功能—驱动"的规律，并且形成了生态主导驱动型、社会文化主导驱动型和经济主导驱动型三种城市森林建设驱动模式。

一、生态脆弱地带生态驱动模式

随着人口、资源和环境问题的日益严重，人类生存的环境呈现出一种脆弱的生态发展趋势。由此引发了我国生态、环境、资源科学等领域对生态脆弱性问题的持续关注与深入研究，并取得了较为丰富的研究成果（姚建等，2003；王介勇等，2004；周嘉惠等，2008；乔青等，2008；赵庆杰等，2009；徐广才等，2009）。在国际上，生态脆弱性的研究在全球受到关注由来已久，自20世纪60年代的国际生物学计划（IBP）、70年代的人与生物圈计划（MBA）以及80年代开始的国际生物圈计划（IGBP）等都把生态脆弱性作为重要的研究领域（谭媛，2007）。总体来看，当前的生态脆弱性研究的内容主要包括系统变化分析、系统自身的敏感性与外部扰动的潜在影响、人地系统的适应性等，而生态环境的脆弱性评估、驱动机制研究及其恢复重建工作成为该领域研究的重中之重（王介勇等，2004；徐广才等，2009）。

虽然国内外有关脆弱性的研究内容丰富，区域广泛，但是其理论体系尚不完善，且关于生态脆弱性概念的界定还没有相对统一的认识（沈珍瑶等，2003；赵跃龙，1999；Liverman D，1986；王小丹等，2003；吕昌河，1995；姚建等，2003；薛纪渝，1995；刘燕华，1995；蔡海生等，

2003；赵平等，1998）。这里我们暂且将脆弱生态区理解为是在自然和人为干扰下形成的一个相对的概念，是指稳定性差、对外界干扰比较敏感，在遇到不利干扰时容易向生态退化方向发展的生态环境区域。

根据陈杰等（2012）提出的安徽省脆弱生态环境区划方案，我省共有2个脆弱生态区（沿淮淮北平原水环境污染盐渍化脆弱生态区、淮河以南丘陵山地水土流失酸雨脆弱生态区）、8个脆弱生态亚区（淮北平原北部盐渍化脆弱生态亚区、淮北河间平原盐渍化水环境污染脆弱生态亚区、淮河中下游湿地脆弱生态亚区、江淮丘陵水土流失脆弱生态亚区、大别山水土流失酸雨脆弱生态亚区、巢湖—滁河平原农业生态亚区、长江沿岸平原农业生态亚区、皖南山区水土流失酸雨脆弱生态亚区）以及26个脆弱生态地区。由于这些区域特殊的地理环境以及人文因素，如何在这些生态脆弱区建立合适的生态驱动模式是我们亟待解决的问题。

（一）生态脆弱性成因分析

由于生态环境是由多种环境要素组成的，因此生态环境脆弱性的成因也是多方面的，其中主要包括两方面自然因素和人为因素。自然因素主要是指由于该地带的地质结构特征，林地气候条件等形成的酸雨、水土流失、土壤盐渍化以及其他一些地质灾害等造成该地带的生态脆弱性。从某种意义上说，这些自然因素只是形成包括酸雨、水土流失等在内的物质基础，而我们人类不合理的索取才是产生这些的重要原因。以安徽省石台县为例，1940年以前，该县大部分地区林木覆盖程度较好。1940年以后，长江以北地区的部分群众逃荒来此开垦；1958年后，经历了大规模的群众性砍树、烧炭大炼钢铁；1961年以后，在"以粮为纲"的指导思想下，出现了大规模的开荒垦山。由于出现大规模的开垦，而忽视了土地资源的及时恢复，使得土层变薄，基岩裸露，土壤养分严重下降，荒山秃岭比比皆是。同时，由

图 41　加拿大生态林封育标志

图 42　封育林内枯死木保留状态

于森林的乱砍滥伐，毁林开荒和超坡度种植等原因，使山区水土流失严重加剧。严重的水土流失使耕地变得越来越瘠薄，养分大量流失，土壤肥力严重下降，河床、水库、渠道泥沙大量淤积，水利工程效益下降，有的设施甚至报废，加剧了旱涝灾害，妨碍了工农业生产的发展，也威胁了人们生活安全（据《石台县水利志》记载）。

（二）生态环境敏感性评价

生态环境敏感性是指生态系统对自然环境以及人类活反应动的干扰产生的敏感程度。只有了解了该区域生态系统遇到干扰时发生生态环境问题的可能性和程度，才能正确地提出保护以及修复该生态脆弱地区的合理驱动模式。根据陈杰等（2012）在《安徽省脆弱生态环境区划研究》一文中的研究，安徽省不同区域生态环境敏感性空间差异比较显著，其中盐渍化敏感区主要分布在淮北平原，中度以上等级的水土流失敏感区、酸雨敏感区主要分布在大别山、江淮丘陵和皖南山区，而水环境污染敏感区则主要分布在从皖北向南延伸到江淮分水岭两侧地带。根据安徽省主要生态环境问题及其影响因素，安徽省生态环境敏感性评价应主要从水土流失、盐渍化、酸雨、水环境污染、地质灾害等方面进行。

（三）建立合理的生态驱动模式

了解生态脆弱区成因以及生态脆弱敏感性的重要目的是能够筛选出该地区主要的生态驱动力因子，为保护以及修复该地区的生态系统提出合理的生态驱动模式。李延等人（2010）认为，造成生态脆弱区域的生态安全水平下降的主要缘由是人口数量增加所导致的大面积的土地开发利用。尤其在以农业生产为主的地区，农民为提高产量和解决温饱问题，不断进行乱垦乱种、陡坡开荒、毁林毁草耕种，严重的造成了植被与土地退化，林地生态功能的下降或永久性丧失。另外，采矿、交通及建筑业开发等建设活动也对地表产生了较大的扰动，造成大面积植被破坏和水土流失。这就要求我们要在尊重自然的基础上，从该地区的自然、经济以及社会文化角度出发，摆正人与自然的关系，以自然演化为主，进行人为引导，加速自然演替过程，遏制生态系统的进一步退化，加速恢复该地区的地表植被、水土保育等。找到一条脆弱生态区生态建设的可持续发展道路。

目前，安徽省针对生态脆弱区的生态建设主要以自然生态驱动和经济驱动因子占主导地位，科技驱动因子是巩固退耕还林生态工程建设的有效手段，文化驱动在具有省域文化特色的区域所占的比重较为突出。例如在安徽省的池州市喀斯特山区的脆弱生态区，其脆弱形成原因为过重的人口压力（特别是农业人口压力）等人类活动引起的以喀斯特自然环境为前提条件的石漠化，因此，该地区的的生态恢复应主要从改善和提高喀斯特山区的土地承载力、消除或减缓过重的人口压力等方面入手，坚持适生适种、石漠化治理与产业化相结合、长短结合、层次性和时序性、生态补偿、市场导向等原则。从缓解人口密度、活动与区域矛盾的角度出发，重点解决经济发展活力不足、生存环境条件恶劣、区域可持续发展后劲不足等问题，选择适宜喀斯特山区的生态环境建设与经济社会相耦合的可持续发展模式。改变以往虽在局部地区对石漠化势头有所遏制，但整体治理效果却不理想的方法，即在生态恢复过程中主要以封山育林为主，辅以人工植树种草的方法（朱同林，2003）。

池州市石台县丁香镇新中村所处位置为典型的喀斯特地区。该村经过长期实践，总结探索出一套适宜于喀斯特地区发展的生态环境建设与经济社会相耦合的可持续发展模式，成为生态脆弱地区生态环境建设与社会经济协调发展的成功典范。

① 狠抓小流域治理工程建设；② 实施绿化工程，优化生态环境；③ 科学开发，增产增效；④ 见缝插针，发展庭院经济；⑤ 开发以沼气为主体的生态能源，推广节柴灶；⑥ 依靠资源优势创优闯市发展经济。

通过多年的实践，新中村形成了生态林业、生态茶园以及生态经果林共存体系，森林覆盖率达到 95% 以上；形成了具有良好土、肥、水保持功能的自然生态体系，具备了强有力的抵御自然灾害的能力。森林覆盖率的增加为各种野生动植物提供了良好生存环境，动植物的有效保护和存在提升了该地区对病虫害的生物防治能力，有效降低了林草、作物农药的使用量，实现了生态系统与经济社会发展的良性循环。由此产生的"新中模式"和"新中精神"也得到了政府的肯定，引起了世人的瞩目。此外，安徽省在皖西大别山水土流失生态脆弱地区、淮南煤炭开采塌陷脆弱生态地区、蚌埠盐渍化水环境污染脆弱生态地区等其他生态脆弱地区都建立了相应的生态驱动发展模式，为这些地区提供合理有效的生态环境建设方案。

二、生态文化驱动模式

生态文化驱动型的城市森林建设源于当地城市居民对提高城市生活品质的要求，例如参加休闲、保健、文化或人文体验等游憩活动，自然环境是人类赖以生存的物质基础，也是文化产生和发展的自然基础。一种地域文化的形成，往往是在特定的自然环境下产生的。由于历史、地理和人文环境的不同，在安徽大地上形成的淮河、皖江和徽州文化等三种各具特点的区域文化，具有极高的精神价值。这些地域文化内涵体现的方式多种多样，其中在自然界中孕育的树木资源就可以作为一种信仰、理念的寄托。如黄山独特地形地貌和气候孕育了千姿百态的黄山松，它以无坚不摧、有缝即入的钻劲在花岗岩的裂缝中发芽、生根、成长，其树干苍劲，树冠和枝叶由于强风切割都形成层次分明的云片，显出一种朴实、稳健、雄浑的气势，于是安徽省委省政府号召全省人民学习黄山松的精神——"顶风傲雪的自强精神，坚韧不拔的拼搏精神，众木成林的团结精神，百折不挠的进取精神，广迎四海的开放精神，全心全意的奉献精神"。安徽上窑国家森林公园狠抓森林生态文化建设和红色旅游资源开发，建成了以新四军纪念林为代表的红色文化教育基地，2009 年被批准为国家 4A 级旅游景区；2010 年被国家林业局、教育部、共青团中央、中国生态文化协会命名为"国家生态文明教育基地"。安徽芜湖繁昌马仁奇峰省级森林公园前身为社队林场，场区的马仁寺始建于唐贞元十一年，历代香火不绝，青灯长明；马仁山历朝皆有名人来此隐居，如唐贞元年间王羲之后裔王翀霄来此隐居，后又邀陈商、李晕筑室于马仁山。马仁山之所以茂密的森林、丰富的树种能得到很好地保护完全归结于她有着深厚的文化底蕴和源远流长的佛教文化。安徽省桐城市、石台县、广德县在创建安徽省绿化模范县（市）和池州市、安庆市等创建国家森林城市中纷纷建立了夕阳林、新婚纪念林、公仆林、共青林、巾帼林、金婚林等全民义务植树基地。现在的陵园建设也越来越注意生态陵园或文化陵园建设，分别设置树葬、花葬和草坪葬。由此可见，文化对于驱动生态环境建设和保护具有巨大的魅力。

经济驱动型的城市森林建设源于人们对城市森林直接或间接经济效益的追求。例如，许多城市在维护生态环境的同时，注重建设森林公园，以追求其必将会为城市直接带来的经济效益。2008 年，全国森林公园共接待游客 2.74 亿人次，其中海外游客 693 万人次，直接旅游收入 187.11 亿元，带动社会综合旅游收入 1400 多亿元。(2009 年中国林业发展报告) 我国改革开放 30 多年的实践证明，城市绿化建设好的城市，不仅为居民提供了良好的生态环境，其带来的直接和间接的社会经济效益也正在凸显，城市的形象和吸引力也得以提升，招商引资的幅度也在不断加大。这种多赢的模式也驱动了很多政府在可行的条件下都愿意投入城市森林建设，从而推动了城市森林的建设。这种模式在沿海地区、经济发达城市比较突出，例如广东的中山、东莞、珠海、深圳等多个新兴城市在改革开放以来都制定了以建立城市森林体系为中心内容的城市森林规划。

安徽省退耕还林工程虽然使得该省的耕地有所减少，但土地利用效率却得到了大幅度的提高，节省下来的灌溉用水、化肥、劳动力等生产要素转移到了未退耕耕地，提高了粮食的单产能力。一部分劳动力也从传统种植业转移了出来，投入到了如种苗培育、林下养殖、经济作物和中药材种植等为农民增收的主导产业。如淮北平原区的涡阳、砀山的沙地是发展苹果梨的好地方，怀远石榴、砀山梨是该区享誉中外的名产，近些年该区大力栽植的杨树，提高区域的森林覆盖率，也使农民很快富了起来。江淮丘陵区占全省土地面积的 44.2 %，因交通发达，城市集中，大力发展了森林绿色食品，如香椿、栎类、果树。在山区，林业综合开发的收入占山区农民人均纯收入的 50 % 以上。如金寨县依托区域资源优势，重点发展优质板栗、山核桃和油茶，建立以开发名优茶、中药材、无公害高山蔬菜、特种养殖等为主导产业的 10 大林业生态基地和 100 个生态

家园示范小区，对 7 大类 24 个产品实施标准化生产，辐射带动 4.7 万农户增收。绩溪县山区大力发展的桑、茶、竹、木、果、药等经济林已成为农民增收的"聚宝盆"，其中竹笋两用林种植的总面积达到 833 hm²，山核桃经济型生态林的面积也有 4 000 hm²。而发展竹产业也成为广德县推进全县林业发展的引擎，以加工业带动竹资源培育，形成"企业 + 农户"、"企业 + 基地"等产业化经营形式，使全县竹林总体经营水平翻一番，由过去平均不足 4500 元 / hm² 提高到了目前的 9 000 元 / hm²。枞阳大山村 4 种农林复合经营模式（柿、山芋间作，李、马铃薯、绿豆间作，梨、玉米、小麦、辣椒间作，柑橘、茶叶间作）均能有效改善林地生态环境，提高土壤养分含量。且复合层次明显，土地盈利率较高。

三、生态经济驱动模式

20 世纪 80 年代初，马世俊、王如松在总结了整体、协调、循环、自生为核心的生态控制论原理的基础上，提出了社会、经济、自然、复合生态系统原理论和时（届际、代际、世际）、空（地域、流域、区域）、量（各种能量、物质代谢过程）、构（产业、体制、景观）及序（竞争、共生与自生）的生态观念及调控方法，指出人类社会是一类以人的行为为主导、自然环境为依托、资源流动为命脉、社会体制为筋络的社会—经济—自然复合生态系统。

复合生态系统结构层次包括物理、生命、技术和人文等四个层次。具有生产、生活、供给、接纳、控制和缓冲等结构功能。复合生态系统的自然子系统是由水、土、气、生、矿及其之间的相互关系构成的人类赖以生存、繁衍的生存环境；经济子系统是指人类主动地为自身生存和发展组织有目的的生产、流通、消费和调控活动，由生产者、流通者、消费者、还原者和调控者等五类功能实体相辅相成的基本关系耦合而成，由商品流和价值流所主导；社会生态子系统由人的观念、体制及文化构成，由社会的科学（知识网）、政治（体制网）和文化（情理网）等三类功能实体间相辅相成的基本关系所组成，由体制

网和信息流所主导。三个子系统通过生态流、生态场在一定时空尺度上耦合，形成一定的生态格局和生态秩序。其核心是生态整合，通过结构整合和功能整合，协调三个子系统及其内部组分的关系，使三个子系统的耦合关系和谐有序，实现人类社会、经济与环境间复合生态关系的可持续发展（王如松等，2012）。

生态省的建设目标是"自然平衡、社会安定、经济持续"，从纯粹追求社会经济繁荣的单维度向追求"健康、财富、文明"三维的复合生态繁荣，促进人与自然的和谐统一，实现生态环境建设与经济社会发展同步"共赢"。

第四节　驱动力及生态建设的调控机理

一、自然驱动

（一）人工促进植被恢复是退耕还林的重要措施

在长江上游、黄河中上游实施的退耕还林（草）工程是力图通过大面积的植被恢复，尽快高效地改善生态环境。森林植被的恢复与发展要求相宜的环境条件，有内因与环境统一的演替规律。遵循演替规律，促进植被发生与演替是绿化的基本思想。采取强制的手段，大规格整地，大苗栽植，建造顶级群落，往往事倍功半，甚至对环境造成破坏（罗晶，1997）。自然植被生物多样性丰富，抵御自然灾害能力强，具有优良的改善和保护环境的能力。人工不能建造自然植被。顺应自然规律，促进植被的恢复与演替，能起到事半功倍的效果。因此，人工促进植被恢复是退耕还林的重要措施。

退耕还林应先从偏远的小流域开始，这些地方人为活动较少，易实行封山禁牧。限制人为破坏和牲畜的进入，大多数流域都能依靠大自然的自我修复能力，在3~5年内形成草被群落，10年左右形成灌木群落（刘润堂等，1997）；还要先从林区附近开始，接近森林的地方，一是有较好的小气候环境，空气湿度大，水平降雨多，植被易发生和发展；二是林区附近植被种子多，封禁后易天然更新，并能促进植被演替。

坡耕地退耕还林后林地群落物种多样性提高的原因有：1）退耕后产生的过剩资源有利于杂草种子的生长和外来物种的侵入；2）人为干扰的减少，特别是土壤翻耕和人工除草的停止，有利于

群落的发育；3）群落空间异质性的增强，为新种的入侵创造了有利的小生境；4）群落植物种的增多，结构的复杂化为小型动物提供了良好的栖息地，从而促进动物多样性的提高。生物多样性的提高，反映了坡耕地退耕还林后，生态系统稳定性提高和生态功能增强（万雪琴等，2005；李世东，2004）（图43）。

（二）生态位理论

为逆转生态环境恶化的趋势，中国提出了退耕还林还草的战略决策，现有耕地的退耕标准以及具体的适宜退耕区域界定是国家和各地政府部门在落实退耕还林还草任务时迫切需要掌握的重大科学问题。国务院在关于进一步完善退耕还林政策措施的若干意见中规定："凡是水土流失严重和粮食产量低而不稳的坡耕地和沙化耕地，应按国家批准的规划实施退耕还林"（曾培炎，2000）。但在具体的实施过程中，各地均提出了自己的标准，如云贵高原、黄土高原等将水土流失地区坡耕地坡度大于25°作为退耕标准（彭文英等，2002），而有的地方将"年降水量低于400mm，蒸发量大于2500 mm的干旱、半干旱荒漠草原和荒漠区，适宜还耐旱灌、草"作为退耕标准（郭德宝，2001），等等。

退耕指标体系的制定和还林还草的种类选择应该充分考虑不同的生态地理区域的特殊条件和当地生产力水平，本着生态优先，生态、经济、社会效益协调并重的原则，通过对气候、土壤、地形和水文等条件的全面分析，研究各因素之间的相互联系，找出影响或决定是否适宜退耕的主

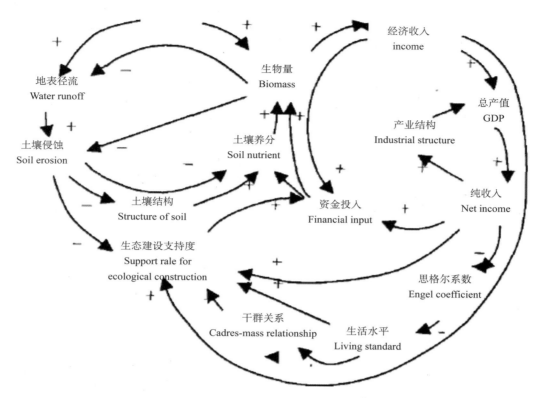

图 43　退耕还林模式因果关系（引自：李世东，2004）

导因子，进而对主导因子进行综合分析，最终确定退耕区域，而生态位理论在退耕还林（草）决策中的应用有利于明确当地的退耕标准及退耕区域。生态位理论应用于土地利用变化研究，能够从生态位角度对不同层次的土地利用进行控制与协调，对进一步研究土地利用变化机理和持续土地利用机制具有重要意义（王筱明，2007）。在实际农业生产中土地利用方式往往是由经济效益决定的，这会造成对土地资源的不合理开发，尤其在山地丘陵区，导致水土流失、土地退化等一系列生态环境问题。为实现土地资源的合理利用，必须对土地利用的综合生态位进行调控，从而实现土地资源利用的最优化。生态位理论的原理和方法可以贯穿和应用于生态学基础理论各分支之中，在土地利用中引入生态位理论能够指导农业生产实践。耕地生态位适宜度模型就是研究区域土地的现实生态位与需求生态位的匹配关系，反映区域土地现实条件对耕地的适宜性程度，为退耕还林决策提供依据（张侠等，2002）。

（三）农林复合生态系统理论

随着世界人口的增长，人类对农、林、牧产品的需求也急剧增长，农林争地的矛盾日趋严重，全球生态环境的日益恶化，更加剧了这种矛盾。因此，建立具有生物多样性的人工生态系统，或通过丰富农林牧副渔的多种经营组合，来达到生物多样性与经济需要相结合的目的，已成为现代生态学的热点之一。农林复合生态系统正符合这种重建生态学与丰富生物多样性的原则，近年来在世界范围内得到很大重视与提倡，成为生态农林业的一个主流而迅速发展。

农林复合系统（Agroforestry）既是一门古老的实践，又是一门新兴的研究领域。它又可称复合农林业、农用林业或混农林业，是一种新型的土地利用方式，在综合考虑社会、经济和生态因素的前提下，将乔木和灌木有机地结合于农牧生产系统中，具有为社会提供粮食、饲料和其他林副产品的功能优势。同时借助于提高土地肥力，控制土壤侵蚀，改善农田和牧场小气候的潜在势能，来保障自然资源的可持续生产力，并逐步形成农业和林业研究的新领域和新思维（孟平，1997；张劲松，2003）。

二、社会驱动

实现可持续发展，退耕还林与其说技术是关键，毋宁说政策是动力（李新平，2003）。以往植树种草成活率、保存率低，毁林垦荒乱牧屡禁不止，关键在于集体所有，管理松懈，以个体的自觉性难于遏制自私和无政府的占有、利用、破坏。抓住当前退耕还林，调整产业结构，生态移民之机，把荒山荒坡拍卖给农民和民营企业，国家给予生态补偿，就会调动广大农民的主动性，自发地去植树种草，严格管护，主动地去寻求技术的支撑，发挥植被的多种效益，从而真正实现退得下、还得上、稳得住、不反弹，达到可持续发展。

退耕还林一要依靠政策，二要靠投入，三要靠科技，归根到底要体现在科技进步上。退耕还林要坚决执行"严管林、慎用钱、质为先"的方针，切实加强质量管理，严把退耕还林的技术十关。推广行之有效的科学技术，提高造林质量，加速成果转化。在造林与栽培技术方面不仅要用最基本的技术措施，还要遵循林业生产基地化、林业经营林场化、林木栽培丰产化、林木产品优质化，实行工程造林。因此，在农村实施生态建设项目过程中，应用"参与式"方法，做好科技支撑。以往的项目实施管理均是由技术人员进行规划、指导、监督，农民被动服从，当转变机制后农民就成为项目实施的主体了，管理和技术人员就必须改变居高临下的态势，回归服务的角色。"参与式"为实现这种转变，提供了系列的具体方法，如"半结构访谈、问题树、排序"等。应用这些方法，就能和群众打成一片，启发农民树立主体意识和改造客观世界的信念；农民就会自主地学习新知识，了解信息，发掘乡土知识和技能，变"要我干"为"我要干"；管理和技术人员变"要你干"为"帮你干好"，形成合力，就能加快项目的实施和健康发展。

三、经济驱动

在此以退耕还林为例分析经济因素对生态建设的驱动机理。退耕还林是一项以生态环境建设为主要出发点的生态工程，也是涉及从中央政府、地方政府到农民三个不同利益群体关系以及退耕地区社会经济发展的社会经济工程。退耕还林行动中，中央、地方政府、农民等组成利益集团，农民是退耕还林行为的基础，它直接影响集体行为的结果。而净收益的多少又是农民行为的逻辑基础。中央退耕还林的成本分为直接成本和间接成本，其直接成本是指中央政府直接支付于退耕还林行动的费用，如用于制定退耕还林法规条例、划定退耕区、执行退耕还林政策等费用；其间接成本主要指实施退耕还林政策所引发的土地收益的损失，或称为机会成本。在互替的行动方式或策略之间，一种选择的收益就是另一种选择的机会成本。我国在20世纪50年代后期、20世纪60年代中期至20世纪70年代中期以及20世纪90年代初期多次毁林开垦，致使水土流失加剧，森林生态功能弱化，江河蓄水能力降低。据调查，在全国水土流失总量中，因坡耕地使森林植被受到破坏而产生的水土流失量占80%，而且每年流入长江、黄河的泥沙有60%来自坡耕地，导致长江、黄河水患频繁，国家每年不得不花费大量的人力、物力和财力投入防汛、抗旱和救灾，给国民经济和人民生产、生活带来了严重影响。这使中央政府面临着极大的退耕还林的压力，同时也意味着退耕还林具有极大的生态和社会效益（刘瑶，2003）。

退耕还林是国家有意识地调整土地使用结构的重要举措。近几年我国粮食生产连年丰收，国家粮食富裕，但同时也出现了粮价下跌，农民增产不增收，国家粮食部门亏损的局面。面对这种情况，如果国家不及时干预，任由市场自发调节，必然会出现"谷贱伤农"的问题，严重影响农民种粮积极性和粮食供应稳定性。在若干调整粮食供应的举措中，最直接的办法就是缩小粮食种植规模。就这一点而言，中央政府退耕还林又具有很好的经济效益和社会效益（刘瑶，2003）。

基于上述原因，中央政府在退耕还林行动中具有明显的收益，相比之下其所支付的成本是微不足道的。因而中央政府具有强烈的实施退耕还林行动的利益冲动，因此中央政府也成为退耕还林这一集体行动的主要推动者（刘璠，2003）。

对农民而言，净收益的大小是其行动的依据。农民在退耕还林中的直接成本包括执行费用和种苗费用。依据退耕还林政策，农民在退耕还林中实行"个体承包"，即"谁造林、谁管护、谁受益"，将植树种草和管护任务长期承包到户到人。但是一般而言，每个退耕户只有有限的土地，因而缺乏规模效益，农民退耕还林中的单位执行成本极高。此外，国家提出向农民提供种苗补助，但这一补助标准与实际需求相差较大。按照规定，国家应给予退耕还林的农民750元/hm²的苗木补助费。但根据西北地区有关部门的测算，如果栽种树种为乔木，则需苗木费约4500元/hm²，灌木约需1 500元/hm²，即使是种草也需要种籽费1050～1200元/hm²（张殿发等，2001）。这在一定程度上增加了农民的直接成本。另外，有人认为生态环境的破坏主要是由于农民急功近利造成的，而事实上，贫困才是毁林开荒、陡坡种植的根本原因。从以上分析，我们不难看出，在农民退耕还林的成本与收益对比中，成本要远远大于收益，其净收益为负值，因此，农民缺乏退耕还林的内在动力。

此外，退耕还林地区多位于边远贫困地区，在国民经济分配和再分配中本就处于弱势地位，退耕还林又将使地方财政在相当长的时期内增收乏力，甚至可能导致财政赤字增加，在此情况下，仅依靠地方政府自身极为有限的财力来实现上述政策目标，既不可行，更有失公平。而退耕还林未能与基本口粮田建设、发展后续产业、农村能源建设、生态移民、封山禁牧等五项工作切实结合，正是目前我国退耕还林速度放缓的重要原因之一（刘燕等，2005）。

退耕还林为非林木资源的开发利用和发展林区经济提供了机遇。随着人们生活水平的提高，健康和环保意识的加强，无污染的绿色食品如野生蔬菜、野生食用菌和野生干鲜果品等需求量越来越大。如松香、紫胶、桐油以及香精等来自林区的工业原料，不仅在国内有良好的市场，而且也是出口创汇的重要资源。

森林旅游是绿色旅游和生态旅游的主要标志，要以保护和合理利用森林旅游资源为基础，以旅游市场需求为导向，以生态旅游、观光旅游、避暑、休闲旅游、科普教育为重点，统一规划，合理布局，规范管理，提高服务质量和管理水平。

四、文化驱动

人类生存方式的本质，是文化与自然的辩证统一。伴随着文化形态的进化，人类认识自然、经营自然方式的不断变迁和发展，人类对自然界的认识经历了一个由模糊到清晰、由不自觉到自觉、由必然王国到自由王国过渡的过程，对自然界的支配能力不断发展，对外在世界的作用和影响也由弱变强。作为一种文化动物，人类借助于文化来适应环境，改造环境。从整体上看，我国的生态学能够提供的生态技术，尤其是成熟的生态技术，还远远不够。我国过去科技的发展更多的是强调为经济建设服务，相对而言忽视了环境污染、区域协调发展等问题。生态文化的核心就是人类的环境意识，集中表现为人类社会经济与环境资源的可持续发展。它要求改变掠夺和浪费自然的生产方式和生活方式，采用生态技术和生态工艺，创造新的技术形式和能源形式，建设生态产业，实现向物质循环、无废料的生产方式和生活方式过渡。生态文化承认自然的价值，按照人与自然和谐发展的价值观，建设尊重自然的文化，实现人与自然的共同繁荣；实现科学、哲学、道德、艺术和宗教发展"生态化"，使人类精神文化沿着符合生态安全的方向发展。

第五节 生态建设优先领域

一、人工促进植被恢复的方法

人工促进植被恢复以自然恢复为主，人工促进为辅，在特殊情况下，如当地条件较好，营林目的需考虑商品性能时，可以加大人工促进的力度，具体方法有直播、飞播、模拟飞播、萌蘖、植苗等。

播种造林，林木主根完整，穿透性强，地上地下部分均衡；植苗造林，林木主根不明显，分布层浅，穿透性差。播种林的抗逆性和水土保持功能要优于植苗造林。

（一）直播

一般不进行预整地，在早春或雨季前，用镰刀或锹开缝，直接把乔灌木种子播入土壤。在植被恢复的初期，混播草和灌木；在灌木群落阶段播种则以中生乔木种子为主，适当混播耐阴乔木（顶级群落组成树种）的种子。

（二）飞播

播区选择交通不便，地广人稀的封山禁牧地带，面积不小于 3.3 km²，集中连片，有效面积在 85 % 左右，植被盖度在 0.3 以下。植物材料选择，在植被恢复初期，选择灌为主木，混合牧草。飞播期一般在雨季连续降雨到来之前，为了提高飞播成苗率，可以进行丸衣接种根瘤处理（刘润堂等，1997）。

（三）模拟飞播

在飞播成苗差的局部地带或坡陡沟深直播不能到达的危险地段，可在制高点，撒播种子。撒播时间与飞播相同。灌草混合。

（四）萌蘖更新

一些树种在砍伐或割灌后，能促使树干基部或根部萌蘖，如刺槐在砍伐后，树干基部可萌发抽条；山杨、河北杨根蘖能力强；柠条需割灌才能扩大灌丛。在宜林地可利用残留母树或伐根，促进形成新的植株。

（五）植苗造林

在立地条件较好，生态位要求不特殊的地段，为了发挥林木的经济特性，可以进行较强的的土壤改良措施，栽植良种壮苗，集约化管理，实现速生或丰产。即使如此，也要做好水土保持措施，适当加大坡面栽植行距，隔坡留有灌草恢复带（或播种绿肥植物），达到经济、生态协调发展。

这种模式，生物措施与工程措施相结合，控制了水土流失，但由于植被稀疏，主体结构差，不具备森林群落改善小气候的作用，因此退耕还林工程，控制经济林面积不超过 20 % 是科学合理的。

在草灌盖度严实的地段，为了促进植被向先锋乔木群落发展，可进行小规模割灌整地、栽植小容器苗，尽可能不损伤主根，使林木在后期能生成壮根。栽植密度过稀（每公顷少于 750 株），改善小气候作用弱；密度过大（每公顷超过 3300 株），林木耗水急剧增加，蒸散大于补给，消耗土体深层水，林木逐渐衰退，趋向于小老树，反而恶化立地质量，不利于植被正向演替。在降水量 500mm、没有地下水补给的条件下，栽植乔木密度控制在每公顷 1600 株左右，较为适宜（李新平，2000）。

二、油茶栽培技术及病虫害防治

（一）油茶林早实丰产技术措施

1. 选用良种

应大力推广优良无性系。在引进无性系时，要特别注意开花期和果实成熟期。油茶是异花授粉植物，无论为保证结实还是维持群体的稳定性，都要求在同一片林内至少栽植开花期和成熟期基本一致的 4 个以上优良无性系。树冠高低不同的无性系配合栽植，更有利于提高产量。

2. 培育壮苗

培育壮苗的技术要点：一是选好圃地。选用

病虫害少、排水良好的土地，注意不重茬。二是施足基肥。嫁接前一个月筑床，每亩至少施复合肥 100kg；成活抽梢后，每 30 天再施复合肥 5～10kg。三是适时嫁接。接芽发育后及早完成嫁接。四是适度遮阴。采用通光 40% 左右的遮阳网遮阴，使苗木在高温季节仍能抽梢。五是做好圃地管理，及时除草、摘花芽，清除未成活嫁接苗植株。

3. 提早整地

至少提早一个月整好造林地。林地坡度大于 10°时，最好按等高线开挖水平带，以利水土保持。整地深度必须超过 20cm，要清除所有杂灌残根。杂草特别茂盛的地段，最好在整地前 1～2 个月先喷草甘膦杀灭杂草，待杂草基本腐烂后再整地。

4. 适当密植

为保证早实丰产一定要适当密植。据试验，采用 1.7～2m 株行距，每亩栽 167～240 株比较适宜。坡地也可采用 2m×3m 的栽植方式，密度为 111 株/亩。土壤特别肥沃的平地，也可采用 3m×3m 的株行距。

5. 施足基肥

基肥应以有机肥为主。挖穴后，每穴至少施厩肥 15～20kg，或饼肥 1kg；有条件时还应添加磷肥，以利于发根和结果。有机肥至少应在造林前一个月施好，施肥后要立即覆土，以免肥分流失。

施足基肥的林地，第一年不要再施化肥，第二年起可适当追施化肥。化肥种类要合适，施复合肥优于单施氮肥。施肥时间也要注意，早春优于夏秋。施肥要严格控制，每株苗一年的施肥量不要超过 25g，最好多次施用，每株每次用量不要超过 10g。有条件时可在行间种植作物，但要以不影响苗木正常生长为前提。

6. 适时栽植

栽植后能否成活，与栽植季节关系密切。应根据当地气候条件，选择多雨时期栽植。起苗时要注意保护根，远距离运苗最好采用泥浆沾根。覆土后，一定要舒根、踩实。

7. 及时抚育

嫁接苗定植后一两年内要及时抚育，一般需要劈草 2 次，挖山 1 次。每次劈草，宜在梅雨季节之后及时进行；9 月份再劈草 1 次。挖山宜在冬春进行。有的嫁接苗栽植后当年就能形成花芽，并能正常授粉结实，但过早结实不利于苗木生长，也影响嫁接苗树冠形成，最好在 3 年生前及时摘除花芽或幼果。

8. 加强保护

采取措施保护幼苗，严防人畜毁坏。头两年，挖山抚育务必避开高温季节。

（二）病虫害防治

油茶具有很强的抗病虫害能力，一般很少受到病虫害的危害。但是，危害油茶林的病虫种类却较多，其中能造成严重减产的有炭疽病、煤污病和茶梢蛾、象甲等，一旦受到这些病虫危害，也会造成较大量蕾、果、叶的脱落或干枯，严重的植株甚至全枯死亡，必须采取有效防控措施，积极进行防治。油茶病虫害的防治，应贯彻防重于治的方针，采取以营林技术为基础，与生物、药物防治相结合的综合防治措施，力求"治早、治小、治了"。一是要加强经营管理，改善环境条件，创造一个有利于油茶生长发育的环境条件，以增强树势，从根本上提高抗病虫害的能力；二是要抓好检疫工作，选育抗病品种，生产用种子实行检疫制度，严防带病种苗调进或调出；三是要保护利用天敌，进行生物防治，保护和培育黑缘瓢虫、火红瓢虫等天敌，能抑制介壳虫的繁衍，从而减轻煤污病的危害；四是要掌握病虫规律，及时进行防治。

第六章

安徽省生态建设科技技术支撑

第一节　经果林模式构建的技术支持

一、水果模式

（一）桃树

1.育苗技术

桃树的育苗方法有两种。一种为种子实生繁殖，另一种为嫁接繁殖。为保持优良品种的品质，多采用嫁接繁殖。嫁接方法多采用劈接、根接、低接和芽接（热粘皮）。春季多用劈接法，一般在3月下旬至4月上旬进行。夏季嫁接，多用芽接法，一般在6月下旬左右进行。芽接之后不能移植，否则成活率低。一般嫁接成活后，下一年春季移植、第二年即可挂果。

2.栽培技术

立地选择：桃树适应性较强，一般地块即可种植。桃树不耐盐碱，在pH值6～7的壤土或砂壤土种植最佳，不宜在碱性强的土壤上种植，还要避免重茬，否则易出现长势弱、枝干流胶、产量低等问题（王凤玲，2011）。

整地方式：种植前应深翻地块，翻耕深度≥30cm，并按照定植行距开好畦沟，做到"深沟高畦、三沟配套"（王凤玲，2011）。

肥水管理：桃树生长旺盛，1年多次生长，需肥量较大，一般未结果的幼树，新梢长至15～20cm时开始地下追肥，应株施优质有机土肥20～30kg、三元素复合肥0.5～1kg；结

果树应株施有机土肥50～80kg、三元素复合肥1～1.5kg。施基肥量应占全年施肥量70%左右，于落叶期结合耕翻1次进行。桃树每年应追肥2～3次，萌芽至开花期，应以追施氮肥为主；硬核期应以追施钾和氮肥为主，北方大多数地区春季和初夏多干旱，应灌透萌芽水，有利于开花坐果。硬核期对水分敏感，缺水或水分过多时都会引起落果，因此，只能适当灌1次"跑马水"。6月中旬以后，停止地下追肥，每10天喷1次0.3%磷酸二氢钾+500倍植物营养素，连续2～3次，一般不再浇水，雨季注意排水。果实成熟前的2～3周，如遇天旱，可轻灌1次，有利于果实增大，提高产量。冬初土壤解冻前，可灌1次封冻水。桃树不耐涝，果园积水时造成叶片黄化、脱落、花芽分化不良，果实味淡，着色差，裂果严重，甚至植株死亡。所以，要重视果园排涝（屈朝彬，2012）。

造林密度：栽植密度可根据品种特性、土壤肥力、栽培管理水平而定，一般以3m×4m或4m×5m为宜，每亩种植45～50株（王凤玲等，2011）。

3.管理措施

中耕除草：中耕使土壤疏松，利于保墒。桃树是浅根性树种，故中耕深度宜浅不宜深，一般在5～15cm。

肥水管理：桃树对氮、磷、钾三要素的需求，以氮、钾为最多，磷较少，基肥以有机肥为主，适当配合化肥。桃树性喜干燥，耐旱耐寒，怕涝，但在各生育期都需要一定的水分。浇水宜在早、晚进行，做到速灌速排，保持定植沟内土壤湿润即可。应注意定期清理沟系，保证排水通畅，达到"雨停沟内无水"。

整形修剪：根据桃树喜光的特性，其定干高度一般为30～40cm，桃苗定植后春季发芽前在距地面50～60cm的饱满芽处剪截，剪口下20cm左右为整形带。发芽后将整形带以下的芽全部抹下，主干上均衡配置3个主枝，主枝上再配置侧枝和结果枝组（陈世祖，2006）。

病虫害防治：桃的主要病害是缩叶病和细菌性穿孔病，虫害主要是桃蚜和桑白蚧。在桃芽膨大而尚未绽开时喷布5波美度石硫合剂，严重时在展叶后再喷0.3波美度石硫合剂，可防治缩叶病。在早春萌芽时（露绿期）喷布1:1:100倍的波尔多液。喷药时需注意与石硫合剂的喷药期之间有7～10天间隔期，且在展叶后宜改喷65%代森锌400～500倍液，可防治细菌性穿孔病。虫害可采用10%吡虫啉2000～3000倍液或20%氰戊菊酯1500倍液防治桃蚜；喷40%速蚧克800～1000倍液防治桑白蚧。

（二）石榴

1. 育苗技术

石榴的主要育苗技术包括扦插、分株、压条、播种。其中播种适于矮小的花石榴，种子采收后沙藏1个冬季，翌年4月20日左右于苗床条播或点播。

2. 栽培技术

立地选择：石榴适应性广、抗逆性强，但以红壤土、沙土或黄壤土上的石榴生长最好，栽在质地黏重而不透水的黏土地上，生长势差、果皮厚、易裂果、果色不佳。土壤pH值在7.6～8.1较为适宜。

整地方式：育苗地应选择土质良好、排灌方便、交通便利的田块。育苗前深翻，并结合施入有机肥或腐熟油饼肥7.5万～15万kg/hm²，耙匀整平，准备育苗。

造林密度：根据地势和方位，定植行向最好用南北行向，以利通风透光。定植密度：稀植园石榴树株行距为3m×7m，密度480株/hm²。密植园3m×4m，825株/hm²（李道明，2012）。

3. 管理措施

中耕除草：6月下旬至8月中旬，结合浇水中耕2～3次，深度6～8cm，10月中旬采收后结合根部施肥耕翻一次。

肥水管理：初栽幼树以施氮肥为主，适当施磷钾肥。基肥分2次使用，时间分别在冬季土壤结冻前和次年早春2月底前。干旱时应适当浇水，但不能过湿，否则枝条徒长，导致落花、落果、裂果现象的发生。雨季要及时排水。

整形修剪：石榴苗木栽植后在离地面80cm处剪截定干，第二年发枝后留3～4枝作主枝，其余剪掉，冬季再将各主枝留1/3～1/2剪顶，每主枝上选留2～3枝作副主枝，其余枝条也剪去。对幼树修剪要缓势修剪。注意去除萌蘖，拉枝开角，冬剪时主侧枝延长不短截。

主要病虫害防治：石榴主要病虫害是干腐病、桃蛀螟和桃小食叶虫。可用1:1:160的波尔多液或40%多菌灵800倍液喷雾防治干腐病。

（三）砀山梨

1. 栽培模式

安徽特产砀山梨，果实硕大，黄亮美观，皮薄汁多，味香浓甜，尤以果肉酥脆而驰名中外，在世界水果市场上占据重要地位，远销新加坡、马来西亚、泰国、印度尼西亚、美国等国家。砀山梨在长期栽培管理下，选育出不少优良品种、品系，如砀山酥梨、马蹄黄梨、鸡爪黄梨、紫酥梨等（黄永丰，2010）；生态经营模式主要有：梨药（辣根、石蒜）、梨农（麦子、白三叶）、梨果（间作桃或者草莓）。

2. 技术支撑

立地选择：可选择土层深厚，排水良好的粉沙壤土。可在河流冲积扇、沙滩地、旧河床等土壤有机质在1%以上的地方发展。

整地：坡度5°以下，应全垦深翻；坡度15°

以上，可修建梯田或大穴整地，梯田阶面不小于6m，行距5～7m，株距4～6m，栽种600株/hm²。

造林密度：栽植密度依据树冠大小、不同地形、地块而确定。为了早期高产，最好采用密植和矮化的梨苗，株行距可缩小到2～3m×3～4m。按密度要求，拉线、定穴（穴宽80cm，深50～60cm）。

树种配置：皖北梨园调查表明，梨树需要稀植，可以多树种复合。但是，梨树周围忌栽具有相似或者相同寄主的树种，否则病虫害发生严重。① 忌栽柏树：尤其是龙柏和桧柏，柏树梨锈病菌的越冬场所；② 忌栽松树：松树的孢子在春夏季随风飘到梨园，对梨树危害很严重；③ 忌栽刺槐：刺槐极易招引椿象危害梨园，且刺槐分泌出的鞣酸类物质对梨树的生长有较大的抑制作用，刺槐炭疽病菌也能感染梨树，造成大量落叶；④ 忌栽泡桐，梨树易患紫纹羽病，而泡桐则是紫纹羽病的越冬场所。

二、干果模式

（一）薄壳山核桃生态经营模式

1. 套种绿化苗木

采用薄壳山核桃套种绿化苗木的方式进行配置，以短养长，提高土地利用率和产出率。在薄壳山核桃小苗栽植时，由于株行距过大，为了最大限度的利用土地资源，也为了提高栽植积极性，可将空隙套种其他绿化苗木，如慢生树种或是耐阴植物，待薄壳山核桃到结实年龄时，将套种的绿化苗木移至他地或出售。（李永荣，2009）.

2. 间作粮果作物

利用行间、株间空隙土地，实行果粮间作模式，林下种植中药材和矮秆农作物等，以耕代抚，疏松土壤，消除杂草。这样不仅可以合理利用土地，以短养长，保证林粮双丰收；还可减轻水土流失，更能起到增加农民收入的作用。薄壳山核桃最大的特点就是适生范围广，除农作物外，茶叶、水果、生态林均可与其套种，生长快，成林后一亩单株产量可达22kg，亩产值以

15株计算，产值近1.5万元。

3. 优良品种推广

经济林栽培品种十分关键。安徽农业大学自2000年从美国得克萨斯州核桃试验站引进23个品种、28个种源，通过区域化栽培试验以及连续4年的结实情况记载分析，确选出5个早产、丰产、稳产高质的薄壳山核桃优良品种，分别是'安农1号'、'安农2号'、'安农3号'、'安农4号'、'安农5号'，并在全省各地大力推广优良品种无性系栽培。

4. 栽培模式

薄壳山核桃因其树形高大优美，材质优良而成为很好的绿化树种；其坚果壳薄易剥、富含营养而成为优良的干果树种，是名副其实的林果油材兼备、具有较高开发利用价值的生态经济林树种。其坚果不仅美味而且营养丰富，具有良好的保健作用；其躯干能生产出优质高档木材；规模化种植还能实现绿化、美化环境的生态功能。根据社会、经济、生态的需求，李永荣等提出适合华东地区薄壳山核桃产业化的5个基本模式（李永荣等，2009）。

（1）城乡绿化生态林

薄壳山核桃无论是作为城乡园林绿化的行道树，还是作为庭荫树、公园草坪孤植树，都具有独特的景观效果。薄壳山核桃作为园林绿化树种推广，在明显提高景观与生态效益的同时，还可以推动薄壳山核桃种苗业的快速发展。目前薄壳山核桃种苗在园林市场上有价无货，市场空间极大，谁捷足先登，谁就能取得非常好的效益。

（2）林果兼用林

造林任务较重的地方，选择土层较厚的丘陵地区，用薄壳山核桃营造林果兼用的生态林，可实现一代人投入，多代人受益的目的。在丘陵地区用薄壳山核桃造林，一般12年后即开始收果，40年后开始轮伐。目前进口薄壳山核桃木材价格在1 000美元/m³以上，由此可知，其社会、经济和生态效益都是显著的。

（3）庭院绿化经济林

运用庭院绿化与经济林结合模式，配置3～5个品种，每户3～5株，形成一个既松散，又连

片的区域性薄壳山核桃果园，达到低成本，高效益。薄壳山核桃可以成为我国新农村建设的庭院经济优良树种之一。

（4）间作套种经济林

皖南地区有大面积的茶园，从提高土地利用率，提高茶叶品质，提高茶园经济效益来说，在茶园中种植薄壳山核桃符合科学发展；对一些要求在林下生长的药材来说，有选择地与薄壳山核桃间作，与果茶间作具有异曲同工的效果。因此，薄壳山核桃可以作为果茶间作、果药间作、果粮间作的优良树种。

（5）果园经济林

这是一个以产果为目的，相对栽培管理水平比较高的发展模式。用园艺化手段，建立专业化的薄壳山核桃生产果园。要求选择适应当地自然条件的优良品种，通过授粉品种的合理搭配，精心管理，达到优质、丰产、稳产的目的。根据早实丰产的建园目标，采用规模化经营、集约化管理，集中收购、加工与销售果品，实现薄壳山核桃产业化。

5. 推广意义

皖北地区杨树纯林多，树种单一，森林生态系统稳定性差，已造成较为严重的病虫害，潜伏着生态灾害风险，而薄壳山核桃是一种优良的经济树种，适宜皖北地区生长。引种推广薄壳山核桃对皖北地区优化树种结构，提高林地生产力有着极其重要的意义。

（二）山核桃

1. 育苗技术

播种育苗：山核桃种子（核果）成熟后即可发芽，最好采后即播。幼苗出土后，最怕夏秋的强光和干旱，应及时遮阴和浇水幼苗培育 1~2 年后即可出圃栽植。

嫁接育苗：用 2~3 年生的山核桃苗（本砧）、化香树做砧术，接穗选择生长健壮、处于盛果期树上的枝条嫁接用切接法或皮下接。于春季 3 月上旬或秋季 8~9 月进行。

2. 栽培技术

立地选择：山核桃为中性偏阴树种，最适于

海拔 200~700m 的山麓、山坳，土壤深厚、水分条件好的避风处。造林地一般选在气候温和湿润，夏季凉爽的低山丘陵，宜选择海拔 100~1000m，最低气温不低于 -16℃，土壤深厚肥沃、疏松，并且排水良好、容重小、盐基饱和度高，质地从砂壤至轻黏，以石灰岩、紫砂岩、灰质岩为好；pH 值 5.3~7.5。

整地方式：栽培时，首先进行劈山挖穴，按定植点 1m×1m 进行块状劈山。保留块外植被，定植穴规格（长×宽×深）为 60cm×60cm×60cm，表土与底土分开堆放，开沟排水，再回填表土，施入基肥，每穴施充分腐熟的农家有机肥 10kg+ 钙镁磷肥 0.5kg，然后覆底土 5~10cm。

造林密度：造林密度是影响未来林分建成、产量和质量高低的重要因素。一般丰产林密度均在 5m×6m 至 6m×6m 之间。

3. 管理措施

中耕管理：造林当年，夏初对栽植地块（1m×1m）进行垦复松土，培土抚育；2~4 年内，每年初夏和秋季各进行一次，逐步拓宽开垦范围，形成 3m×3m 或 4m×4m 的鱼鳞坑或水平带。

施肥：为加速成林，有条件的可追施基肥。肥料以山核桃专用肥、生物有机肥等为主，每株施肥量 0.2~0.5kg，随着树体的生长，逐年增量。

整形修剪：按自然开心形（无主干）、小冠疏散分层形或双层多主开心形的树形进行改造，修剪后要求内膛光照强度达到自然光照的 20%，对外围拥挤的交叉枝、重叠枝等进行适当疏间和回缩，用内膛徒长枝培养结果枝组。分年分期疏除过多的大枝，重点疏除密挤枝、细弱枝、病虫枝，一般多年放任树当年修剪量应掌握在总枝量的 20%~30%。培养枝组，均衡结果，使枝组大中小相间排列比例大体为 5:3:2。

病虫害防治：山核桃常见广泛的病害有枝枯病、溃疡病和果斑病等。病虫害防治应以防为主。山核桃虫害主要有山核桃舟蛾、山核桃刻蚜、绿刺蛾等食叶害虫，该虫害严重发生时，会造成树势衰弱，落花落果，产量锐减；天牛、水蠹蛾、水蠹等蛀干害虫，该虫害发生严重时，会造成枝梢枯死，甚至桃林毁灭。病虫害防治应坚持标本兼治，预防为主（傅松玲等，2003）。

（三）枣树生态经营模式

1.栽培模式

枣树是比较耐瘠薄的经济林树种，也是安徽宣州重要地方产业。以农枣复合的复合生态模式为主。其造林密度：宣州区水东镇是著名枣乡，现有优质枣林2万亩，枣树近70万株。"水东"、"天元"、"白马山"等品牌蜜枣誉扬海内外。此地枣树栽培多采用农枣间作，平均每亩20~30株，株行距多为5m×5m（陈翟胜，2008）。

2.技术支撑

从生态效益的角度出发，枣树更新持续经营抚育措施十分关键，主要技术措施如下：

（1）肥水管理

施肥时间宜在10月中下旬，枣树落叶后。应以环施为主，辅以放射沟施肥。一般成龄树株施有机肥50kg，幼树酌减。可采用穴状浇水，浇水量视干旱程度、树龄大小而定。有条件的地方，在土壤封冻前浇一次水。

（2）喷施生长调节剂

枣果采摘后，可喷1~2次生长抑制剂，同时加入0.3%~0.4%的尿素或0.4%~0.5%的磷酸二氢钾溶液，一方面解决枣树采果后出现的养分不足的问题，另一方面还要控制旺长，促进营养积累，以提高花芽质量，减少来年落花落果。

（3）深翻培土

进入冬季后，要对枣树进行深翻培土，以加深土层，增强抗旱、保墒、保肥能力，一般距树干周围1m内培土15~30cm厚。

（4）整枝修剪

重点是疏除干枯枝、病虫枝、重叠枝、纤弱的下垂枝，以及影响树形的徒长枝和衰老的枝条等，保持骨干枝分布均匀，树冠通风透光。在冬剪时，要保留各级骨干枝的延长枝，修剪时要避免伤害树体。

（5）病虫害防治

通过冬季翻地时烧毁树下土中的冬茧、在幼虫出土前在地面浇灌5%锌硫磷500倍液杀死幼虫的方式防治桃小食心虫害。可采取堵封树洞、刮除老树皮、翻树盘的办法，消灭越冬蛹等方式防治枣黏虫。

三、木本油料模式

（一）油茶

1.栽培模式

安徽油茶发展的主要驱动力是政策驱动和项目带动。安徽省黄山市的黄山区、徽州区、黟县、歙县、祁门和休宁县，宣城市的郎溪县、绩溪县、泾县、旌德县、广德县、宣州区和宁国市，安庆市的枞阳县、宿松县、岳西县、桐城市、怀宁县、潜山县和太湖县，共20个县（市、区）为油茶最适宜栽培区；池州市的贵池区、石台县、青阳县和东至县，六安市的金安区、裕安区、金寨县、舒城县和霍山县，巢湖市的居巢区、庐江县和含山县，芜湖市的芜湖县、南陵县和繁昌县，共15个县（区）为油茶较适宜栽培区（安徽省林业厅，2010）。栽培面积较大、生长较好的歙县、祁门、休宁、潜山、太湖、舒城和霍山等7个县被国家列为油茶发展重点县，其中的歙县、太湖、潜山和舒城4个县为国家油茶产业发展试点县。

2.技术支撑

（1）生态种植方式

通过油茶造林的方式主要是植苗造林，就是将苗木定植到油茶园。在油茶定植过程中，最常用的栽植方式有：① 宽行稀植；② 园艺式的栽植方式；③ 营造混交林（包括间种）；④ 矮、密、早的栽植方式；⑤ 零星栽植；⑥ 营造防风林。油茶间种就是在油茶幼林、成林内间种其他作物，间种不仅可以改良土壤，提高土壤肥力，还能促进油茶和间种作物共同生长发育，改善林地环境，促进油茶高产稳产，增加收益。间种以绿肥和豆科作物为适宜，如花生、黄豆、芋头、油菜、天竺葵、木豆等。油茶与马尾松或柠檬桉混交栽植，效果会更好。皖南低山丘陵地带基本上都采用园艺式栽植方式，即在缓坡上造梯田，像经营果树一样管理，使得土壤肥力越来越高，油茶越长越好，产量也随之不断增加（陈永忠，2005）。

（2）加工产业

大别山区是全国茶油主产区，大力发展茶油产业，不仅是安徽省的发展战略之一，也是我国国家战略之一。为此，安徽大别山科技开发有限公司采取"公司＋基地＋农户"的模式，建立起了全国第一家中国林业与环境促进会的"油茶基地"。同时，为进一步推进油茶产业的规模化、生态化、尖端化、循环化建设，改集团还兴建了年产3万吨压榨茶油的现代化生产线。该公司在新的五年规划里，将会大幅度加大投入，坚持不懈，以人为本，以工业化理念抓产业发展，推进油茶产业的规模化、生态化、尖端化、循环化建设。同时还将规模化建设油茶原料基地10万亩；打造3000亩油茶生态观光园；开发茶籽油保健品、化妆品、美容护肤品等尖端产品；循环化续建以茶粕为原料的（茶皂素提取、饲用蛋白粉、有机肥）加工项目，完成油茶产业的循环经济链。

（3）文化产业

安徽祁门等全国油茶重点县，发展油茶科技文化博览园，打造集油茶生产、加工、科研、休闲、观光、度假为一体的"油茶文化中心"，并通过深入挖掘油茶产业文化，利用当地丰富的油茶资源和民俗文化，打好油茶文化品牌，开发油茶文化特色旅游，充分延伸油茶产业链。例如祁门建立油茶科技文化博览园，集生态旅游、科学教育、经济生产、示范推广四大功能于一体，主要包括入口引导服务区、油茶科技养生区、油茶文化博览区、油茶物种荟萃区等部分，让游客充分体验原生态榨油等乡土情趣，感受油茶文化精髓。

3. 栽培措施

（1）育苗技术

包括油茶的播种育苗、扦插育苗、嫁接苗繁育。扦插苗应选取油茶的优良品种、优良单株或优良无性系树冠中上部外围，粗壮通直、腋芽健全、叶片完整的1年生以内的春梢、夏梢做插穗，尤以当年生刚木质化的春梢最好。常规扦插以夏、秋为宜，但夏插最好。嫁接苗繁育采用"芽苗砧嫁接法"。

（2）栽培技术

立地选择：油茶性喜光，喜温，喜酸性土，忌严寒酷暑和碱性土，山地油茶林地应选择红壤、黄红壤地，土层深厚60cm以上，土质疏松、肥沃、湿润、排水良好的酸性土，地下水位在1m以下，pH值为5～6.5，海拔高度为100～500m的丘陵、山冈和平原地区。

整地方式：整地方式有全垦、带垦和穴垦等。要根据林地立地条件、地形、坡度和经营方式的要求，以及资金和劳力等情况，因地制宜地选择进行。

造林密度：可在初植时，采用1m×3m的株行距，呈错位排列，每667m²栽植222株。6年生至8年生时，隔株移走1株另建新园，最终每667m²保存111株。

（3）管理措施

中耕管理：栽植当年要进行两次以上松土除草除杂灌萌条，做到不伤苗皮，不伤苗根，蔸边浅，冠外深。

肥水管理：幼树期以营养生长为主。此时的施肥以氮肥为主，配合磷、钾肥，主攻春、夏、秋三次梢。定植当年可以不施肥，随着树龄的增大，施肥量应从小到多，逐年提高。干旱较严重的年份，尤其是保水能力较差的土壤以及造林后的第一、二年，要在6～8月份进行1～2次人工抗旱，以在早晨或傍晚浇水为好。

整形修剪：油茶主干高保留不超过80cm，以上部分要及时摘心，促进侧枝发育，头三年的花芽幼果及时摘除，以免消耗养分，影响树冠生长。

病虫害防治：主要是炭疽病、天牛、刺蛾和蚜虫等。平时要注意预防，在其易发季节要注意观察防治（奚如春，2005）。

（4）项目选育品种

依托生态驱动项目，在安徽省选育出高产稳产油茶品种5个：'绩溪1号'、'绩溪2号'、'绩溪3号'、'绩溪4号'和'绩溪5号'。

（二）乌桕

1. 栽培模式

乌桕是观赏效果非常好的安徽乡土油料树种，是封山育林、荒山、滩地造林，以及四旁绿化中常见的特色观赏树种，也是重要的工业油料树种。乌桕喜光，根系比较发达，萌芽和抗风能力强，耐干旱瘠薄，对土壤要求不高，适应土壤酸碱度范围较广。

2. 技术支撑

（1）育苗技术

乌桕的主要育苗技术包括播种育苗、扦插育苗、嫁接繁殖。扦插育苗以春夏为好，常用开沟排插种穗。嫁接主要分春季嫁接和秋季嫁接。春季嫁接用接穗在休眠期采集，秋季嫁接随采随接。小苗枝接成活率高。生产实践证明切腹接是较好的方法，切腹接是综合了小苗腹接法，具有砧木切面夹角大、不需缚扎和嫁接苗生长直立的优点，克服腹接法幼苗生长茎部弯曲及切接法插穗不牢固的缺点，提高了工效和成活率（李宝银，2009）。

（2）栽培技术

立地选择：乌桕是喜光树种，在光照条件充足的地方生长良好且结实量增加。乌桕喜光，根系比较发达，萌芽和抗风能力强，耐干旱瘠薄，对土壤要求不高，适应土壤酸碱度范围较广，是绿化、治荒、治滩地的重要造林树种。

整地方式：乌桕山地造林应选海拔800m以下，土壤深厚、肥沃、坡度在15°以下的阳坡地，采用筑梯地或宽3m以上的水平带造林（徐英宏等，2002）。

造林密度：造林地提倡全垦，坡地采用带状或者穴状整地，株距3m×4m，穴的规格为60cm×60cm×50cm。如果采用林粮间作则模式，株距应扩大为6m×6m或6m×7m，长短结合以提高土地的利用率。

（3）管理措施

抚育管理：除套种外，还应采用"冬挖、伏铲、春施肥"的办法，冬季深挖并结合施有机肥，改良土壤结构和营养状况，促进根系更新，使得根向深广方向发展，达到扩大营养面积和增加抗旱性，也为次年春梢与花序的生长发育创造有利条件。春季在春梢萌发前或初期的4~5月份，施入速效肥，可以促进春梢生长与花序形成和发育。7月以后进入种子发育期，应增施磷、钾肥。

7月为果实的肥大生长期，需要较多的水分和营养，但南方不少省分，7月正是高温少雨的季节，此时或稍前铲山、除草、松土，可以减少地表蒸发及杂草灌木蒸腾，降低土壤水分消耗，以保证果实生长对水分的需求（徐英宏等，2002）。

病虫害防治：乌桕病害很少，但虫害较多，注意防治小地老虎、蛴螬、乌桕毒蛾、水青蛾、大柏蚕、乌桕卷叶虫和袋蛾等。

（三）黄连木

1. 栽培模式

黄连木能源林定向培育模式有：① 黄连木果用林复合经营：黄连木—雏菊间种模式，黄连木—茶叶间种模式，黄连木—农作物间种模式；② 黄连木果林兼用复合经营：黄连木—药材间种模式；黄连木—油桐间种模式，该模式在大别山区、皖东南地区成功实施；黄连木—油茶间种模式，该模式主要在皖南山区实施；黄连木—楸树—茶叶间种模式，该模式可在皖南山区、皖西大别山区实施（牛正田，2005）。

2. 技术支撑

（1）树种生态配置

黄连木喜光、慢生，结实期长，生长条件适宜范围广，生命力旺盛。将黄连木林与果树、药材、农作物及其他经济林树种等间种，不仅能合理地利用和维持地力，还有利于黄连木生长结实，保持长期高产稳产，实现地上树上双丰收。

黄连木—雏菊间种模式，该模式为雏菊间种于行距为2m×4m的黄连木株行间；黄连木—茶叶间种模式，该模式为茶叶间种于行距为2m×4m的黄连木株行间；黄连木—农作物间种模式，该模式为豆科植物（如花生、黄豆等）或蔬菜（如黄花菜）间种于行距为2m×4m的黄连木株行间；黄连木—药材间种模式，该模式为板蓝根、薄荷、太子参等中药材间种于行距为3m×4m的黄连木株行间。

（2）黄连木人工纯林经营措施

育苗技术：主要包括播种和嫁接。播种分为春播和秋播。春播一般在3月中旬左右进行，可开沟条播。秋播随采随播，种子不进行处理，于晚秋土壤封冻前播下。嫁接分为方块芽接和插皮接。方块芽接接穗要求现采现用，采集后最多存放 1～2 天。插皮接宜选在 4 月下旬至 5 月上旬。

栽培技术：选择地势较平坦、阳光充足、排水良好、土壤深厚肥沃的砂壤土或壤土的地块作为圃地，坡度不宜过大。适时中耕管理及根外施肥。

（四）省沽油

省沽油人工栽培近年兴起，其栽培技术研究尚不成熟。

1. 育苗技术

省沽油的育苗技术主要包括实生苗繁殖和扦插繁殖。采用种子培育实生苗，宜在 1～3 月进行播种前用 20℃ 左右温水浸种 24 小时，晾干后即可播种，播种量每亩 20～25kg。扦插繁殖包括嫩枝扦插和硬枝扦插。嫩枝扦插是在 6 月中旬左右采集省沽油当年生嫩枝以轻基质为扦插基质进行扦插。硬枝扦插是在 12 月下旬左右，选择采集生长良好的当年生省沽油硬枝，用 400mg/kg NAA 浸泡 1 小时，以轻基质为扦插基质进行扦插（刘正祥，2007）。

2. 栽培技术

立地选择：疏松土层在 16～22cm，有机质含量高，速效钾含量高，氮、磷含量一般，pH 值 5～6 的酸性或偏酸性土壤，适宜省沽油生长。因此，选择与野生生境相似的河道两侧的沙壤地进行造林可保证造林的成功。

整地方式：整地应在栽植前 1～2 个月进行，穴状整地规格为 80cm×80cm×60cm，抽槽整地为 80cm×60cm，有条件的每穴可施有基肥 5～10kg，饼肥 0.5kg 以上或复合肥 0.2kg 为宜。

造林密度：造林密度根据经营目的而定，培育密植丰产园，株行距 1.5m×2m，一般造林密度为株行距 2m×2m，林农间作套种株行距为 2m×2m×4m 或 1.5m×2m×5m，即每亩 222、167、111 株。

3. 管理措施

采收后减去枝条上部 10～15cm，促使下部重新萌发再次采收。待进行 3～4 次后，从枝条基部以上 3～5cm 处修剪，促使基部萌发新的枝条，保留 2～3 个枝条作为翌年产量枝。以保留小桩干茬为主，控制形成大冠幅，结合栽植提高幼林产量。为促进幼林快速形成丛状型树冠，提前郁闭成林，获得较大的生态与经济效益，对以采花、采叶为主的幼树前 5 年，每年的 4 月中下旬、10 月上旬进行二次短截修剪，对以采种子为主的幼树每年 10 月上旬进行一次短截修剪。

（五）油桐

1. 育苗技术

油桐的育苗技术主要包括实生苗繁殖、嫁接繁殖和扦插繁殖。实生苗繁殖一般用于直播造林和植苗造林。嫁接繁殖分为直播嫁接和嫁接苗造林两种方式：前者是将种子直播后嫁接于生长健壮的 6 年桐或千年桐上，随采随接；后者是用苗圃嫁接苗移栽造林。砧木苗龄以半年生为最佳，因为其组织幼嫩，具有较强的可塑性（谭晓风，2006）。

2. 栽培技术

立地选择：应选择土层深厚、疏松肥沃、排水良好、背风向阳、坡度在 6～25° 的山坡中、下部最为适宜，土壤以中性或微酸性的沙壤土、壤土、黄土为宜。

整地方式：整地要以鱼鳞坑整地为主，如果坡面比较平滑，也可采用带状整地。在坡度较大、土壤疏松或石山区，宜用块状整地。

3. 管理措施

中耕管理：在幼树期（4 年生前），每年 4～6 月和 7～9 月各进行 1 次松土除草，并扶苗培育，保护分枝。桐农间作是幼林抚育最好的方法，但在间种过程中要坚持间种农作物每年轮换，农作物与油桐树干间种距离要离开 10～15cm，以免妨碍桐林生长。包括夏铲和冬挖的土壤耕作是在油桐成林管理阶段的关键。夏铲在每年 6～8 月进行，深度以 10～15cm 为宜，主要是铲除杂草、疏松土壤。冬挖主要是大块翻土，以改善土壤性状和消灭在土壤中化蛹的害虫为目的。

合理施肥：在冬季或早春，要结合冬挖施基肥，4 月中下旬至 5 月追施花肥，7 月至 8 月上旬追施果肥，施肥方法是沿树冠开环状沟施放。

修剪及更新：桐树多为混合芽，一般不进行修剪，或仅在采果后到第二年萌发前适当修除衰弱枝、病虫害枝、徒长枝等。对于衰老的桐树，可进行一次强度修剪，在冬季将主干上的2～3次分枝以上的枝条全部伐除，以促进抽生新枝。

病虫害防治：病害主要有油桐角斑病和烟煤病，虫害主要有云斑白条天牛和六斑始叶螨等。要通过喷施波尔多液和将病叶、病果清除烧掉或深埋等预防病害，要通过喷施农药和人工捕杀的方式防治虫害。

（六）板栗

1. 栽培模式

安徽是全国板栗主产区之一。板栗多为纯林种植，当然，随着人口和土地资源的压力不断上升，安徽板栗的发展也开始不断的寻找不同的间作模式。如在江淮丘陵地区，板栗与农作物如花生、大豆等进行混种，农林互相促进，取得良好的综合效益；又如休宁地区将板栗与茶树间作，也取得了较为良好的效果；在宁国，利用板栗、山核桃、油茶混交，对林地进行恢复，提高了土地利用率。

板栗纯林正面临水土流失严重、土壤肥力下降，栗园生态系统脆弱等现状。而茶树适合于散射光的灌木树种。据安徽农业大学2011年开始，连续2年定位研究安徽省金寨县设立4m×4m板栗行间距下间作茶树（模式Ⅰ）；4m×8m板栗密度间作茶树（模式Ⅱ）；纯茶园（模式Ⅲ）三种复合模式的样地林，结果表明：不同复合模式下土壤养分、土壤酶活性变化、茶叶品质等综合效益以4m×8m板栗密度间作茶树为最佳（戴永务，2012）。

2. 技术支撑

（1）育苗技术

板栗主要育苗技术包括播种繁殖和嫁接繁殖。种子经消毒、晾干后用干净河沙贮藏，播种时间一般在春季3月下旬至4月上旬。嫁接繁殖选择生长健壮、径粗1cm左右的1年生板栗实生苗为砧木。选择成年母株树冠外围或上部发育充

实、粗壮的结果枝做穗条。接穗发芽成枝后，选留1个直立健壮的新梢，其他萌芽抹除。

（2）栽培技术

板栗是阳性树种，适于微酸性土壤生长。因此，造林地应选择在pH值4.6～7.5的土层深厚的阳坡或开阔地造林，其中在富含有机质、湿润且排灌良好的砂质或砂岩、花岗岩风化的砾质土壤最好，在黏重土壤上生长和结实都较差。选择排水良好，灌溉方便，土层深厚，土质肥沃的沙壤平地或缓坡作苗圃。

整地方式：苗圃应于播种前的头年秋、冬季结合深耕将底肥和必要的杀虫剂（石灰、硫磺粉、草木灰等）翻入土中，开春后犁耙2～3次，平整土地，抽沟作床。为便于管理床宽以不超过1m为好。

造林密度：在栽植之前，应挖1.5m×1.5m×1m的大穴整地，苗木可以选用1～2年生大苗造林，要施足基肥，回填客土，栽植深度以根颈露出地面为宜。由于板栗为异花授粉植物，要注意配置授粉品种，一般主栽品种4～6行配置1行优良的授粉品种树。

（3）管理措施

中耕管理：每年4～5月松土一次，若草害严重，7月再除草一次，保持土松草净。坡度大的栗园每年要及时中耕除草，并在秋冬季围绕树干115m范围内进行深挖块状抚育。

肥水管理：板栗始果后每年施肥3次，第一次在3月中下旬，每株施0.3kg尿素促进花芽分化；第二次在7月中旬，每株施肥含量15%的氮磷钾复合肥0.5kg，以促进果实增大，种仁饱满；第三次在10月中下旬每株施0.25kg尿素，并结合冬挖株施土杂肥20kg，促使树体复壮。施肥方法采用沿树周围挖穴或挖环状沟施入，浇水后覆土填平。

整形修剪：①幼树整形修剪。定干整形当嫁接苗长高至60cm时摘心，修剪采用自然开心形。②结果枝修剪。在维持树势基础上平衡树势。采用实膛修剪方法，重点是培育结果枝组和更新预备枝条。整形修剪过程中注意疏除过密枝、交叉枝、细弱枝、病虫枝。

病虫害防治：拣烧栗虫苞并结合秋冬栗园深挖、深埋、消灭越冬害虫。虫害发生时用 20% 的杀虫菊酯 1500～2000 倍液或 50% 的杀螟松 1000 倍液喷雾杀灭。

四、木本蔬菜模式

（一）香椿（太和）

1. 育苗技术

香椿的育苗技术主要包括种子育苗、扦插育苗、侧根繁殖和根蘖繁殖。

（1）种子育苗

香椿种子籽粒坚硬，且带有翅膜，直接播种吸水慢，发芽困难。故播种前需进行种子催芽处理，方可获得齐苗、全苗。

（2）基杆扦插

秋季落叶后至翌年 4～5 月，选 1～2 年生成熟枝条，剪成 20cm 长的插条，按行株距 25cm×15cm，插入整好的苗床，地上露条 1/2 即可。

（3）侧根繁殖

在移栽定植时。将植株过长的高、侧根剪下，截成 15～20cm 小段，按 25cm 宽开沟，深 7cm 左右。将根段横栽于沟中，间距 10cm，然后覆土压实，浇足底水。

（4）根蘖繁殖

香椿根部具有许多不定芽，在早春萌芽前将树冠外缘挖 50～60cm 的沟，切断树根末梢，然后用土回填，根端即可形成大量蘖苗。萌发新株，翌年即可移栽。

2. 栽培技术

立地选择："太和"香椿性喜光，适应性强，年均气温 18～20℃地区均能生长，一年生幼树在 -10℃下易受冻。随树龄增大，抗寒、耐旱性逐渐增强。香椿最适生长温度为 20℃，生长较快；当最高温度达 35℃时，植株就停止生长。对土壤要求不严格，在 pH 值 5.5～5.8 的土壤中都能生长，但以土层深厚、肥沃，保水、排水良好的砂壤土为最适宜。

整地方式：造林前要进行带状或穴状整地。带状整地的带宽 1.5m 以上，沿等高线设带；穴状整地，定植穴的深宽要在 40cm 以上。直播造林多采用穴状整地，随整地随播种（杨钰灏，2012）。

造林密度：用材林的初植密度为株行距 2～3m；菜用林的初植密度为每亩 240～300 株。适当密植能预防和减轻幼树干冻裂伤。

3. 管理措施

春季是香椿造林的主要季节。可在 2 月中旬至 3 月初进行造林。造林后适时进行松土锄草保证成活是促进幼苗生长的关键。一般 10 年便可成材。注意清除断头，偏冠、弯曲、病腐、生长势弱的单株，改善林地卫生条件。另外，香椿萌蘖力强，常从根茎部发生很多萌蘖条，影响主干生长，消耗养分。因此，只要主干生长尚好，就应将所有萌蘖全部去掉，以保证主干生长健壮。幼林保护人们有采摘香椿嫩芽的习惯，香椿被采摘叶芽后，会严重影响幼树生长，因此，香椿林内应严禁采食椿芽和嫩叶。同时还要防止被家畜破坏及加强病虫害的预测预报和防治。

合理调整单位面积保留株数，以促进林木的迅速生长。间伐后郁闭度保持在 0.6 左右。在林冠较稀疏的林地，天然更新有两种情况：一是天然落种。有条件时可在母树林下，清除枯枝落叶，翻松土壤，为天然落种创造条件。落种后应适当覆土，以促进更新。二是萌蘖更新，香椿的根萌发能力较强，而且生长旺盛，只要采取适当的抚育措施，及时选留优良萌条便可达到更新的目的（杨钰灏，2012）。

（二）笋用竹林

1. 育苗技术

笋用竹林的主要育苗技术包括移竹、移鞭和实生苗造林，其中移竹和实生苗造林法在生产上应用最广。

移竹造林：造林的母竹以 1～2 龄为佳。母竹的粗度以 2～3cm 为宜，不宜过粗。长势上造林母竹应分枝较低、枝叶茂盛、竹节正常、无病虫害的健康母竹。其次在母竹挖掘时应判断母竹的竹鞭走向，按来鞭 30～40cm，去鞭 50～60cm 的长度截断，带土 20～30kg 取出。砍去竹梢，留枝

4～6盘。毛竹根浅,栽植不宜过深。来鞭紧靠穴的一边,去鞭一端留有发鞭的余地。最后将母竹运至造林地栽植。

实生苗造林:竹种采集应注意最好随采随播,最迟不能延时至第二年3月上旬。种子播种可采用点播、条播和撒播,但以点播最好,用种少,管理方便,分蘖多,生长好。点播法是在苗床上按株行距20cm×26cm作穴,穴径5cm,深3cm,每穴播种8～10粒,按实播面积70%计算,每亩可播8500穴,需种子1.5kg左右。播后用火烧土覆盖以不见种子为度,再盖草淋水。

2. 栽培技术

立地选择:建林时应选择交通便利、土层深厚、土壤湿润、结构疏松的酸性沙壤地或红壤地,其中以花岗岩、板岩、千纹岩所发育的沙质土壤最好。在山岗坡地应选择背风而排水良好、土壤肥沃疏松的谷地或者缓坡地带,土壤pH值应在5～6.5之间,最高不超于7.0。

整地方式:整地质量的好坏直接影响种竹后的成活率和成林速度,如条件许可,力争全面整地,坡度在15°以上的宜宽带状整地,松土深度40cm以上,整地深翻有利以后的高产。清除造林地内的树根、石块等杂物,改善土壤性能。并将一片地分割成若干小块,每小块面积视其坡度、土质、竹种等情况而定,一般2～4分地左右,在分割线上挖深沟,整成高床深沟土细的林床,以利排灌。整地后即行开穴,植穴长边与山坡成水平,规格长80cm、深50cm、宽70cm。

造林密度:密度的控制分造林密度和经营密度。一般地,散生竹母竹移栽林密度在370～1350株/hm²,小径竹初植密度一般为每亩60株(株行距3.33m×3.33m)。行与行之间起始栽植点应错开半个株距,使栽植点之间呈梅花状排列。一般移母竹造林每亩密度35株,株行距可用4m×5m。实生苗造林每亩密度40～55株,株行距可用4m×4m或4m×3m。如毛竹造林密度应根据母竹来源、搬运距离、劳力条件及要求成林快慢等情况来决定。

3. 管理措施

中耕管理:竹林深翻松土,能加深土层的有效空间,改善林地水分、肥力、温度和通气条件,有利于地下鞭根系统的旺盛生长和笋芽的萌发膨大,这是高产笋用竹林的一项重要增产措施。第一次松土于5～6月间,松土深度以10～15cm为宜;第二次松土于8～9月间,利于保水抗旱,促进笋芽分化。松土时应避免损伤活鞭和鞭芽,每次松土后即应进行施肥。

肥水管理:笋用竹林以施有机肥为主,以化肥为辅,施肥量逐年增加。竹林施肥种包括厩肥和绿肥。施肥时间分为4次,第一次在6月初结合深翻施以行鞭肥;第二次为9月初施入催芽肥,9月是竹林养分积累的高峰期,把握好此次施肥,有利于催芽,促进笋芽分化;第三次施肥在11月中旬结合浅削施入孕笋肥;最后一次为12月下旬施增温肥,施在林地表面,促使肥料发酵分解,提高土温。8～9月份为笋芽的分化期,应保证充足的水源,否则会影响笋芽的分化形成,降低出笋量。同时应注意梅雨季节应开沟排水,以防积水烂鞭。

病虫害防治:首先应加强营林技术措施,提高竹林的抗性,以及做好病虫检疫工作。其次从清除越冬病虫源、加强对竹秆锈病的防治、增加生物农药的防治实验三个方面来实施病虫害防治。

五、饮品模式

(一) 茶叶

1. 栽培模式

茶树喜散射光,与大乔复合互益。在选择适合与茶树间作的树种时,首先应确定间作树种与茶树不会有共同的病虫害;还应当把有经济价值的果树或药材树考虑在内。在光热度较强的地区如华南地区等应该考虑与橡胶树间作,以提高土地的利用率,增加经济收入。此外还需要考虑间作物的光湿热等气候条件,选择有利于茶树及其间作物生长发育的,这样既能合理遮阴又能降低风、雪、霜、旱、病、虫的可能带来的灾害,提高间作抗御灾害的能力。同时还要兼顾茶叶与间作物的生产管理、劳动力与收获的合理分配,避免因劳动力紧张而制约生产与收获。要符合上述要求，间作物对茶树的垂直遮阴率应控制在50%以下，过高就会对茶叶的生产产生负影响。并且尽量满足不同区位的茶树既能得到直射阳光的照射，又能得到间作物枝叶的遮阴。根据上述要求，茶树的间作物最好以落叶乔木，尤其是枝叶伸展度大、叶层薄而在秋季收获的果树或药材树为佳。

2. 技术支撑

（1）育苗技术

茶树的繁殖近年多采用扦插育苗法。选择表皮红棕色、木质化或半木质化的强壮枝条剪取插穗。插穗剪取后，以稀释2000倍的ABT溶液浸根处理20分钟，然后晾置待用。扦插规格：扦插以行距8cm、株距1.5cm为宜，每平方米可插茶苗833株。

（2）栽培技术

立地选择：茶树生长适宜海拔高度在800～1200m，坡度在6°～30°的山坡或丘陵小坡地最适宜种植茶树。土层深厚，保水保肥力强，有利茶树根系伸展，增强抗逆性。凡土层浅，土质黏重或底土有黏土层或硬盘的，常会引起临时性滞水层，使茶树根系发育不良，需深耕改良。

整地方式：种前未曾深垦的必须重新深垦，已经深垦的，则开沟施入基肥，按快速成园的要求，应有大量的土杂肥或厩肥等有机肥料和一定数量的磷肥，分层施入作基肥。生产实践中的种植前基肥用量相差较大，一般种植前基肥施量少的，则以后逐年加施，才能获得快速成园的效果。平整地面后，按规定行距，开种植沟，在平地或缓坡地可用机械开沟。

造林密度：高寒山区茶园一般采用单行条栽的方式，以低矮型茶树密植密播为宜，能够提高茶树群体抵抗能力。亩栽茶苗4000～5000株，行丛距90cm×20cm×25cm。如果是扦插繁殖的茶苗，每穴种植2～4株为宜，待茶苗成活后根据茶苗生长情况进行间苗、补植，每穴保留2株即可。

（3）管理措施

中耕管理：茶园冬季深翻有利于疏松土壤，防止土壤板结，增强土壤通透性，提高土壤渗水能力，对于改良土壤理化性质，促进茶树根系的生长发育，恢复茶树树势具有十分重要的意义。深翻耕一般在10月下旬至12月初完成，深度15～20cm，要求茶行中间深，靠近茶根浅，这样可以避免伤及茶树根系。

合理施肥：茶园冬季施肥以无害化处理的堆沤肥、厩肥、人畜粪尿等农家肥或土杂肥为主，一般每亩用量为2000～3000kg，也可施用有机肥或茶树专用肥，每亩200～300kg。茶园深施基肥宜在寒露前，最迟要在12月初以前完成。

防冻及病虫害防治措施：茶园及时进行深耕培土，施肥和行间铺草，有利于提高土温，防止茶树遭受冻害。茶园行间铺草可利用青柴草、山草、无污染的稻草、玉米秸秆等，以防茶树受冻，促进茶树春季早发芽，发壮芽，实现春茶优质高产。病虫害防治措施包括清理茶园、人工捕捉。以生物和物理防治为主，以减少农药对污染。

近期研究表明，乔木与茶树复合互益效果明显。例如泡桐和茶树复合，茶叶质量提高；板栗与茶树复合，栽植园土壤、气候条件改善，复合系统生态效益显著提升。

（二）老鹰茶

豹皮樟，属中性偏阴树种，喜温暖凉润气候。为了促进豹皮樟的生长，可以营造混交林，如与檫树混交、与杉树混交。混交方式，株间或行间都可以，待伴生树种出现挤压现象，即予伐除，利用其小径材，之后专门培养豹皮樟。开发利用豹皮樟，发展老鹰茶产业可发挥林业的经济效益、生态效益和社会效益，解决森林资源保护和发展的矛盾，真正实现"林木增长、农民增收"。安徽宁国已有规模生产（卢晓黎，2001）。

1. 育苗技术

主要采用扦插方法。插穗应选择剪取无病虫害、生长健壮优良植株上的当年生中部半木质化、叶片完整的枝梢。选择四周通风、靠近水源、富含腐殖质、沙壤或红壤土、排灌方便的地方建立苗床。插后，床面上要搭盖阴棚（高2.5～3m，以3m为好），避免太阳直射，一般透光度控制在50%左右。

2. 栽培技术

立地选择：喜好生长于土壤疏松、肥沃和比较润湿的山坡、峡谷以及溪涧两旁，呈酸性或中性的沙质壤土。

整地方式与造林密度：造林地的规划，宜于山区，半山区的阴坡或半阴坡；事前全垦整地，挖 60cm 大小的植树穴；株行距，因豹皮樟树身发育多为中、小径级材；故可稍密，1.5m×1.5m～2m×2m 即可。

3. 管理措施

育苗圃地，选择排灌方便的沙质壤土，深耕细耙，施足基肥，平整床面，开沟条播。种子千粒重 120～140g，每亩播种量 12～15kg。待苗高长至 7～10cm 时，带土移栽，移密补稀，每 10～15cm 留苗一株。苗圃管理，除适时中耕除草外，在 8 月份以前，每月追肥一次，天旱注意灌水。一年生苗高 60～70cm，供出圃造林。

幼林期间，除适时中耕除草外，还须修枝抹芽，以利于树高生长，和培养良好的干形。抹芽，主要是在造林后的头几年内，把离地面树高 2/3 以下的嫩芽抹掉，以控制枝杈过多，养料分散。修枝，在前期生长阶段，修除主梢的双杈头，或当主梢遭受损伤后，通过修剪技术，培养新的主梢；其次修除树冠下部受光照较少的纸条，以减少养料的消耗。

第二节 生态林模式构建的技术支撑

一、杨树生态林模式

杨树是安徽省淮北平原及长江圩区的主要速生造林树种之一，其生长以 5 年为一个龄级，即 1～5 年为幼龄林、6～10 年为中龄林、11～15 年为近熟林、16～20 年为成熟林。一般杨树达到成熟林以后就可采伐更新，否则生长势会逐渐减弱，容易遭受病虫危害，不及时采取抚育和防治措施，就会生长日渐衰弱乃至死亡，同时也会成为新的病虫害发源地。三塔镇冯于村梅大庄村片林中有连片 26 棵 20 年左右的杨树就是由于树体已经达到成熟阶段，生长势衰弱，受云斑天牛危害非常严重，目前已经有 2 棵死亡，还有 10 棵濒临死亡。应对措施为采伐更新，或者对部分健康状况较好的树体加强病虫害防治。

1. 造林技术

在淮北平原、江淮地区栽植杨树，树坑一定要挖大穴（规格：1m×1m×1m）；在沿江洲滩地栽植杨树时要首先整理上层土层，机耕 40～50cm，然后挖规格为 0.8m×0.8m×0.8m 的栽植穴。造林采用大苗造林，以地径 3.5cm 以上、树高 4m 以上的苗木为宜。合理密植是杨树速生丰产的重要措施，造林密度要根据立地条件、树种特性和经营目等因素来确定，一般为 330～840 株/hm²。林粮间种是对杨树幼林管理最有效、最经济的抚育措施。尤其对于沿江地区的芦苇滩地来说，是消灭芦苇的一种行之有效的办法（张太东，2010）。

2. 育苗技术

采用扦插育苗。

① 树种的选择：江淮地区宜选择 55 号、725 号、中涡 1 号、中林 46 等无性系进行繁育。

② 种条的选择：生产中常用的方法是利用苗圃地当年生苗杆截断作插条，插条根茎直径 1～1.5cm，圆润饱满，木质化程度高。苗基部及梢部尽量不用。

③ 种条的截取和贮存：用小锯或锋利的刀将种条截成 10～15cm 左右的插条，上口平齐，下口 45° 斜面，截面要光滑平整，不伤皮，不戗皮，以利于伤口愈合，如果插条需要搬运或贮存，应将截好的插条按根、梢顺向扎成一捆，两头都在融化的石蜡中浸蘸一下，使每个截面均匀涂上蜡，以保持插条水分，同时可保护截面不受病菌侵染。在贮存期每隔 10 天向插条洒水一次。扦插前在清洁的水中浸泡半天至 2 天。

④ 扦插：于秋冬耕翻土地上，清明前后精整

细耙，做成 1.8m 宽墒面，按 0.4m×0.45m 间距，每亩控制在 3000～3500 株，用粗木棒削尖打孔，将插条插入孔内，注意芽尖、梢部方向，梢部露出 0.5～1cm。从四周踩紧踏实，浇足水。扦插前用 ABT 2 号生根粉液浸蘸可提高扦插成活率。

3. 造林管理

① 整地：整地要早，最好在冬季前完成，经霜冻后，可保持土壤水分，改善土壤团粒结构，第二年春天造林，采用品字形大穴整地，穴的规格是 0.8m×0.8m×0.8m。

② 选苗：要选择干形通直，生长健壮，无病虫害的苗木，尽可能保持根系的完整，对于过长的根系，可以切断，在起苗前几天对苗圃地浇一次透水，以便于起苗和少损根系。

③ 苗木运输：苗木长途运输必须加以包装，以防苗木根系失水和机械损伤，包装时以 20 株为一捆，将苗木根系或地径部分包好，装车时最好用稻草将苗木捆之间塞好，以防机械损伤。

④ 苗木浸泡：苗木浸泡保证杨树造林成活率的关键性措施，杨树木质疏松，皮孔大，易失水。栽植前，应将苗木浸入水中，仅露树梢，浸泡 2～3 天左右时，再出水造林。

⑤ 苗木栽植：苗木栽植要做到"三大一深"，即大苗、大穴、大水、深栽。大苗：苗高要达 3.5m 以上，地径大于 3cm，或一年生平茬苗。大穴：0.8m×0.8m×0.8m，大水：栽植时要带水栽植，待水完全浸入土壤，再将苗木放入坑内，采用"三埋两踩一提苗"的办法，以利根系舒展，栽植时应适当深栽，最后覆土成馒头形，以利于防风保墒（陈习余，2003）。

⑥ 栽后管理：

1）栽后要防止人畜损伤。

2）除新造幼林要立即浇水外，4～6 月干旱季节，要对林分适时灌溉，秋季干旱时也要进行灌溉，以保证林木旺盛生长。一般在春季树木发芽前后、生长季节、土壤封冻前，视土壤墒情和降雨情况在土壤缺水时及时浇水，浇水后要及时培土保墒。

3）施肥量。杨树本身的需肥规律及造林地土壤养分条件，以及杨树品种、树龄、林分密度及地下水位等因素的影响是施肥量确定的依据。

4）以耕代抚：在林分郁闭以前实行农林间作，不仅提高土地的利用率，还可通过对农作物的管理，如松土，除草，浇水，施肥等措施，起到抚育幼林，促进林木生长，增加收益的作用，间作农作物应以矮小，耐阴，耗水肥少的大豆，花生等豆科作物或瓜菜、药材、小麦等（刘界红，2008）。

4. 主要病害

（1）杨树烂皮病

杨树烂皮病别名杨树腐烂病，症状是发生在树干及枝条上，初期病部呈暗褐色水肿状斑，皮层组织腐烂变软，病斑失水后树皮干缩下陷，有时龟裂，有明显的黑褐色边缘。后期病斑上生出许多针头状黑色小突起，即病菌分生孢子器，潮湿时从中挤出橘红色卷丝状分生孢子角（林思俊，2011）。

防治方法：人工刮皮的效果较好。化学防治时可选用 10% 碱水、2% 康复剂 843(1：3 倍液)、10% 双效灵(1：10 倍液)、松焦油柴油(1：1)、10% 碳酸钠液、多菌灵（1：25 倍）、托布津（1：25 倍）、石硫合剂，但以双效灵（1：10 倍液）为优选药剂。因为用该剂效果好、成本低、药源充足、易推广、无药害，用法以涂干和喷干为好。使用以上几种药剂，在涂药后 5 天，如在病斑周围再涂 50～100mg/kg 赤霉素，可促使产生愈合组织，病斑不易复发。

（2）杨树溃疡病

杨树溃疡病原是一种腐生型弱寄生性病原真菌，由子囊菌葡萄座腔菌属的 botryosphaeria ribis 侵染引起，病菌主要以菌丝体在树木病组织内或自然界中越冬。病菌主要借雨水、风、昆虫传播，经皮孔、伤口侵入危害，带菌苗木和接穗等繁殖材料的调动可进行远距离传播。病害主要发生于主干上，发病初期通常以病斑为主。病斑的形成过程有水泡型和枯斑型。防治方法：加强苗木管理，避免碰伤，清除病干，培养壮苗，提高抗病力。可用 0.5 度石硫合剂、1% 波尔多液、抗菌素 2316 等喷洒树干，防治效果好（林思俊，2011）。

（3）落叶松杨锈病

病原为松杨栅锈菌，属锈菌目栅锈科，是一种转主寄生菌。性孢子和锈孢子阶段在落叶松上，夏孢子和冬孢子在杨树上。症状：在落叶松上，起初针叶上出现短期淡绿斑，病斑渐变淡黄绿色，并有肿起的小疱。叶斑下表面长出黄色粉堆。严重时针叶死亡。在杨树叶片背面出生淡绿色小斑点，很快便出现橘黄色小疱，疱破后散出黄粉。秋初于叶正面出现多角形的锈红色斑，有时锈斑连结成片。病害一般是由下部叶片先发病，逐渐向上蔓延。发展规律：早春，先年杨树病落叶上的冬孢子遇水或潮气萌发，产生担孢子，并由气流传播到落叶松上，芽管由气孔侵入。经 7～8 天潜育后，在叶背面产生黄色锈孢子堆。防治方法：造林时切忌 2 种树种混交造林。冬季剪除枝条上部的弱芽，再于叶芽开放时及时摘除病芽。可用 50% 多菌灵 1000 倍液、50% 退菌特 500～1000 倍液、65% 代森锌 200 倍液喷洒树叶，或喷洒 0.01mg/kg 粉锈宁铲除病芽，可获得较好的防治效果（林思俊，2011）。发芽前对病幼树喷波美 5 度石硫合剂，5 月中下旬发生严重时，对病株喷 0.2 度石硫合剂、2.5% 功夫乳油 4000 倍液、10% 天王星 2500～10000 倍液、2.5% 氯氰菊脂 2000 倍液或 1.8% 阿维菌素 2000 倍液。

5. 主要虫害

（1）食叶类害虫

以杨扇舟蛾、杨小舟蛾、黄刺蛾（俗称洋辣子）等为主。杨树幼苗期至成材期均受上述害虫危害，造成叶片缺损或吃光。幼树期（1～4 年生）杨树受害，对生长和存活影响较大。防治方法：一是人工防治。结合林木整枝、修剪、除草等抚育管理措施，人工捕杀蛹和巢苞。成虫具有趋光性（5～10 月），可用灯光诱杀。二是化学防治。幼虫危害期（6～9 月），一般选用乐果或 80% 敌敌畏 1000 倍液喷雾防治，也可在树干注射保林 3 号进行防治（林思俊，2011）。

（2）刺吸类害虫

主要是草履蚧。草履蚧在早春上树吸取树木嫩芽、嫩枝汁，造成整株枯死。因此，防治草履蚧应选择在早春若虫上树前进行。防治方法：一是人工防治。树干底部扎塑料布或缠塑料胶带阻隔其上树。若虫上树前（2 月上中旬），可用 2 道细绳将宽约 20cm 的塑料（新塑料为佳）扎于树干底部或在树干底部缠胶带，再辅助人工扑杀，效果更明显。二是化学防治。树干 1m 以下用废机油加有机磷农药环涂 10cm 宽药环，以阻止草履蚧上树。若上树后，可用 50% 敌敌畏或乐果等农药 1000 倍液喷雾防治（林思俊，2011）。

（3）钻蛀类害虫

主要有桑天牛、光肩星天牛、云斑天牛等。在幼虫期，主干上可见明显排泄孔，有木屑外露。防治方法：一是营林措施。这是一种预防性措施，通过调整林种结构，避免森林灾害的发生。如杨树不可与桑树混交，否则杨树易发生桑天牛。二是检疫措施。检疫是防治天牛扩散传播的有效手段。凡来自疫区的苗木、木材及包装箱等都必须经过检疫方可调运。三是人工防治。伐除虫害严重的树木，剪除枯萎的大枝，及时进行除虫处理。四是化学防治。找到最新鲜的排泄孔，用毒签插入，或用注射器注入 500 倍左右的有机磷类农药 1ml 或向蛀孔中注入敌敌畏原液与柴油的混合液，再用棉球或软泥团封住洞口即可。天牛成虫期可在清早或夜晚人工大量捕杀成虫（林思俊，2011）。

二、枫香生态林模式

1. 种子的采集和处理

皖南的枫香种子一般在霜降前后，即阳历 10 月底成熟。因枫香果穗为球状，由多数蒴果组成，果实成熟后开裂，种子易飞散。因此在果穗变成黄褐色、尚未开裂时，及时组织人员进行采集。果穗采集后要放在水泥场地上在阳光下摊晒 3～5 天，这期间还要用木锹翻动 2～3 次。待蒴果开裂后取出种子，进行去杂。可用窗纱做成的细筛将杂质筛去，得纯净种子。一般果穗出种率在 1.5%～2% 左右。再用布袋装好，放在通风干燥处储藏（胡国华，2006）。

2. 苗圃地的选择和整地

枫香对土壤要求不严，但土壤不易过于干燥或潮湿，这样使幼苗易发茎枯病和根腐病。所以育苗地应选择土层深厚、疏松肥沃、pH 值在 5.5～6.0 砂质壤土或轻壤土，且靠近水源，交通方便，避风的向阳地，这样易于管护。苗圃地宜与农作物轮作较好，以减少病虫的危害。在上年底以前翻耕土地，2 月或 3 月初进行整地做床，精耕细作，施足底肥。底肥一般采用经过腐熟的菜籽饼 750kg/hm²、同时施 750 kg 复合肥作基肥。依据地形不同将苗床作好，并且挖好排水沟，防积水。

3. 造林技术

（1）造林地的选择

枫香对立地条件要求不严，一般山场均可选作造林地。营造短轮伐期工业原料林或其他集约经营的人工枫香林，最好选择交通相对方便，有一定规模、坡度小，有散生阔叶树（如甜槠等）分布，由砂岩、千枚岩等岩石风化的土层深厚、肥沃、通透气好、石砾含量少的黄棕壤或黄红壤的山场作为造林地；营造生态林（退耕还林），要选择荒山（滩）、荒地或 16°以上，水土流失严重或生态脆弱的坡耕地。地下水位浅的滩涂或积水的冷水田，不宜营造枫香生态林。

（2）清山与整地

11 月底前完成林地清理、整地。营造工业原料林，坡度在 15°以下，交通方便的山场，采用全垦整地；坡度在 16°以上的山场，采用块（穴）状整地。营造生态林（退耕还林），采用穴状整地。穴状整地，即按栽植点（穴）进行整地，穴规格 50cm×40cm×30cm。有条件的地方，地整好后，最好施入一定量的有机肥（如碎菜籽饼，每穴 50～100g）。在整地的同时要根据造林地面积大小修筑一定数量的林中便道（林道）、预留好水土保持草带。

（3）苗木处理

枫香造林应全部使用生长健壮、根系完整、无病虫害和无机械损伤的 I 级苗（I 级苗，苗高 70cm 以上、地径 0.7cm 以上，根系完整、无病虫害）。起苗前圃地应先浇一次透水，起苗要根系较完整，苗木运到造林地后，要避免风吹日晒，防止苗木失水；栽前用 0.01% 的 ABT3（或 ABT6）号生根粉溶液进行蘸根 3～5 分钟，能提

前一周生根长叶。

（4）造林密度

营造生态林（退耕还林）的山场，如果坡度大，土层薄，流失严重，造林密度宜大，密度为 4400 株/hm²，株行距为 1.5m×1.5m。山场坡度小，密度应小，造林密度为 2940 株/hm²，株行距 2m×1.7m。

（5）造林时间

枫香是落叶树种，在苗木落叶后到第二年 3 月均可进行栽植。

（6）混交方式

枫香可与杉木、松树、南酸枣等针阔叶树混交。与杉木、松树、南酸枣等混交可采用行间（或块状）混交。行间混交采用 1 行枫香 3（或 5）行杉、松，或 5 行枫香 5 行南酸枣的混交比例；块状混交一般采用 3 枫香 3 杉（松），或 5 枫香 5 南酸枣的团状混交；如造林山场有一定数量的杉木、甜槠等树种伐桩，每公顷栽植枫香 1500 株，保留杉木、甜槠等树伐桩萌条 1500 株，可形成散生混交林；与毛竹混交可在上述造林密度类型的林地中均匀混栽 120～150 株健壮、优良母竹即可（如"兼用型"密度，栽枫香 2850 株/hm²，毛竹 90 株/hm²）。

（7）栽植

将枫树苗根放在穴的中央已填的表土上，再填土至 2/3 穴，将苗木向上提一下，使根系舒展，然后踩实，再填土至穴平，再踩实，最后将植树穴填平，堆土成馒头形，上覆松土或盖上杂草即可。

（8）幼林抚育

每年两次，连续 3 年。第一次在 5～6 月，第二次 7～8 月。

1）全垦抚育：坡度小于 15°的用材林山场，要全面深挖 15cm，同时将幼树周围的石块、草根等捡净，土壤肥沃的林地，要结合幼林抚育间种黄豆等矮秆作物，以达到以耕代抚的目的。

2）扩穴砍草：坡度大于 16°的生态林（退耕还林）山场可进行扩穴砍草抚育：第一年抚育时将幼树周围 30cm 范围内土壤深挖 15cm 左右，并将较大的杂灌挖除，其他地方的杂草、杂灌

用刀砍掉，第二年以后扩穴范围视幼树树冠大小而定。

3）林地除草：造林后第二年5～6月，可使用草甘膦除草剂进行化学除草（药与水的比为1：30，即每喷雾器中放入15000g水，500g药，50g洗衣粉），沿山脚向上排成一排喷施，注意药液不要喷到幼树上，以免造成药害。

4. 病虫害防治

枫香育苗中，为预防病虫害的发生，在5～7月间，每隔15天喷洒一次0.5%的等量式波尔多液，连续2～3次进行预防。食叶害虫一般发生在7～8月间，可用25%的甲胺磷乳油1500倍液喷洒。

三、马尾松生态林模式

1. 育苗技术

（1）采种

应选择在薄皮、疏枝、宽冠类型通直、无病虫危害，树龄在15～40年的健壮母树采种。马尾松球果10～11月成熟，当果鳞由青变为黄褐色，鳞片尚未开裂时，即可采集。采后将适量球果堆集在一起，厚60～100cm，用40℃温水或3%石灰水浇淋，上面覆盖稻草，每2～3天浇水并翻动一次，约经10天，当球果由栗褐色变为黑色，部分鳞片微裂时晾干，经1周左右鳞片即完全开裂，种子即可脱落，再经去翅除杂，适当干燥后，可放麻袋或筐中短期贮藏，以备来春播种。一般出种率2%～4%，每公斤纯种约7.6万～9万粒，发芽率70%～90%。

（2）整地作床

选择阳光充足、排水良好、呈微酸性反应的沙壤土作圃地。每666.7m施入适量土杂肥和过磷酸钙50kg，做成南北向高床（宽1.2m，高0.2m），床面整好后，把磨成细粉状的硫酸亚铁，均匀地撒在床面，用量4～6kg，然后用铁耙轻耧一遍，并用木板将床面轻轻拍平。如圃地没有合适的苗根菌，要实行人工接种。

（3）种子消毒和处理

用25%的高锰酸钾溶液浸种30分钟消毒，再捞出种子，倒在3倍容积的温水中（30～35℃）

浸泡1～2天，在浸种期间每天换水2～3次，等种子膨胀捞出，再用清水淋沥阴干后播种。

（4）播种

3月上、中旬为播种时间。条播、撒播均可，每666.7m²播种量10～15kg，播种后筛细土覆盖，厚度为0.5～0.8cm，稍加镇压后，再用稻草覆盖床面，然后立即淋水以保持床面湿润。要注意忌干旱播种，以防种子"回芽"。凡浸种催芽的种子，播种后圃地一定要保持湿润，否则种芽中的水分会发生反渗透，常导致种子的死亡。

（5）苗期管理

覆盖后必须注意检查，当幼苗大量出土时，应及时撤除覆盖物，以免引起幼苗"黄化"或弯曲，形成所滑"高脚苗"。撤除覆盖物时，最好在傍晚或阴天进行，共分2～3次进行完毕，并注意不要损伤幼苗。如用谷壳、松针、锯屑等细碎材料作覆盖物时，由于对幼苗出土和生长妨碍不大，可以不必撤除。

播后15～20天开始出苗，幼苗顶着种壳出土，鸟类喜欢啄食，应设专人看护。幼苗出土1～2月内，最易感染立枯病，要严加预防，每7～10天喷一次0.5%～1%的波尔多液，每次用药50～80kg。如已发现病害，要及时用1%硫酸亚铁喷洒，或用0.5%高锰酸甲喷苗，喷后30分钟再用清水喷洗苗叶，以防药害。5月中旬至7月底，可洒施稀尿水，或趁雨撒施尿素5kg/hm²2～3次，以促进幼苗生长，增强对病害的抵抗力。同时也要注意排灌和除草松土工作，还要在5月、7月，分别间苗一次，留苗间距为4～5cm，苗木可当年出圃，苗高可达15cm以上，每666.7m²可产苗10万～20万株。

2. 造林技术

（1）造林地的选择

马尾松造林地不宜大面积集中连片，要根据树种特性和立地条件，因地制宜，合理布局，使之与阔叶树混交，既有利于水土保持和改善森林生态环境，又有利于预防马尾松毛虫的蔓延发展和森林火灾发生。应根据经营目的，交通条件，培养不同的材种，以便分别采取相应的经营措施，充分发挥马尾松的生产潜力（薛忠高，2006）。

（2）造林密度

造林地立地条件较差的，初植密度要适当大一些，每亩 500～600 株。立地条件较好，土壤厚度达 50cm 以上，肥力中等偏上的，交通便利，经营集约度较高的地方，每亩栽植 300～400 株，以培养中大径级材为目的（薛忠高，2006）。

（3）整地

造林前一年秋冬整地效果较好。皖东丘陵地带一般多采用块状整地。暗穴、半明穴整地对防止水土流失，降低造林成本有明显效果。劳动力充足，经济条件较好的地方，提倡明穴整地，确保整地质量；有利于提高造林成活率和促进幼苗早期生长。块状整地规格一般可按 50cm×50cm×30cm（薛忠高，2006）。

（4）造林方法

植苗造林是马尾松造林的主要方法。适时栽植是保证造林成活的关键之一。松苗早春顶芽抽梢较早，故应早栽。早栽具有早发根、易成活、早生长、能抗旱等优点。一般适宜的栽植时期在 1 月中下旬至 3 月中上旬。皖东丘陵地区春节前后，土壤解冻，冰雪融化，或下透雨后，即可栽植，阴天毛毛细雨或雨后天晴土壤湿润时栽植最佳，吹干风时不宜栽植。供造林的苗木要妥为保护，确保不破坏根系，随打浆随假植，假植时间不超过 24 小时，泥浆不稀不稠，运输时防止苗木根部失水，栽植时如果泥浆失水发干应二次打浆。栽植时务必做到随取苗，随栽植。马尾松栽植时的基本要点是：分级栽植，深栽黄毛入土，不窝根，不吊空，根系舒展，扶正苗木，踩实捶紧。集约经营程度较高的地方，可带基肥造林，对促进幼林速生和提早郁闭有相当明显的效果（薛忠高，2006）。

（5）补植

幼林缺株，于当年秋季进行一次造林成活率全面检查，了解成活情况，提出解决办法。按补植规定，成活率在 40% 以下应重新造林，41%～84% 应进行补植，或成活率虽达 85% 以上，但有局部地段成活低或死亡植株集中连片，也应补植。补植工作一般应在当年秋季或翌年春季进行。补植应在原种植点上进行或整地后用同龄苗补植（薛忠高，2006）。

四、杉木生态林模式

1. 育苗

（1）选种

杉木 3 月开花，11 月上旬种球由青绿色转为黄褐色时即可采收。最好在母树林或种子园采种，也可选择 15～30 年生，生长良好的优树上采种。高枝剪取种球，将球果置于晒场，经阳光暴晒，球果鳞片开放时，可反复推动球果，使种子从球果中掉出来，然后收取纯种，用麻袋装好，放进通风干燥的库房备用。球果出籽率为 3%～5%，种子千粒重 13g，发芽率 45% 左右。

（2）苗圃地的选择

杉木幼苗怕干旱，忌水湿，喜肥沃湿润土壤，易发病，因此苗圃地应选择水源条件好、排灌方便、土壤深厚肥沃、沙砾含量少的壤土或沙质壤土，忌选黏土、积水地或菜园地以及育松、杉多年的地方作苗圃地。

（3）整地

整地做到"三犁三耙"，要求精耕细作，达到疏松、细碎、平整；整地时施足基肥，基肥以火烧土、农家杂肥等为主。

（4）播种

以 12 月至 1 月上旬播种最宜，最迟不超过 3 月下旬。冬播苗木在高温多湿季节已木质化，抗病抗旱能力强；春播幼苗易罹病。播种以条播为好，便于中耕除草，培育壮苗。播种沟宽 2～3cm、深 1cm、沟距 20～25cm 左右，将种子均匀撒于苗床或播种沟中，每公顷播种 90～120kg 左右，播后用细筛的黄心土或火烧土覆盖，以不见种子为度，然后再覆盖新鲜稻草或松叶，以保温保湿，促进发芽。

2. 造林技术

（1）林地选择

杉木喜温暖湿润气候，怕旱怕风，对土壤要求较严，以板岩、页岩、砂岩、片麻岩、花岗岩等风化而成的土层深厚肥沃、腐殖质含量高、疏松湿润、通透性和排水性良好的酸性或微酸性土壤上生长良好。在发展杉木的优良地区，应选择山脚、山冲、谷地、阴坡等造林。

（2）林地清理

传统方法是火烧炼山清理，炼山后整地前要将林地上的芒头挖起曝晒清除。采取火烧炼山清理林地，整地和种植管理较方便，前期幼林生长较快，但土壤养分损失严重，是导致杉木林地地力下降的主要原因。最好砍除林地上杂灌，挖起大芒、粽叶芦芒等恶性杂草，然后沿山体等高线布置的种植行，将杂草杂灌归堆，清理出宽度约1.5m的种植带并铲净带上杂草后，在种植带上挖穴整地，不进行炼山。

（3）整地

通常应采用穴状整地，明穴规格为50cm×50cm×30cm。个别小班或坡度大、水土流失严重的地段，可暗穴整地，穴规格为60cm×50cm×30cm。

（4）造林时间

杉木造林最好选择在1～2月进行，即立春前新芽未萌动前进行，因为这时苗木树液尚未流动，地面部分处于休眠状态，而地下部分的根系则活动最为活跃，此时造林，生根快，成活率高，长势好，而在春季芽苞萌动后，地下部分根系处在不活跃状态，种下苗木，先抽梢，然后生根，这样成活更低而生长较差。栽植时要求苗木端正，宜深栽，即地上部分入土5～7cm；放苗时苗根系要舒展，防止窝根；回土要细致并适当压实，注意栽植时不要伤及根际皮部，以免影响成活和造成分蘖萌芽。

（5）补植

造林后30天内每隔15～20天要对造林地进行1次踏查，发现有缺株、死株要及时补植，确保造林成活率达到95%以上。

（6）抚育

栽植后头两年每年全铲抚育2次，使用41%草甘膦进行化学抚育效果较好；第3年铲草抚育1次，第4年视情况砍灌、割草抚育1次。结合抚育进行适当培土，扶正苗木。

（7）施肥

有条件的在第1次抚育完毕后即进行追肥，以速效复合肥为主，在距离植株25cm左右两侧穴施，以促进幼林生长，提早郁闭，减少抚育次数。也可以采用磷肥浆根，其方法是每50kg黄泥土加10kg磷粉混合用粪水泼湿堆沤，发酵腐熟后使用，每250株苗木约用1kg混合后的磷肥浆进行蘸根，这种方法简单易行，植后杉木根系发达，抽梢快而苗壮，长势好，叶色青绿。

（8）间伐

林分年龄在7～8年、郁闭度0.8以上，自然整枝高度超过植株高度一半以上时，应及时进行间伐。以下层疏伐为主，也可采取机械疏伐，照顾均匀。一般只进行一次间伐，以培育中径材为主要目标，轮伐期14年以上的，保留株数约1050～1500株/hm²；轮伐期14年以下，保留株数在1650～1950/hm²为宜。

（9）林粮间种

杉木幼龄阶段可以间种木薯、豆类。同时对间种的作物要进行除草施肥，以此改变林内的土壤环境和土壤肥力，对杉木生长很有利，是一举两得的有效措施。

第三节　复合模式构建的技术支撑

一、林药模式

（一）林药间作的一般原则

林药间作必须坚持宜乔则乔、宜灌则灌、宜花则花、宜草则草、宜果则果的"五宜"原则，真正作到以短养长、长短结合的发展要求，起到了加快农产品市场建设，增加农民收入，促进农村经济全面发展的目的。

套种药材品种一定要严格选择，合理安排，否则会产生不良影响，甚至"两败俱伤"。间作套种的一般原则是：首先要根据不同林木与中药材的生物学特征，组成合理的田间结构。如选用的中药材品种要以耐阴性、浅根性为主；其次配置比例要适当，坚持造林树木为主，优势互补的原则；第三要坚持以间作套种本地的特优、地道药材为主；第四要加强田间管理，互促互利，控制矛盾，以确保双丰收。同时，还要注意不能互相传播病虫害，所种中药材不能是造林树木病虫害的中间寄主等。

（二）林药间作的技术要求

1. 合理配置株行距

为了便于药用植物种植管理，造林株行距应合理配置（由造林树种和套种药材共同决定株行距），并在成林后控制林分郁闭度，以满足药用植物对光照的需求。在模式营建后，应加强经营管理，特别是要及时除草、施肥。施肥要根据品种而定，一般而言，以采根为主多施磷肥、钾肥；以利用枝叶为主的则应追施氮肥。具体数量和次数因立地条件和品种而定。

2. 中药材种植一般采用种子直播的方式

只要便于采收，用条播、穴播和撒播都行，但是，中药材属特种经济作物，因此，不论种植技术，还是经营管理都有它的特殊性。如果措施不当，违背了它的生活习性，必然会造成损失。因此，种植中药材时应注意下列问题：

3. 种植的中药材应符合本地的气候

不同的药材品种，对气候、土壤有着不同的要求。如柴胡喜冷凉而温润的气候，较为耐寒耐旱，忌高温和涝洼积水。种植柴胡应选择土层深厚疏松肥沃、排水良好的砂质壤土和腐殖质土为佳；板蓝根对气候适应性很强，对土壤要求不严，一般以微碱性的土壤最为适宜，pH 值 6.5 ~ 8。其根深长，耐肥性较强，适宜种植于土层深厚、疏松肥沃、排水良好的砂质壤土上。土质黏重以及低洼易积水地容易烂根，不宜种植；大黄和党参喜凉爽、湿润气候，耐寒，怕高温，要选择背阳向阴，水分条件好的地方，要求土层深厚、土质疏松、肥沃的砂质壤土或含腐殖质多的壤土；黄芪喜凉爽气候，有较强抗旱、耐寒能力，一般选择地势高、干燥、向阳的中性或微酸性土地种植。综上所述，种植药材必须因地制宜，切不可盲目种植。

4. 选购药材种子、栽种要注意时间和质量

木本中药材多为多年生植物，种子、种栽选择不当必将造成严重后果。①了解种子，种栽特性。比如某些药材种子是短寿命种子，因此必须买新采下来的种子，立即播种，如果种子干了再播种，就不会出苗了。②种子发芽率直接影响出苗情况。③注意种子，种栽带菌、带病情况。中药材和农作物一样会感染病害，因此采购种子，种栽时，一定要了解产地病害情况，注意一些药材常见病发生情况。因此，在播种前对种子，种栽进行药剂处理是非常必要的。

（三）林药间作模式套种药材的选择

选作间作套种的药用植物必须满足一定的条件要求：一是要选择具有耐阴性且药用价值高的中药材品种；二是宜选择不需要耕作或耕作相对较少的品种，以免耕作引发新的水土流失；三是见效快，收益早。

二、果茶模式（板栗、茶模式）

板栗为壳斗科栗属一种树体高大的落叶乔木，喜光，深根性，忌荫蔽，对土壤要求不甚严格，适微酸性土壤，幼年嫩根上常有菌根共生，菌根的形成和发育与土壤肥力有密切关系，对栗园增施有机质肥料，接种菌根，加强土、肥、水管理，是促进栗树生长发育的有效措施。

茶树为山茶科山茶属一种常绿灌木，适宜的蔽荫能避免生长中的"午休"现象，并促进茶树的正常生长和提高茶叶品质。茶树具有喜酸怕碱、喜光怕晒、喜暖怕寒、喜阳怕涝的习性。根系在不同的发育阶段具有不同的类型，一般一二年生的茶树，为典型的直根系，三年生侧根开始向四周发展，四五年后侧根生长旺盛。

栗茶间作具有较好的生态学基础，是一种可持续的茶园经营模式。

（一）栗茶混交的优点

开辟栗茶立体栽培是一条较稳当的退耕还林之路。栗茶混交，种间关系缓和、林分稳定，能较好地延长整个群落的有效生长期，不但提高了茶园温度和湿度，提早开采优质春茶和延长秋季采收的时间，增加了茶叶的净光合速率，提高了

茶叶的化学品质，而且可以使栗园有足够的耕作机会，使栗园经营集约化，并较好地保持栗园水土和提高利用空间和光能，从而提高了土地利用率，混交林营造也有利于病虫害的综合防治。因而栗茶混交有效地提高了林地的生态效益和经济效益。

（二）建园主要技术

1. 园地选择

板栗是阳性树种，要求光照充足，选择好的阳坡地是栽培板栗的首要外部条件。故营建栗茶混交园主要应选择土层较厚、避风向阳、易排水、海拔不超过 500m 的低山、丘陵区。

2. 混交方式：

采用株间和行间混交，最能利用种间关系，充争发挥混交效果。板栗密度以 30 株/亩以下为宜，株行距为 5m×5～6m，茶树每 400 簇/亩以下，株行距为 0.8m×1.0～1.5m，以 2～3 行茶 1 行栗为宜。如果在坡地造林可以将茶叶作为水土保持带栽植在板栗行间。

3. 配置授粉：

板栗是以风媒为主的异花授粉做种，自花授粉呈不孕性或孕性极低，且雌雄花期也不一致，为此，在建园时要选用不同的品种，实行混栽，最好以雄花期早的品种与主栽品种搭配，一般主栽品种 4～8 行，配置 1 行授粉树种。

4. 栽植时期与方法

以春栽为主，茶树一般在土壤化冻以后，板栗萌芽前后种植。

栽植要求：大穴定植，施足基肥，板栗一般进行截顶促进粗生长，种植穴规格不小于 80cm×80cm×80cm，栽植前一定要施足基肥，回填表土。

5. 抚育管理

① 中耕除草、及时施肥为保持栗茶园土壤疏松，以利于蓄水保土保肥，减少土壤肥力消耗，每年春、夏、秋 3 季各进行 1 次中耕除草。3 月，结合锄茶棵草、施茶棵肥时（栗树刚萌动），追施尿素和复合肥，板栗肥量为每株 0.1kg 左右。6 ～7 月，结合茶棵修剪、刈草埋青，割下

杂草埋树蔸下，高温高湿腐烂成肥有利于栗树的生长。9～10 月，秋挖茶棵时，深翻扩穴，栗区有着"春刨树、夏刨花、秋刨栗子把个儿发"的农谚，树下深刨 20cm 左右，可熟化土壤，减少蒸发。结合秋挖及时施入基肥，以有机肥为主，一般采用环状沟施，沟宽 15～20cm，深 25cm。结合病虫防治喷农药时，可掺入适量的化肥，进行叶面喷施。

② 相互兼顾，合理修剪、间伐。板栗冬季修剪夏季摘心，对膛内的雄花枝、纤细枝、发育枝以及徒长枝进行疏枝，同时为了培养结果枝组，适当进行短截和回缩。栗茶混交园生产管理上要求对板栗树适时缩冠、修剪与间伐，使得茶棵生长季节能接受全日照 30%～50% 的光照强度，以适合茶叶的生长发育要求。栗茶混交园中，盛果的大板栗树控制在 25 株/亩以下。在树体管理上要求板栗定干高度不低于 1.5m，使其不影响茶树的生长，从而达到最佳的产量与效益。茶棵修剪，把轻修剪时期改在春茶后的 5 月中旬进行，这样可以提早春梢萌发，早采名优茶。

6. 病虫害综合防治

茶叶、板栗的高产与优质要求不用或少用农药，对无公害的栗茶混交园病虫害的防治，应以农业防治为基础，生物防治为核心，以发挥物理防治的优势，适当选用植物和矿物源农药，尽量减少使用化学合成农药，以改善与保护生态环境。本着"预防为主，综合防治"的原则，尽可能利用自然控制的原理达到预防的目的。

（1）营林技术措施

加强混交园肥、水管理，促进树体健壮生长，从而增强对病虫害的抗性。冬季清园，对栗树进行修剪，去除病虫枝，集中烧毁，可有效降低越冬病虫基数，减少来年病虫发生。

（2）大力推广生物防治技术

利用天敌对害虫的抑制作用，以虫制虫。由栗绛蚧的天敌黑缘红瓢虫来控制其虫口数量，黑土蜂可控制金龟子，中华长尾蜂、跳小蜂可控制栗瘿蜂，红点唇瓢虫、异色瓢虫可控制栗大蚜等。

（3）积极开展物理防治

利用灯光、糖醋诱杀，可有效消灭趋光、趋

糖性瓢虫。对金龟子成虫用黑光灯诱杀效果好，而对栗皮蛾成虫，则利用有糖的罐头瓶挂于树上诱杀。这种方法成本低，对环境又无污染，值得推广利用。

（4）化学防治

对栗茶混交园进行化学防治，需选用高效、低毒、低残留的农药，从而减少农药的污染；一般在发病前施药效果好。掌握各种害虫的生活习性，在害虫的孵化、羽化和危害盛期进行防治，可达到事半功倍之效，如5月上旬至6月中旬，金龟子危害严重，地面喷50%辛硫磷乳油0.33%溶液，能大幅度减少农药的污染，采用两种或多种农药混配药剂，既能提高药效和达到兼治的目的，又能防止病虫产生抗药性。用药时一定要注意天气变化，切忌在暴雨前施肥用药。茶叶生产正处于春茶期与夏茶萌发期，如加上天气时晴时雨、适温高湿，非常有利于各种茶叶虫害的发生危害。及时掌握茶叶各种虫害的发生状况，选用高效、低毒、无残留、无出口限制的农药进行防治。

（5）防治的注意事项

病虫害防治要提早预防，抓盛期，用药要有选择性。特别注意的是用药时要注意天气变化，气温高低与防治效果成正相关，梅季节如施药后就遇下雨，不仅会浪费钱财，还达不到防治的效果。

第四节　封山育林模式构建的技术支撑

一、封山育林模式的应用

封山育林的实施依据地形、经济条件以及当地人们的生活习惯而异（韩生清，2006）。以安徽为例，在全省5个区域中，皖南山区气候适宜，森林资源丰富，所占有林地封育的面积最大，为封育总面积的31.5%。淮北平原区作为安徽省少林地区之一，有林地的封育面积最少，仅占全省有林地封育面积的2%；无林地与疏林地的封育中，大别山山区所占面积最大，为封育总面积的10.3%，皖南山区次之，约为8.7%，江淮丘陵区所占面积最少，仅占2%；对灌木林地的封育，皖南山区封育面积占总封育面积的10.4%，大别山山区次之，所占比例为3%，淮北平原区域最少，约占1%（程鹏，2007）。

（一）封育模式的选择

封山育林的措施有全封模式、半封模式和轮封模式三种。安徽省在封山育林实施过程中以全封的封育模式为主，全省范围内，实施全封林地的面积占总封山育林面积的83.9%。对于有林地的封育，考虑部分林区林地植被生长现状较稳定，居民生活生产对林业木材有一定需求，可以结合使用半封和轮封的模式。而疏林地及灌木林地的封育中，因林地生产力较低，主要采用全封的封育方式。

皖南山区气候适宜、土壤发育良好，植被层次丰富，是安徽省重点林区。同时，区域内有较多风景名胜区。因此，封育措施在保障生态环境完整的同时要促进当地生态旅游的发展，将自然环境的生态效益与经济效益相结合，以达到相互促进的效果。区域封育措施实施中就以全封模式为主导模式，在保护自然生境的同时，促进生态

图44　青阳县全封样地禁牌

旅游的发展，从而开发多种森林经营模式。

大别山区森林面积较大，雨水充足，但该区也是安徽省相对贫困人口较集中的区域。由于地少人多，山区居民以林业作为主要的生活经济来源，人们开荒毁林，乱砍滥伐，造成了严重的水土流失和森林资源的过度利用，使得林地生产力不高，局部地区山地甚至出现荒漠化。因此该区域除了在主要的森林退化林地要采取全封的封育模式，以利用森林自身的修复能力达到生态恢复的效果外，在部分退化不严重的林地区域实施半封，结合以人工促进天然更新的方式促使林分更新，以引阔入针等措施提高植物多样性。

而江淮丘陵区、淮北平原区以及沿江丘陵区是安徽省内人口集中、工业发达的地区。区域内可用于实施封山育林的林地相对较少，且林地土层瘠薄、水土流失严重、林业生产力低下。因此，这些区域中以生态恢复为主旨，要多选择全封的封育模式加快促进森林的自我更新以达到森林生态恢复的效果。但是对于封育年限久（30 年以上）的林地，可采取轮封的模式以满足人们生活、生产需求。

（二）封山育林驱动力及其林分结构

土地利用是指人类为获取一定的经济、环境或政治福利（利益），而对土地进行保护、改造并凭借土地的某些属性进行生产性或非生产性活动的方式、过程及结果。土地利用是人与土地相互作用构成的动态系统，因而从本质上讲，土地利用的变化基本上源于三个方面的原因：① 在社会经济发展的不同时期，人们对土地产出（或服务）的种类或数量的需求发生改变，由此导致的土地利用变化，可称之为内生性变化或主动性变化；② 由于自然或人为原因导致土地的属性发生变化，或者社会群体目标发生变化，迫使人们不得不改变土地的利用方式，可称之为外生性变化或被动性变化；③ 技术进步导致土地利用方式的改变，可称之为技术性变化（李平，2001）。

将林地看作一种生产要素或经济资源，应用上述基本竞争模型容易解释土地利用微观主体的行为。然而土地还是生态环境的载体，而且依赖土地的农业具有公共事业的性质。因此，要了解土地利用变化驱动力的作用，需要从土地使用者个体和社会群体行为的驱动力角度进行综合分析。

1. 经济驱动

或称经济福利驱动，主要有两种类型。

（1）生存型经济福利驱动

在社会经济发展水平较低的地区，经济基本处于传统的自然经济状态，土地产品商品率低，工商业不发达，土地利用的目的是为了获取土地的直接物质产出，以满足人们的基本生活需要（李平，2001）。例如大别山地区，经济的落后迫使当地居民只能靠山吃山，经济落后常导致交通、教育、思想等的落后，如此恶性循环导致当地居民无法寻求其他生存途径。在人口迁移率较低的情况下，人口自然增长和土地质量的下降往往造成农用土地面积的不断扩张。这类地区不适合封育效果较好的全封模式，只能采用轮封或半封将居民生活与生态恢复有机的结合起来，才能保证生态得到恢复的情况下不危及居民的正常生活。

（2）最优经济福利驱动

在市场经济得到充分发展的地区，人们开发利用土地主要是为了市场交换。土地产品或服务的市场供求状况和比较效益是影响土地利用变化的主导因素，故又称比较经济利益驱动。在经济增长和城市化发展较快的地区，由于比较经济福利驱动，耕地被非农产业占用的现象比较普遍（李平，2001）。如著名旅游景区马仁奇峰以及九华山等同时也是宗教胜地，当地经济以旅游及宗教为杠杆，带动当地居民发家致富。当地居民对环境的依赖开始由最原始的物质需求转变为文化需求，并从当地旅游及宗教资源中得到经济福利，人民开始倾向于保护并保存已有的地理、物种以及文化等资源，这类地区适合全封模式，但同时因为宗教等文化因素，景区内较常见的植物多体以现当地各种文化氛围为主，如松、竹类。

2. 环境安全驱动

人类通过土地利用活动改变地表覆被状况，由此产生许多负面的环境效应，如土壤侵蚀和环境污染。土地生产力的降低是土地利用本身所受影响的主要表现形式，严重的环境退化甚至造成土地的一种或多种可利用属性的丧失，迫使人们改变土地使用类型，以恢复和保护人类生存所需的生态环境。另一方面，随着社会经济水平的不断提高，人们开始追求环境质量的改善和生活质量的提高，于是土地利用的环境收益开始受到重视。在生态环境脆弱及其外部影响强烈的地区，这种驱动力量尤其重要。由于土地的环境收益具有强烈的外部性，所以以改良环境为目的的土地利用变化主要是土地利用的宏观主体（政府或集体）的行为（李平，2001）。如 1978～2050 年主要在西北、华北北部、以及东北西部建设的"三北"防护林体系；1989～2010 年主要在与云贵川鄂湘赣建设的长江中上游防护林体系以及 1991～2000 年在蒙新青甘宁陕冀豫鲁地区建设的防沙治沙工程，这些地区的造林更趋向于生态的宏观的调控。

3. 政策驱动

在一定的国内外政治、经济、生态背景下，政府为了调控当前出现的矛盾和国民需求，出台各种政策。在耕地稀缺地区和重要粮食产地，耕地的保护受到政府的高度重视；在粮食产量大幅提高、生态问题突出的情况下，国家实施"退耕还林"计划，对将易造成水土流失的坡耕地和易造成土地沙化的耕地，有计划、分步骤地停止耕种；本着"宜乔则乔、宜灌则灌、宜草则草，乔灌草结合"的原则，因地制宜地造林种草，恢复林草植被。

（三）封山育林成本低

据文献显示，安徽省封山育林成本为每公顷 22.5 元，按 5 年郁闭成林计算，每公顷 112.5 元。一般人工造林成本 1125 元，封山育林已成林 105.7 万 hm²。按 1997 年价格计算比人工造林节约造林费 10.37 亿元。

二、封山育林技术模式
（一）封山育林条件
符合下列条件之一的宜林地、无立木林地和疏林地，均可实施封育：

① 有天然下种能力且分布较均匀的针叶母树每公顷 30 株以上或阔叶母树每公顷 60 株以上；② 有分布较均匀的针叶树幼苗每公顷 900 株以上或阔叶树幼苗每公顷 600 株以上；③ 有分布较均匀的针叶树幼树每公顷 600 株以上或阔叶树幼树每公顷 450 株以上；④ 有分布较均匀的萌蘖能力强的乔木根株每公顷 600 个以上或灌木丛每公顷 750（沙区 150）个以上；⑤ 有分布较均匀的毛竹每公顷 100 株以上，大型丛生竹每公顷 100 丛以上或杂竹覆盖度 10% 以上；⑥ 除上述条款外，不适于人工造林的高山、陡坡、水土流失严重地段及沙丘、沙地、海岛、沿海泥质滩涂等经封育有望成林（灌）或增加植被盖度的地块；⑦ 分布有国家重点保护 I、II 级树种和省级重点保护树种的地块。

此外，郁闭度 < 0.50 低质、低效林地，以及有望培育成乔木林的灌木林地也可实行封山育林。

（二）封山育林方式确定
1. 全封
边远山区、江河上游、水库集水区、水土流失严重地区、风沙危害特别严重地区，以及恢复植被较困难的封育区，宜实行全封。

2. 半封
有一定目的树种、生长良好、林木覆盖度较大的封育区，可采用半封。

3. 轮封
当地群众生产、生活和燃料等有实际困难的非生态脆弱区的封育区，可采用轮封。

（三）封山育林年限确定
根据封育区所在地域的封育条件和封育目的确定封育年限，一般封育 5～10 年其森林植物恢复就有了一定效果。

但是由于地方经济发展，不少地区不再进山砍薪柴，生态林自然封育年限越来越久，项目组研究表明，石灰岩山地封育 20 年细根生物量最高。土壤中的微生物酶活性，一般表现为封育 20 年 >10 年 >5 年 >30 年 >0 年。

表19 不同封育年限细根生物量

| 封育年限 | 细根生物量 Fine root biomass | | | | | | | | | | | | |
	1月 Jan.	2月 Feb.	3月 Mar.	4月 Apr.	5月 May.	6月 Jun.	7月 Jul.	8月 Aug.	9月 Sep.	10月 Oct.	11月 Nov.	12月 Dec.	平均 mean
5	6..8094	6.0099	5.8458	9.0977	6.1681	5.2103	4.8947	6.4629	8.1691	7.6174	6.7517	6.5071	6.6287
10	3.2522	3.3209	4.0711	2.1503	1.9543	1.4800	1.3994	1.3825	2.0257	2.0962	2.6169	1.9253	2.3063
20	3.8523	2.8156	2.6351	2.2751	2.5875	2.4525	3.8819	1.8190	3.4241	4.0171	5.0003	2.8264	3.1322
30	3.7757	3.8015	4.5890	3.3746	1.3347	1.4001	1.4486	1.9867	3.3566	4.2650	2.7208	1.9263	2.8316

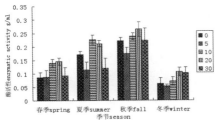

图45 过氧化氢酶活性

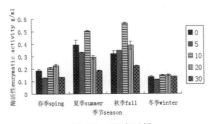

图46 脲酶活性

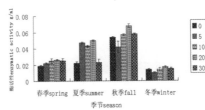

图47 脱氢酶活性

（四）封山育林设计

设计前要全面了解封山育林范围内的自然环境、社会经济条件和植被状况。包括封育区的气候、地形、地貌、土壤等；当地人口分布、交通条件、农业生产状况、人均收入水平、农村生产生活用材、能源和饲料供需条件及今后当地发展前景等；当地曾分布的自然植被类型，现有天然更新和萌蘖能力强的树种分布情况，以及森林火灾和病、虫、鼠害等。

封山育林作业以封育区为单位，设计方案内容应包括：① 封育区范围：确定封育区面积与四至边界；② 封育区概况：明确封育区自然条件、森林资源和封育区地类与规模等；③ 封育类型：根据封育区条件确定封育类型，以小班为单位按封育类型统计封育面积。④ 封育方式：根据当地群众生产、生活需要和封育条件，以及封育区的生态重要程度确定封育方式；⑤ 封育年限：根据当地封育条件、封育类型和人工促进手段，因地制宜地确定封育区的封育年限；⑥ 封育组织和封育责任人；⑦ 封育作业措施：包括以封育区为单位设计围栏、哨卡、标志等设施和巡护、护林防火、病虫鼠害防治措施；以小班为单位设计育林、培育管理等措施；⑧ 投资概算：根据封山育林设施建设规模和管护、育林、培育管理工作量进行投资概算，并提出资金来源和筹措办法；⑨ 封育效益：按封育目的，估测项目实施的生态、经济与社会效益。

（五）封山育林作业

封育规划设计文件应根据每个项目的不同管理要求，由经营单位或经营者向地方林业主管部门逐级汇总报批后执行。工程项目按工程管理程序进行；一般项目可根据实际需要从简。封育期间，经营单位或经营者应定期观测封育效果，根据观测情况可按有关程序报批后及时调整封育措施。林业主管部门及时负责组织检查及成效调查验收。

封育单位应明文规定封育制度并采取适当措施进行公示。同时，在封育区周界明显处，如主要山口、沟口、主要交通路口等应树立坚固的标牌，标明工程名称、在封区四周范围、面积、年限、方式、措施、责任人等内容。封育面积100hm² 以上至少应设立1块固定标牌。

在牲畜活动频繁地区，可设置机械围栏、围壕（沟），或栽植乔、灌木设置生物围栏，进行围封。封育区无明显边界或无区分标志物时，可设置界桩以示界线。

（六）人工辅助育林

对封育区内乔、灌木有较强天然下种能力，但因灌草覆盖度较大而影响种子触土的地块，可进行带状或块状除草、破土整地，实行人工促进更新；对封育区内有萌蘖能力的乔、灌木幼树、母树，可根据需要进行平茬或断根复壮，以增强萌蘖能力；对封育区内自然繁育能力不足或幼苗、幼树分布不均的间隙地块，可按封育类型成效要求进行补植或补播；在沙地封育区，可在风沙活动强烈的流动沙地（丘）采取沙障固沙等措施促进封育；对干旱区的封育区，在有条件的区域可开展引洪灌溉抚育，促进母树和幼树、幼苗生长。

在封育年限内，根据当地条件，对符合封育目标或价值较高的乔、灌树种，可重点采取除草松土、除蘖、间苗、抗旱等培育措施。对封育区树木株数少、郁闭度和盖度低、分布不均的小班，采取林冠下、林中空地补植补播的人工促进方法育林。对树种组成单一和结构层次简单的小班，采取点状、团状疏伐的方法透光，促进林下幼苗、幼树生长，逐渐形成异龄复层结构的林分。

三、封山育林驱动力及其效果

（一）政策驱动需要因地域而异

政策或者项目驱动力下的封育林多为一刀切，导致一些地区造而无林，造成地力、资金的大量浪费。例如"五八计划"期间，为了消灭荒山，在非宜林地上也造林、封育。绿化能带来经济、生态、及社会效益，但是不是所有立地都适宜栽树和封育成林。比如石质山地造林成本高、封育效果不显著，可以作为石壁景观，形成如美国洛基山脉之类的远观石景，也可以宜草则草、宜药则药，避免做无用功，无法发挥生态效益。

又比如"安徽千万亩森林增长工程"项目实施两年来，取得了一定成效，但是也出现了一些新的问题。例如根据各地现有森林覆盖率给项目

图48　封山育林区

图49　石质山地封育效果

造林计划下达到县，导致一些没有宜林地的地区难以完成任务，不得不与农业争地；与此同时，部分尚有大量绿化空间的地区因为已经完成覆盖率而没有新的造林以及封育任务。可见，政策驱动或者项目带动的绿化，应根据各地生态条件适当调整。

（二）经济是最有效的驱动力

无论封山育林还是人工造林，其树种选择以及主要栽培措施的调控杠杆是市场。例如在我国加入WTO初期，大豆、玉米等农作物价格下降，而杨树价格上涨时，皖北农民曾自觉退耕地为林地。皖南的人工林树种随加工业而变化，例如竹加工以及市场活跃阶段，林农栽竹；山核桃加工进步带来高附加值时，林农自觉育苗，大面积扩大山核桃栽植山场。所以说，市场是最有效的杠杆，经济是最有力的驱动力。

（三）自然驱动力是生态可持续发展的根本保障

对于库区、石质山地、废弃矿区等特殊立地，人们意识到其林分水源涵养、水土保持、改良环境的重要性，适地适树，营造混交林，以形成长期稳定的森林生态系统。

1. 生态脆弱地带实行封山育林效果显著

以石灰岩山地生态恢复为例：石灰岩山地因石灰岩风化成土作用缓，石多土少，土层干旱浅薄，植物生长缓慢，且土壤多偏碱性，造成植被种群和数量较少，环境容量小，生态环境变异的敏感度高，承受灾变能力弱，生态环境恶劣。早期对于石灰岩山地的生态恢复倾向于纯林的营

造，侧柏作为先锋树种营造的纯林在一开始达到了良好的生态改善的效果，但随着时间的推移，会出现树种单一，生境条件差；调节气候能力低；落叶少，改善土壤能力差及易发生病虫害等问题。随着研究的深入，人们意识到混交林之于纯林有着更有好的改善生态环境的效果。

2. 特殊立地封山育林成林早见效快

石灰岩山地土壤浅薄，且易于水土流失。实践表明，石台县的石灰岩山地封山育林比人工造林的林分提前3～5年郁闭。在幼龄时期，封山育林的生长量大于人工造林的生长量（表20），提前收益。

无论哪种封育方式，在封山过程中，抚育管理措施如果没有保障，林分恢复效果就不明显。封山育林是集封、育、管、护为一体的系统工程，全省在封育林地域内要制定合理的封育期，明确目标树种、抚育措施，制定相关抚育标准。同时定期观测，科学研究封育措施在不同强度下，不用年限内对于森林生态、经济及社会效益的提升作用。

安徽省在建设封山育林工程中坚持实施分类经营措施，走可持续发展道路。在五大区域中实施封山育林措施，以生态恢复优先为前提，结合实际条件与生态特征，合理规划林地经营措施，对轮封模式的林地适度开发利用林木木材资源，而在全封模式的林地中开辟森林旅游的经营模式，在保证生态稳定的基础上激发山区居民参与封山育林的积极性，通过分类经营，使得生态与经济协调发展，并产生互补的积极影响，从而保证封山育林的效果，带动山区地区的经济发展。

表20 石台县丁香封山育林与人工造林年平均生长量对比表

树种	年龄	更新方式	树高生长量（m）		胸襟生长量（cm）		材积生长量（m 亩）	
			生长量	比值	生长量	比值	生长量	比值
阔叶树栎 类	8	封山育林 人	0.85	1.089	0.92	1.194	0.4315	1.050
针叶树	8	工造林	0.78		0.77		0.4108	
马尾松		封山育林	0.93	1.045	0.87	1.160	0.4524	1.021
		人工造林	0.89		0.75		0.4431	

图 50 青阳县封育 5 年的项目样地

图 51 青阳县封育 10 年的项目样地

图 52 青阳县封育 20 年的项目样地

图 53 青阳县封育 30 年的项目样地

参考文献

安徽省林业厅. 安徽省油茶产业发展规划. 安徽林业, 2010（4-5）：14-19.

安徽省统计局. 2013-4-8. 对我省城镇化发展的分析和建议 http://www.ahtjj.gov.cn/tjj/web/ info_view. jsp?strId=1380599528019430&_index=1

曾培炎. 国务院关于进一步做好退耕还林还草试点工作的若干意见 [EB/OL]. ht tp：/ / www . acca2l. orn. cn/ news/ news oct. html, 新华社, 2000-09-26.

陈华文, 刘康兵. 经济增长与环境质量：关于环境库兹涅茨曲线的经验分析 [J].《复旦学报：社会科学版》, 2004, (2):87-94.

陈杰, 王魏根. 安徽省脆弱生态环境区划研究 [J]. 阜阳师范学院学报（自然科学版）, 2012, 29(2):29-33.

陈珂, 杨小军, 徐晋涛. 退耕还林工程经济可持续分析及后续政策研究 [J]. 林业经济问题, 2007, 27(2): 102-106.

陈劭锋. 可持续发展管理的理论与实证研究：中国环境演变驱动力分析 [D]. 中国科技大学, 2009.

陈寿朋, 杨立新. 论生态文化及其价值观基础 [J]. 道德与文明, 2005, (2):76-79.

陈习余. 杨树扦插育苗及造林技术 [J]. 安徽林业科技, 2003, (2):19-20.

陈先刚, 张一平, 詹卉. 云南退耕还林工程林木生物质碳汇潜力 [J]. 林业科学, 2008, 44(5): 24-30.

陈孝杨, 严家平. 资源型城市的生态化建设与环境问题 [J]. 资源与产业, 2006, (6):8-10.

陈翟胜. 水东枣树不同管理水平的生长量对比分析 [J]. 安徽林业, 2008, (3):45.

程鹏. 安徽省不同区域造林树种选择及栽培技术 [M]. 中国林业出版社, 2008.

达斯古柏塔. 环境资源问题的经济学思考 [[J]. 何勇田译. 国外社会科学, 1997, (3):39-45.

方刚, 王玲玲. 生态文明建设需重视社会性别影响因素 [J]. 陕西师范大学学报（社科版）, 2010, (7):130-132.

傅松玲, 丁之恩, 周根土, 等. 安徽山核桃适生条件及丰产栽培研究 [J]. 经济林研究, 2003, 21(2):1-4.

高壁垒, 黄成林, 杜勤智. 安徽省封山育林现状及效益分析 [J]. 林业科技开发, 2012, 27(2):62-65.

高凤杰, 张柏, 雷国平, 等. 退耕还林过程对区域生态系统服务价值的影响 [J]. 农业系统科学与综合研究, 2011, 27(2): 233-239.

高海清. 退耕还林（草）工程管理模式创新研究 [J]. 社会科学家, 2010, (7):58-61.

高振宁, 缪旭波, 邹长新. 江苏省环境库兹涅茨特征分析 [J]. 农村生态环境, 2004, 20(1):41-43.

郭德宝. 西部地区退耕还林还草模式及对策 [A]. 优化配置西部资源坚持高效持续发展学术研讨会论文集 [C]. 成都：四川科学技术出版社, 2001: 367-371.

国家林业局.《全国林地保护刚要》(2010-2020) http://www.forestry.gov.cn/uploadfile/main/ 2010-8/file/2010-8-25-782d45dbdeea41398ff31b1023814c13.pdf.

国家林业局. 林退发 [2001]550 号：《退耕还林工程生态林与经济林认定标准》

国务院扶贫办外资项目管理中心 . 中国—欧盟小项目便捷基金项目——"中国退耕还林政策与实践研究"最终报告 [R]. 北京，国务院扶贫办外资项目管理中心 . 2006，92.

韩崇选，张放，李惠萍，等 . 退耕还林不同整地方式油松林地鼢鼠种群动态研究 [J]. 西北林学院学报，2010，25(4):120-126.

韩丽娜，王俊朝 . 安徽省粮食生产时空变化特征的影响因素分析 [J]. 安徽师范大学学报：自然科学版，2010，33(1):72-76.

洪大用 . 社会变迁与环境问题 [M]. 北京：首都师范大学出版社，2001.

侯伟丽 . 可持续发展模式的兴起与经济学理论范式的转变 [J]. 经济学家，2004，(2):23-28.

侯伟丽 . 中国经济增长与环境质量 [M]. 北京：科学出版社，2005.

胡国华 . 枫香播种育苗技术 [J]. 安徽农学通报，2006，12(12):100，102.

胡文海 . 皖南山区生态经济发展模式与对策 [J]. 地域研究与开发，2002，21(4):34-37.

黄大国 . 安徽丘陵地区主要经果林复合经营模式研究——以枞阳县大山村为例 [J]. 林业实用技术，2009，3:13-16.

黄大国 . 江淮丘陵地区水土流失治理与可持续发展研究 [J]. 安徽农业科学，2009，37(25): 137-138.

黄淑玲，周洪建，王静爱，等 . 中国退耕还林（草）驱动力的多尺度分析 [J]. 干旱区资源与环境，2010，4(4):112-116.

江有源，赖任良 . 加强林业生态建设促进人与自然和谐相处 [J]. 科技与企业，2013，12:198.

江泽慧 . 中国西部退化土地综合生态系统管理——在中国科学技术协会 2005 年学术年会上的报告 [J]. 世界林业研究，2005，18(5):1-4.

李海奎，雷渊才 . 中国森林植被生物量和碳储量评估 [M]. 北京：中国林业出版社 . 2010，12-48.

李平，李秀彬，刘学军 . 我国现阶段土地利用变化驱动力的宏观分析 [J]. 地理研究，2001，20(2):129-138.

李善同，侯永志 . 关于当前经济运行的几点认识 [J]. 调查研究报告，2002，(201):1-17.

李世东，吴转颖 . 中西部地区退耕还林还草模式探讨 [J] . 林业科学，2002，38(3):154-59.

李世东 . 退耕还林效益优化模式系统动力学研究 [J]. 干旱区地理，2004，27(3):377-383.

李世东 . 中国退耕还林发展阶段研究 [J]. 世界林业研究，2003，1:36-41.

李世东 . 中国退耕还林研究 [M]. 北京：科学出版社，2004，12-76.

李新平 . 人工促进植被恢复是退耕还林的重要措施 [J]. 中国农业科技导报，2003，5(1):40- 42.

李新平 . 太行山生态林业工程实用技术 [M] . 北京：中国林业出版社，2000

李延，王广磊，杨喜田，等 . 基于脆弱性和退化驱动力分析的环境质量评价 [J]. 中国水土保持科学，2010，8(5):92-97.

李永荣，吴文龙，刘永芝 . 薄壳山核桃种质资源的开发利用 . 安徽农业科学，2009，37(27): 13306- 13308，13316

李裕瑞，刘彦随 . 江苏省粮食生产时空变化的影响机制 [J]. 地理科学进展，2009，28(1): 125 -131.

李志修，李宗领，林洁 . 和谐社会理论在退耕还林工程管理中的应用 [J]. 河北林业科技，2010，(2): 61-62.

李智勇 . 商品人工林的环境管理策略 [J]. 世界林业研究，2001，14(6):41-47.

林高兴，黄荣来，马永春，等 . 论安徽林业生态经济发展 [J]. 绿色中国，2005，20:42-46.

林思俊 . 杨树病虫害发生原因及防治技术 [J]. 现代农业科技，2011，(5):183，186.

刘定惠，朱超洪 . 安徽省粮食生产变化特征及其影响因素分析 [J]. 安徽农学通报，2009，15(5):30-32.

刘璠 . 退耕还林行为动因的经济分析 [J]. 北京林业大学学报（社会科学版），2003，2(4):22-27.

刘华，黄成林，梅莹，等 . 安徽省退耕还林过工程建设现状及发展展望 [J]. 安徽农业大学学报，2012，35(3):32-36.

刘华，黄成林，梅莹，等 . 安徽省退耕还林驱动力机制分析 [J]. 安徽农业大学学报（社会科学版），2013，22(1):381- 384 .

刘界红 . 杨树抚育管理要点 [J]. 中国林业，2008，(19):59.

刘黎辉 . 资源型地区环境保护与生态建设研究 [J]. 金融经济，2013，5:16-18.

刘润堂，孙建轩 . 山西省水土保持获奖科技成果概览 [M]. 太原：山西经济出版社，1997

刘燕，周庆行 . 退耕还林政策的激励机制缺陷 [J]. 中国人口·资源与环境，2005，15(5):104- 107.

刘耀彬，李仁东 . 武汉市"三废"排放的库兹涅茨特征及原因探析 [J]. 城市环境与城市生态，2003，16(6):44-45.

刘迎春，王秋凤，于贵瑞，等 . 黄土丘陵区两种主要退耕还林树种生态系统碳储量和固碳潜力 [J]. 生态学报，2011，31(15):4277-4286.

龙方 . 新世纪中国粮食安全问题研究 [J]. 湖南农业大学学报：社会科学版，2007，8(3):7-14.

鲁顺保，丁贵杰 . 竹类在江西退耕还林工程中的地位和作用 [J]. 山地农业生物学报，2005，(243):239-243.

罗浩 . 自然资源与经济增长：资源瓶颈及其解决途径 [J]. 经济研究，2007，42(6):142-153.

罗晶 . 恢复自然环境绿化工程概论 [M] . 北京：中国科学技术出版社，1997.

马克林 . 宗教文化的生态和谐价值 [J]. 广西民族研究，2006，(2):49-55.

孟平，宋兆民，张劲松，等 . 农林复合系统光能利用率的研究 [J]. 林业科学，1997，33(专刊)：14-19.

聂国卿 . 我国转型时期环境治理的经济分析 [M]. 北京：中国经济出版社，2007.

彭珂珊，谢永生 . 退耕还林 (草) 工程发展模式的探讨 [J]. 世界林业研究，2004，17(3):56-59.

彭文英，张科利，李双才，等 . 黄土高原退耕还林 (草) 紧迫性地域分级论证 [J] . 自然资源学报，2002，(4)：438-443.

彭镇华，江泽慧 . 中国森林生态网络系统工程 [J]. 应用生态学报，1999，10(1):99- 103.

彭镇华 . 论中国森林生态网络体系城市点的建设 [J]. 世界林业研究，2002，15(1):54- 61.

秦国伟 . 促进安徽林业科学发展战略研究之我见 [J]. 安徽林业科技，2012，38(3)：40-42.

邱一丹，李锦荣，孙保平，等 . 退耕还林和降雨对中阳县土壤侵蚀的影响 [J]. 湖南农业科学，2011，(13)：66-69.

邵权熙 . 当代中国林业生态经济社会耦合系统及耦合模式研究 [D]. 北京林业大学，2008.

生 态 安 徽 . 2008 年 安 徽 生 态 省 建 设 统 计 公 报 . [DB/OL].http://www.ecoah.ah.gov.cn/ Pages/ Shows. aspx?NewsID=20973, 2009(9):9.

史培军，江源，王静爱，等 . 土地利用、覆盖变化与生态安全响应机制 [M]. 北京：科学出版社，2004：1-8.

舒惠国 . 生态环境与生态经济网 [M]. 北京：科技出版社，2001.

宋春辉，李军，许建闻，等 . 浅谈封山育林工程及政策措施 [J]. 现代农业科学，2009，16(4): 119-120.

宋金春 . 安徽省退耕还林工程总体构想与实施对策 [J]. 华东森林经理，2002，2:1-4.

Thomas Sterner. 环境与自然资源管理的政策工具 [M]. 张蔚文，黄祖辉译 . 上海：上海人民出版社，2005.

谭灵芝，王国友 . 新疆墨玉绿洲耕地变化及人地关系演进驱动力研究 [J]. 地域研究与开发，2010，(292):110-115.

唐怀民 . 确保万里绿色长廊工程顺利实施 [J]. 安徽林业，2000，(5):5-6.

陶建格 . 生态补偿理论研究现状与进展 [J]. 生态环境学报，2012，21(4):786-792.

陶亮 . 安徽森林资源现状及其发展思路 [J]. 安徽农业科学，2004，32(1):186-187，202.

万雪琴，胡庭兴，张健，等 . 坡耕地退耕还林后的植被恢复 [J]. 林业科学，2005，41(2):191- 194

王春梅，刘艳红，邵彬，等 . 量化退耕还林后土壤碳变化 [J]. 北京林业大学学报，2007，29(3):112-119.

王凤玲，马兴国，王硕颖 . 桃树优质丰产关键栽培技术 [J]. 安徽农学通报，2011，17(20):79-80.

王慧炯 . 对我国经济，社会，科技协调发展道路的一点认识 [J]. 经济理论与经济管理，1999，(6):11-13.

王金南，陆新元 . 市场经济过渡期中国环境税收政策的探讨 [J]. 环境科学进展，1994，(2):5-11.

王金南 . 关于深化环保投资体制改革的若干思考 [J]. 环境科学研究，1994，7(4):47-50.

王如松，欧阳志云 . 社会 - 经济 - 自然复合生态系统与可持续发展 [J]. 中国科学院院刊，2012，(3):337-345.

王小龙 . 退耕还林：私人承包与政府规制 [J]. 经济研究，2004，(4):107-116

王筱明 . 生态位适宜度评价模型在退耕还林决策中的应用 [J] . 农业工程学报，2007，23(8): 113-116.

王艳 . 加快安徽大别山区经济发展的对策研究 [D]. 安徽农业大学，2012.

王迎 . 论退耕还林工程的生态与经济动因 [J]. 林业经济，2002，(9):38-39.

王章留 . 地方政府经济行为与制度创新 [J]. 郑州航空工业管理学院学报，2000，(4):

王兆君 . 国有森林资源资产化运营研究 [M]. 北京：中国林业出版社 .2003，25.

魏羡慕 . 我国环境问题的经济学分析和对策研究 [J]. 天津社会科学，2000，(5):69-71.

吴玉萍，董锁成，宋键峰．北京市经济增长与环境污染水平计量模型研究 [J]．地理研究，2002，21(2):239-246.

肖建武．城市森林服务功能分析价值研究 [M]．北京：经济科学出版社，2011.

肖艳艳．论园林绿化与经济发展的互动关系 [J]．现代商贸工业，2010，(24):378-379.

徐晋涛，陶然，徐志刚．退耕还林：成本有效性、结构调整效应与经济可持续性——基于西部三省农户调查的实证分析 [J]．经济学，2004，(4):143-166.

徐康宁，王剑．自然资源丰裕程度与经济发展水平关系的研究 [J]．经济研究，2006，41(1): 78-89.

徐舜，张学良．浅谈封山育林在生态环境建设中的地位和作用 [J]．植树造林，2009，(7):31-32.

徐英宏，韩久同．乌桕的利用与高产栽培 [J]．特种经济动植物，2002，(4):28-29.

薛忠高．马尾松栽培管理技术 [J]．安徽林业科技，2006，(3):42-43.

杨存建．遥感和 GIS 支持下的云南省退耕还林还草决策分析 [J]．地理学报，2001，56(2): 181-188.

杨钰灏．香椿山地造林技术初探 [J]．热带林业，2012，40(1):21-23.

叶文虎．可持续发展之路 [M]．北京：北京大学出版社，1994.

尹刚强，田大伦，方晰，等．湖南会同 4 种退耕还林模式幼林生物量的研究 [J]．中南林业科技大学学报，2010，30(7):9-14.

尤金哈格洛夫．环境伦理学基础 [M]．重庆：重庆出版社，2007.

于文静，丁文杰．我国退耕还林工程 10 年共完成退耕地造林 1.39 亿亩 [EB/OL]．(2009-04-25) [2010-03-10]. http://finance.sina.com.cn/roll/20090425/13472807949.shtml.

余本付，邢炜，肖斌．安徽省乡土树种造林技术 [M]．北京：中国林业出版社，2007.

张保伟．论生态文化与技术创新的生态化 [J]．科技管理研究，2012，1:201-204.

张保伟．生态文化建设机制及其优化分析 [J]．理论与改革，2011，(1):107-110.

张保伟．我国生态文化发展现状及其生成路径 [J]．理论与改革，2006，5:114-116.

张殿发，张祥华．西部地区退耕还林急需解决的问题及建议 [J]．中国水土保持，2001，(3) : 9-11.

张建国．森林生态经济学 [M]．哈尔滨：东北林业大学出版社，1995，15-34.

张劲松，孟平，尹昌君，等．农林复合系统的水分生态特征研究评述 [J]．世界林业研究，2003，16(1):10-14.

张凯，罗宁，许晓静，等．安徽大别山区退耕还林工程可持续发展模式 [J]．中国水土保持科学，2006，4(5):107-111.

张坤民．可持续发展论 [M]．北京：中国环境科学出版社，1997.

张乐勤．安徽池州森林植被碳贮量调查及分析 [J]．植物学报，2011，46(5):544–551.

张太东．杨树栽培技术 [J]．现代农业科技，2010，(11):214，216.

张侠，葛向东，濮励杰，等．土地利用的经济生态位分析和耕地保护机制研究 [J]．自然资源学报，2002，(6): 677-683.

张新营，佟连军．资源枯竭型城市生态经济建设问题分析 [J]．生态经济，2005，(1):59-63.

张云云．生态文明观视野下的生态安徽建设 [D]．合肥工业大学，2010

章滨森，谢和生，李智勇．我国城市森林建设的发展与驱动研究 [J]．浙江林业科技，2012，32(1):76-80.

赵波．把握要领整体推进加快绿色长廊示范工程进度 [J]．安徽林业，2010，(1):13-14.

赵波．巩固退耕还林成果，推进生态安徽建设 [J]．安徽林业，2008，(4):18-19.

赵玉涛．对当前形势下退耕还林的若干思考 [J]．水土保持研究，2010，17(4): 276-278.

赵玉涛．退耕还林工程在社会主义新农村建设中的作用 [J]．北京林业大学学报，2008，7(2): 63-65.

赵子忠，芦维忠．基于遥感技术的退耕还林监测研究——以甘肃省清水县为例 [J]．林业资源管理，2010，(4):63-67.

中国安徽．徽风皖韵——安徽省志：21 林业志．http://app2.ah.gov.cn/zjah/maindisp.asp? kind=zrzy&secname=dlzy

周晓燕．地域文化与城市特色的传承 [D]．合肥工业大学建筑与艺术学院，2010：8-9.

朱坦．环境伦理学理论与实践 [M]．北京：中国环境科学出版社．2001.

朱同林．池州喀斯特山区生态环境脆弱性与生态建设研究 [J]．池州师专学报，2003，17(3):19-22.

Auci S, Becchetti L. The Instability of the Adjusted a nd Unadjusted Environmental Kuznets Curves[J]. Ecological Economics, 2006, 60: 282-298.

Ayensu E, Claasen DVR, Collins M, Dearing A. International ecosystem assessment[J]. Science, 1999, 286(5440):685-686.

Barrett S. Freedom, growth, and the environment[J]. Environment and Development Economics, 2000, 5:433-456.

Bulte E Ⅱ, Daan P van S. Environmental degradation in developing countries: households and the reverse Environmental Kuznets Cueve[J]. Journal of Development Economics, 2001, 65(1):225-235.

Cole MA. Trade, the pollution haven hypothesis and the environmental Kuznets curve: examining the linkages[J]. Ecological Economics, 2004, 48(1):71-81.

Commoner B. The cosing cirele[M]. Newyork:Knopf. 1971.

Costantini V, Monni S. Environment, human development and economic growth[J]. Ecological Economics, 2008, 64:867-880.

Culas RJ. Deforestation and the environmental Kuznets curve: an institutional perspective[J]. Ecological Economics, 2007, 61:429-437.

Dasgupta S, Hamilton K, Pandey KD, Wheeler D. Environment during growth: accounting for governance and vulnerability[J]. World Development, 2006, 34(9):1597-1611.

Dinda S, Coondoo D, Pal M. Air quality and economic growth: an empirical study[J]. Ecological Economics, 2000, 34:409-423.

Dinda S. Environmental Kuznets curve hypothesis: a survey[J]. Ecological Economics, 2004, 49:431-455.

Gawande K, BoharaAK, Berrens RP, WangP. Intemal migration and the environmental Kuznets curve for US hazardous waste sites[J]. Ecological Economics, 2000, 33:151-166.

Harbaugh WT, Levinson A, Wilson DM. Reexamining the empirical evidence for an environmental Kuznets curve[J]. The Review of Economics and Statistic, 2002, 84(3):541-551.

Hardin G. The Tragedy of the Commons[J]. Science, 1968, (162):1243-1248.

Heerink N, Mulatu A, Bulte E. Income inequality and the environment: aggregation bias in environmental Kuznets curves[J]. Ecological Economics, 2001, 38:359-67.

IIASA International Institute for Applied Systems Analysis. IIASA International Institute for Applied Systems Analysis Citations. 2004.

Jayadevappa R, Chhatre S. International trade and environmental quality: a survey. Ecological Economics2000, 32(2):175-194.

Jiao SL, Ai QS. Carbon sink effects in conversion of farmland to forest project in Karst Drainage Basin. Agricultural Science & Technology, 2011, 12(8):1174-1178.

Lindmark M. An EKC-pattern in historical perspective: carbon dioxide emissions, technology, fuel prices and growth in Sweden(1870-1997)[J]. Ecological Economics, 2002, 42(2):333-347.

Lindmark M. An EKC-pattern in historical perspective:carbon dioxide emission, technolog, fuel prices and growth in Sweden 1870-1997[J]. Ecological Economics, 2002, 42:333-347.

López R, MitraS. Corruption, pollution, and the Kuznets environment curve[J]. Joumal of environmental Economics and management, 2000, 40:137-150.

Magnani E. The Environmental Kuznets Curve, environmental protection policy and income distribution. Ecological Economics, 2000, 32(3):431-443.

Magnani E. The environmental Kuznets curve: development path or policy result[J]? Environmental modeling & software, 2001, 16:157-165.

Managi S. Are therr increasing returns to pollution abatement? Empirical analytics of the environmental Kuznets curve in Pesticides[J]. Ecological Economics, 2006, 58:617-636.

Mcpherson MA, Nieswiadomy ML. Environmental Kuznets curve: threatened species and spatial effects[J]. Ecological Economies, 2005, 55:395-407.

Morse S. On the use of headline indices to link environmental quality and income at the level of the nation state[J]. Applied Geography, 2008, 28:77-9.

Napier TL. Soil and Water Conservation Policy Approaches in North America, Europe and Australia[J]. Water Policy, 1998, 1:551-565.

O'Connor C, Marvier M, Kareiva P. Biological vs. social, economic and political priority-setting in conservation[J]. Ecological Letter, 2003, 6(8):706-711.

OECD. The W0rld Economy[M]. OECD, 2006.

Organisation for Economic Co-operation and Development Staff. OECD Economic Studies, 1996.

Pearce D, Bann C, Georgiu S. The social costs of fuel cycles, A report for the UK Department of Trade and Industry. HMSO, London. 1992.

Post WM, Kwon KC. Soil Carbon Sequest Ration and Land-use Change : Processes and potential[J]. Global Change Biol, 2000, 6:317-327.

Rdberg D, Falck J. Urban Forestry in Sweden form a Silvicultureal Perspective: a Review[J]. Landsc Urban Plan, 2000, (47):1-18.

Reisch LA, Røpke I(Ed). The Ecological Economics of Consuption[M]. Edward Elgar Publishing Limited. 2003.

Roca J. Do individual Preferences explain the environmental Kuznets curve[J]? Ecological Economies, 2003, 45:3-10.

Skonhoft A, SolemH. Economic growth and land-use changes: the declining amount of wilderness land in Norway[J]. Ecological Economics, 2001, 37:289-301.

Song T, Zheng T, Tong L. An empirical test of the environmental Kuznets curve in China: a panelcointegration approach[J]. China Economic Review, 2008, 19:381-392.

Stern PC. A second environmental science: human-environment interactions[J]. Scienee, 1993, 260:1897-1899.

Taskin F, Zaim O. Searching for a Kuznets curve in environmental efficiency using kernel estimation[J]. Economics Letters, 2000, 68(2):217-223.

Tsuzuki Y. Relationships between water pollutant discharges per capita (PDCs) and indicators of economic level, water supply and sanitation in developing countries[J]. Ecological Economies, 2008, 68:273-287.

Turner DP, Koerper GJ, Harmon ME, Lee JJ. A carbon budget for forests of the conterminous United States. Ecol. Appl. 1995, 5: 421-436.

UNEP-EAPAP. Land cover assessment and monitoring, volume 1-A, Overall Methodological Framework and Summary. Bankok:UNEP-EAPAP, 1995.

US-SGCR/CENR. Our Changing Planet, the FY 1995 US. Global Change Research Program. Washington, D C: USGCRIO, 1995.

Verbeke T, Clercq MD. The income-environment relationship:evidence from a binary response model[J]. Eeological Economics, 2006, 59:419-428.